# 北部湾盆地涠西南凹陷复杂断块油田开发技术

姜　平　雷　霄　张乔良　等著

石油工业出版社

## 内容提要

本书系统总结了南海西部复杂断块油田中后期挖潜调整技术，包括海上少井条件下的复杂储层构型研究技术、复杂断块油田精确成像及断层精细刻画技术、复杂断块油田注水驱后期提高采收率技术、低效井治理技术等。

本书可供从事海上油田开发工作的相关专业技术人员阅读，也可为相关高等院校师生参考使用。

**图书在版编目（CIP）数据**

北部湾盆地涠西南凹陷复杂断块油田开发技术 / 姜平等著 .—北京：石油工业出版社，2020.5

ISBN 978-7-5183-4036-1

Ⅰ . ① 北… Ⅱ . ① 姜 … Ⅲ . ① 北部湾 – 断陷盆地 – 海上油气田 – 油田开发 Ⅳ . ① TE53

中国版本图书馆 CIP 数据核字（2020）第 085549 号

---

出版发行：石油工业出版社
（北京安定门外安华里 2 区 1 号　100011）
网　址：www.petropub.com
编辑部：（010）64523708　　图书营销中心：（010）64523633
经　　销：全国新华书店
印　　刷：北京中石油彩色印刷有限责任公司

---

2020 年 5 月第 1 版　2020 年 5 月第 1 次印刷
787 × 1092 毫米　开本：1/16　印张：14
字数：280 千字

---

定价：120.00 元

# 前言

PREFACE

至2020年，复杂断块油田投入开发的地质储量和年产量几乎占全国发现储量的三分之一，地位相当重要。复杂断块油藏具有断层多、断块小、层间和层内非均质性严重、油水系统复杂、油气比较分散等特点，天然水体不足，因此需注水开发以提高开发效果。但随着注水开发的进行，层间干扰越来越严重，注采状况越来越差，导致剩余油分布复杂，采收率低。

随着渤海湾、中原、江苏等油田断块油藏的开发，在开发技术方面已积累了许多经验，但这些经验区域性较强，缺乏普遍的指导性，尤其对于海上复杂断块油田借鉴性不足。海上油田受成本所限，在精细刻画方面，录取资料少，借鉴常规的经验技术无法满足精细刻画的要求；在井网部署方面，井网完善程度低、钻完井成本高，难以实施密井网式开发；在剩余油挖潜方面，不规则的注采井网加上小断层错综复杂，注水后剩余油分布预测更加困难；在低效井治理方面，更是需要结合海上油田实际对低效井进行诊断及治理。为此，本书针对涠西南凹陷复杂断块油田的开发经验及技术进行了总结，期望为复杂断块油藏的开发增加一些借鉴。

涠西南凹陷位于北部湾盆地北部坳陷，自1986年涠洲10-3A油田投产以来，至2014年底陆续投入开发的油田已有13个，大多是以陆相沉积为背景、被多期断层切割的断块油藏，构造和断裂系统难以准确认识，储层非均质性强，连通性复杂，注水受效程度不同，开发效果也各不相同。30多年来，经过不断的开发实践、研究总结，取得了大量开发认识及经验，形成了系列较成熟的开发技术。本书结合南海西部涠西南凹陷复杂断块油田的开发实践，从构造刻画、储层描述、水驱油机理、流场重整、低效井治理等方面进行了技术总结，包括六章，写出了海上复杂断块油田开发实践中的技术特色。

（1）在构造刻画方面，着重讲述了提高地震资料品质的做法。一是采用海底电缆采集技术提高复杂断块油田地震资料获取质量；二是应用逆时偏移技术改善现有资料品质；三是利用蚂蚁追踪技术、变频增强技术等叠后解释性处理技术提高断层识别能力，形成一套涠西南复杂断块油田精确成像及断层精细刻画技术。

（2）提出了海上少井条件下陆相复杂断块油田储层构型分级研究思路和工作流程，建立扇三角洲、辫状河三角洲、长轴三角洲前缘三种储层的构型模式，形成储层构型表征技术系列。包括在4～5级层序逐级控制下的精细储层对比、构型分级，基于地震精细解释和储层预测的复合砂体构型表征，基于连井对比与地质模式分析的储层内部单砂体构型分析，基于构型表征的精细储层地质建模技术等。

（3）基于岩心水驱油非均匀驱替前缘的机理研究和长短岩心水驱油效率实验，明确了长岩心水驱油效率更加接近油藏条件，建立了长岩心实验水驱油效率评价的新方法，提出了增加水驱强度可以提高水驱油效率，在油藏尺度上提液可以增加水驱强度并提高采收率的新认识。

（4）基于实验与理论研究得到的驱油效率随驱替量而变化的新认识，创新提出流场表征新参数——面通量，以面通量的时移累积量为流场强度分级指标形成流场强度表征方法，量化了油藏流场与驱油效率以及剩余油分布的关系，基于流场时变可塑性提出流场重整提高采收率技术。

（5）形成了一套低效井成因诊断和治理技术，包括神经网络低效井诊断技术，复合解堵、挤注法除防钡锶垢、高效防污染清防蜡等工艺技术，在南海西部油田应用并取得良好效果。

笔者多年来一直从事海上油气田开发工作，在20多年技术探索和理论研究基础上，结合典型油田开发实践编撰而成，具有一定的理论意义与实用价值，可为海上陆相复杂断块油田经济有效的开发提供借鉴与参考作用。

本书是广大科研人员在南海西部涠西南凹陷北部湾盆地油田开发工作中形成的，是广大油田开发工作者共同的智慧结晶。第一章第一节至第三节由漆智编写，第一章第四节至第六节由雷霄编写；第二章由姜平、隋波编写；第三章由姜平、漆智编写；第四章由雷霄、罗吉会、鲁瑞彬编写；第五章由雷霄、罗吉会编写；第六章由袁辉、梁玉凯编写；第七章由张乔良、王彦利编写。

本书在编写过程中，中海石油有限公司湛江分公司领导和专家给予了足够的重视、关心与支持；杨朝强、刘双琪、彭军、汤明光等专家，更是为本书成稿提供了宝贵的编写素材并提出了建设性意见；中国海油能源发展股份有限公司采油技术服务南海分公司、中国石油大学（华东）、西南石油大学、北京吉欧泰和科贸有限公司也为本书的编撰做了大量的工作，让编写工作得以顺利完成，在此一并感谢！也对那些曾间接参与的单位表示衷心的感谢。

由于本书涉及范围广、现场实施复杂且局限大，加上作者水平有限，书中难免存在疏漏、不妥之处，恳请读者朋友批评指正。

# 目录

CONTENTS

# 第一章　涠西南凹陷地质油藏概况

涠西南凹陷位于北部湾盆地北部坳陷北部，地理上位于涠洲岛西南，呈北东向展布，长约 135km，宽约 22km，面积约 3800km$^2$，是已证实的富生油凹陷，资源量丰富，油气富集，是勘探开发程度最高、发现油气田最多的凹陷（图 1–1）。

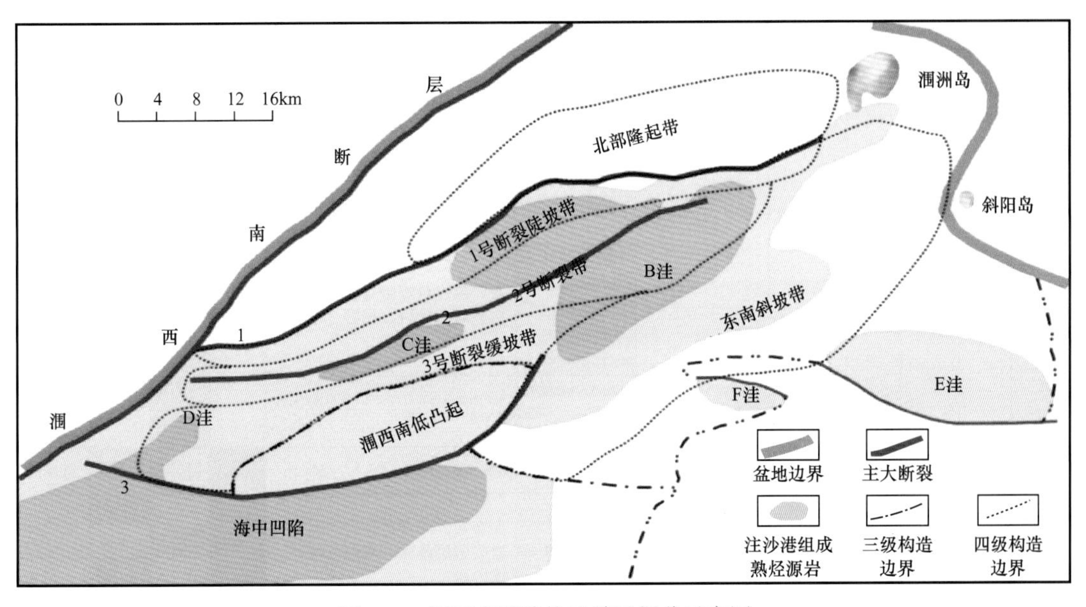


图 1–1　涠西南凹陷构造单元划分示意图

## 第一节　地质特征

### 一、地层特征

涠西南凹陷纵向上发育前古近系基岩，古近系长流组、流沙港组、涠洲组，新近系下洋组、角尾组、灯楼角组、望楼港组和第四系（图 1–2）。其中，流沙港组、涠洲组为主要的含油层位。

始新统（流沙港组）：储层埋深在 2000～3300m，分为三段，都有油气发现。流三段主要为浅灰色砂岩、砂砾岩与灰色泥岩不等厚互层，底部见棕红色泥岩，发育近源扇三

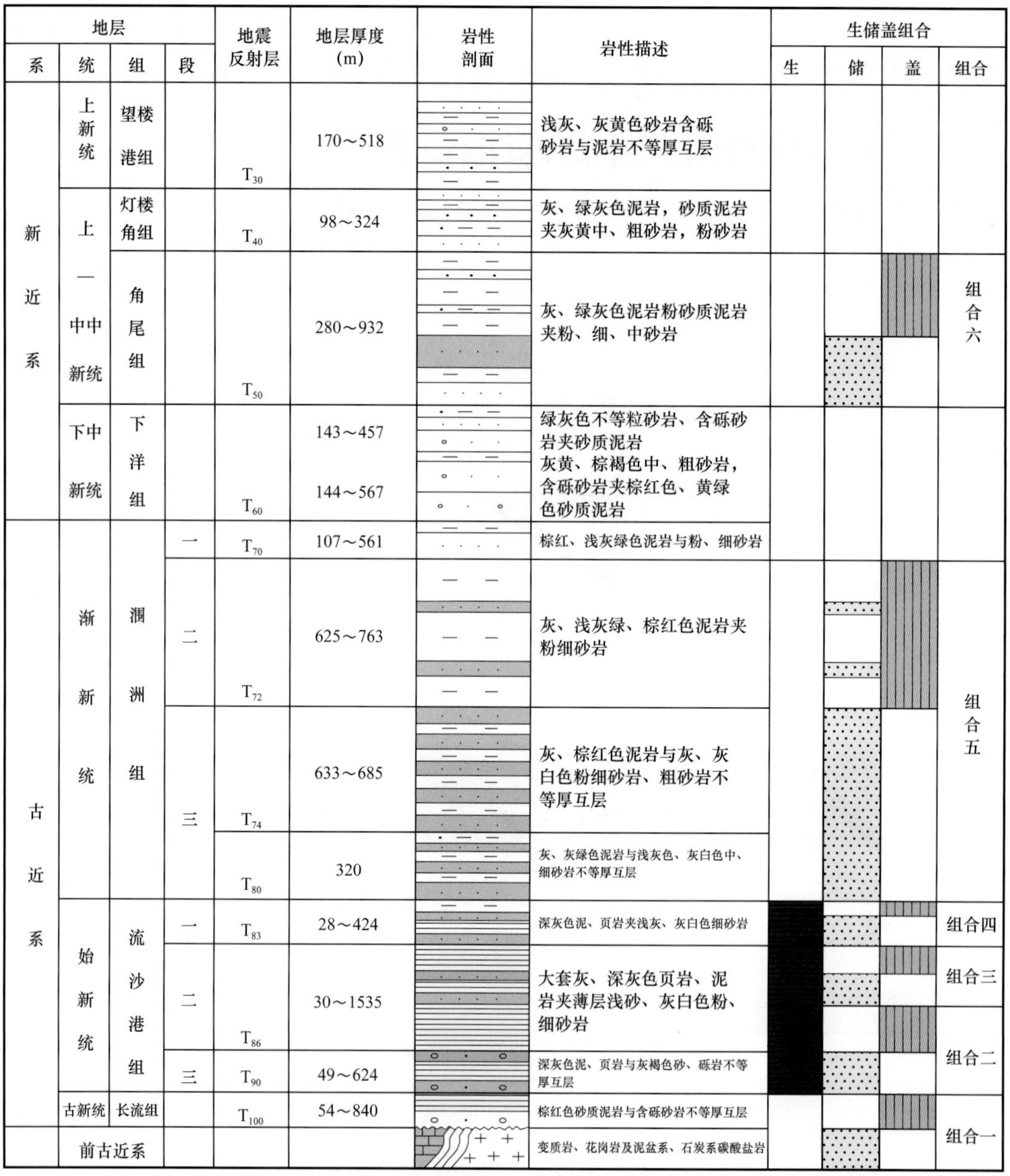

| 地层 | | | | 地震反射层 | 地层厚度(m) | 岩性剖面 | 岩性描述 | 生储盖组合 | | | |
|---|---|---|---|---|---|---|---|---|---|---|---|
| 系 | 统 | 组 | 段 | | | | | 生 | 储 | 盖 | 组合 |
| 新近系 | 上新统 | 望楼港组 | | $T_{30}$ | 170～518 | | 浅灰、灰黄色砂岩含砾砂岩与泥岩不等厚互层 | | | | |
| | 上—中中新统 | 灯楼角组 | | $T_{40}$ | 98～324 | | 灰、绿灰色泥岩，砂质泥岩夹灰黄中、粗砂岩，粉砂岩 | | | | |
| | | 角尾组 | | $T_{50}$ | 280～932 | | 灰、绿灰色泥岩粉砂质泥岩夹粉、细、中砂岩 | | | | 组合六 |
| | 下中新统 | 下洋组 | | $T_{60}$ | 143～457<br>144～567 | | 绿灰色不等粒砂岩、含砾砂岩夹砂质泥岩<br>灰黄、棕褐色中、粗砂岩，含砾砂岩夹棕红色、黄绿色砂质泥岩 | | | | |
| 古近系 | 渐新统 | 涠洲组 | 一 | $T_{70}$ | 107～561 | | 棕红、浅灰绿色泥岩与粉、细砂岩 | | | | |
| | | | 二 | $T_{72}$ | 625～763 | | 灰、浅灰绿、棕红色泥岩夹粉细砂岩 | | | | 组合五 |
| | | | 三 | $T_{74}$ | 633～685 | | 灰、棕红色泥岩与灰、灰白色粉细砂岩、粗砂岩不等厚互层 | | | | |
| | | | | $T_{80}$ | 320 | | 灰、灰绿色泥岩与浅灰色、灰白色中、细砂岩不等厚互层 | | | | |
| | 始新统 | 流沙港组 | 一 | $T_{83}$ | 28～424 | | 深灰色泥、页岩夹浅灰、灰白色细砂岩 | | | | 组合四 |
| | | | 二 | $T_{86}$ | 30～1535 | | 大套灰、深灰色页岩、泥岩夹薄层浅砂、灰白色粉、细砂岩 | | | | 组合三 |
| | | | 三 | $T_{90}$ | 49～624 | | 深灰色泥、页岩与灰褐色砂、砾岩不等厚互层 | | | | 组合二 |
| | 古新统 | 长流组 | | $T_{100}$ | 54～840 | | 棕红色砂质泥岩与含砾砂岩不等厚互层 | | | | 组合一 |
| | 前古近系 | | | | | | 变质岩、花岗岩及泥盆系、石炭系碳酸盐岩 | | | | |

图 1-2 涠西南凹陷地层综合柱状图

角洲、冲积扇沉积；流二段为一套中深湖相、巨厚的深灰色、褐灰色泥页岩，是盆地主要的生油岩，局部夹有薄储层，主要发育滨浅湖滩坝、三角洲前缘席状砂沉积，储层厚度薄、分布广；流一段下部发育厚层深灰色泥岩夹浅灰色薄层细砂岩、粗砂岩和含砾粗砂岩，上部为灰色、深灰色泥岩或砂泥岩薄互层，主要为扇三角洲、浊积扇、滨浅湖相沉积。

渐新统（涠洲组）：储层主要位于涠三段、涠二段下部储层中，埋深 2000～3000m。根据其地层发育特征分为三段：涠三段主要为灰色中细砂岩与杂色泥岩不等厚互层，广泛发育辫状河三角洲沉积；涠二段下部为滨浅湖相杂色泥岩夹灰色薄砂层，为远源三角洲和滨浅湖相沉积，储层厚度小，砂体分布局限，上部发育中深湖相深灰色厚层泥岩，为区域盖层和标准层；涠一段为冲积平原相的砂泥岩薄互层。

## 二、构造特征

涠西南凹陷是北部湾盆地的一个三级构造单元，面积约 3800km$^2$，其形成和演化主要是受华南古陆与印支板块碰撞后新生代再活动、发生右旋扭张作用所控制，凹陷内发育三条北东走向的张扭断裂带，即 1 号（$F_1$）、2 号（$F_2$）、3 号（$F_3$）断裂带，其中 1 号、2 号断裂对涠西南凹陷的构造和沉积起主要控制作用，控制了 A 洼、B 洼和 C 洼的形成和发育，多次的断裂活动对构造的形成和演化起到了控制作用。

涠西南凹陷新生代构造演化经历了古近纪断陷和新近系坳陷两个阶段。古近纪断陷期表现为三期较明显的断裂活动。古新世北部湾盆地进入初始裂陷阶段，发育控盆一级的断裂——涠西南断裂，形成了半地堑，控制了长流组的沉积，堆积了红色的砂砾岩、泥岩互层为主的洪积相、冲积相地层。始新世第二次张裂期产生了具有控坳作用的涠西南凹陷主控边界断层——1 号断层，控制了烃源岩流沙港组二段的沉积，经历了由扩张、鼎盛到萎缩的过程。中—晚渐新世进入第三次张裂期，产生了起控带作用的 2 号断层，控制了裂陷晚期涠州组沉积，并将始新世形成的统一湖盆烃源岩体分割开来。渐新世末，断裂活动趋于停止，全区相对抬升，遭受不同程度剥蚀，之后转入新近系—第四系沉积时期裂后热沉降坳陷阶段。

涠西南凹陷具有多层系、多类型油藏纵向叠置、横向连片的复式油气聚集特征，划分出五个复式油气聚集带（二级构造带）（图 1–3）。

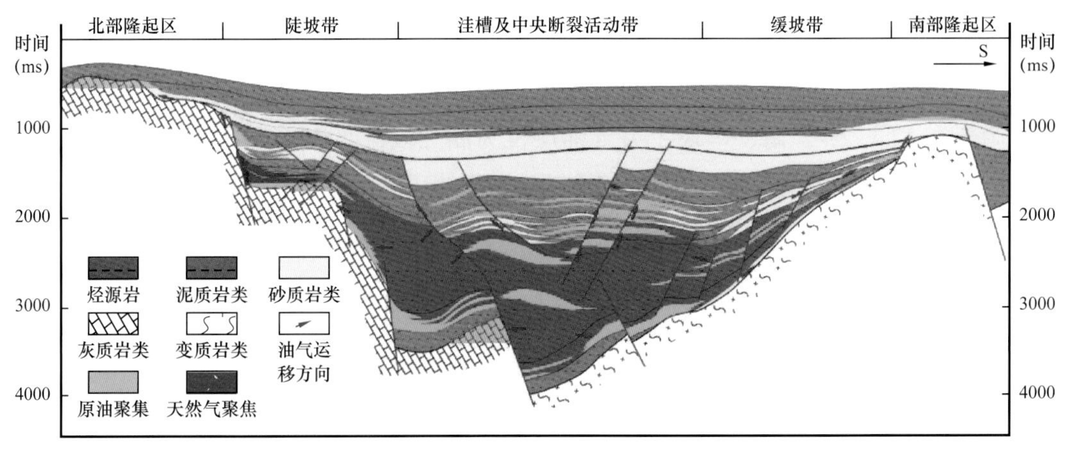


图 1–3　涠西南凹陷南北向油气聚集特征剖面图

（1）1 号断层陡坡带：1 号断层自古新世至渐新世末期长期持续活动，在断层内侧形成多个大型滚动背斜构造。1 号断裂带下降盘发育多个点物源体系，发育冲积扇、扇三角洲、浊积扇等多种沉积体系，形成正向构造加扇三角洲组合。

（2）中央2号断裂带：2号断裂在涠二段、涠一段沉积期活动，由一系列雁行排列的断裂组成，自下而上发育石灰岩潜山、流三段断块、断背斜圈闭、流一段构造+岩性圈闭、涠三段断块圈闭和角尾组构造等多种圈闭类型，不同类型圈闭平面上连续分布，纵向上圈闭叠合性好，形成涠西南凹陷最为有利的复式油气聚集带。

（3）南部斜坡带：南部斜坡带由涠西南低凸起、涠洲12-8构造脊和斜阳低凸起及其倾没端等组成，典型的构造样式包括一系列正断层同向倾斜形成的“多米诺构造”和缓坡盆倾阶梯式断块构造、构造+岩性圈闭、披覆背斜。

（4）边缘隆起带：涠西南凹陷北部边缘新近系直接覆盖在基岩潜山上。边缘隆起具有明显的双层结构，下为前古近系残丘、潜山，上为新近系披覆背斜构造。圈闭类型以大型披覆背斜圈闭和基底石灰岩潜山圈闭为主。

（5）洼陷内岩性体带：洼陷带位于涠西南凹陷的沉积中心，以湖相沉积为主，扇三角洲、河流三角洲前缘推进至洼陷带形成湖底扇和浊积砂体。洼陷圈闭类型以岩性圈闭和构造+岩性圈闭为主。

涠西南凹陷古近系涠洲组、流沙港组油藏受断层和储层分布控制，圈闭类型主要为断背斜、断鼻、断块、构造—岩性圈闭等，各层系典型的圈闭特征如下。

### （一）涠洲组断块圈闭

涠洲12-A油田位于涠西南凹陷B洼陷中央，为涠洲组发育的断鼻圈闭（图1-4）。圈闭向西南方向倾没，北东向高部位为反向正断层侧向封堵。圈闭由近东西向多条断层切割，被油田范围内的东西向大断层$F_1$、$F_2$分为南、中、北三块：南块圈闭比较完整，面积较大，是构造的主体；中、北两块被两条断层夹持，面积较小；中块被北西向小断层$F_2A$切割分为3井区和4井区。南块构造较缓，倾角在5°左右，中块和北块构造较陡，倾角在12°～27°。南、中块主力含油层位为涠三段，北块主力含油层位为涠二段。南块和中块3井区涠三段Ⅳ—Ⅵ油层组多为完整的断鼻圈闭，涠三段Ⅶ—Ⅷ油层组多为断块+岩性圈闭。

### （二）流一段构造—岩性复合圈闭

涠洲11-1N油田流一段构造处于被断层切割形成的一个花状构造的北翼“花瓣”部分上。构造从北到南被$F_2$、$F_1$两条北西西—南东东向的断层分割成两块：4井区和3井区；4井区地层较缓，3井区稍陡，地层倾角在4°～11°，构造西、东边为岩性尖灭边界，构造类型为断层遮挡而形成的构造+岩性圈闭（图1-5）。$F_2$、$F_1$两条断层断距较大，延伸远，倾角在17°～26°，起封堵和油运移作用。

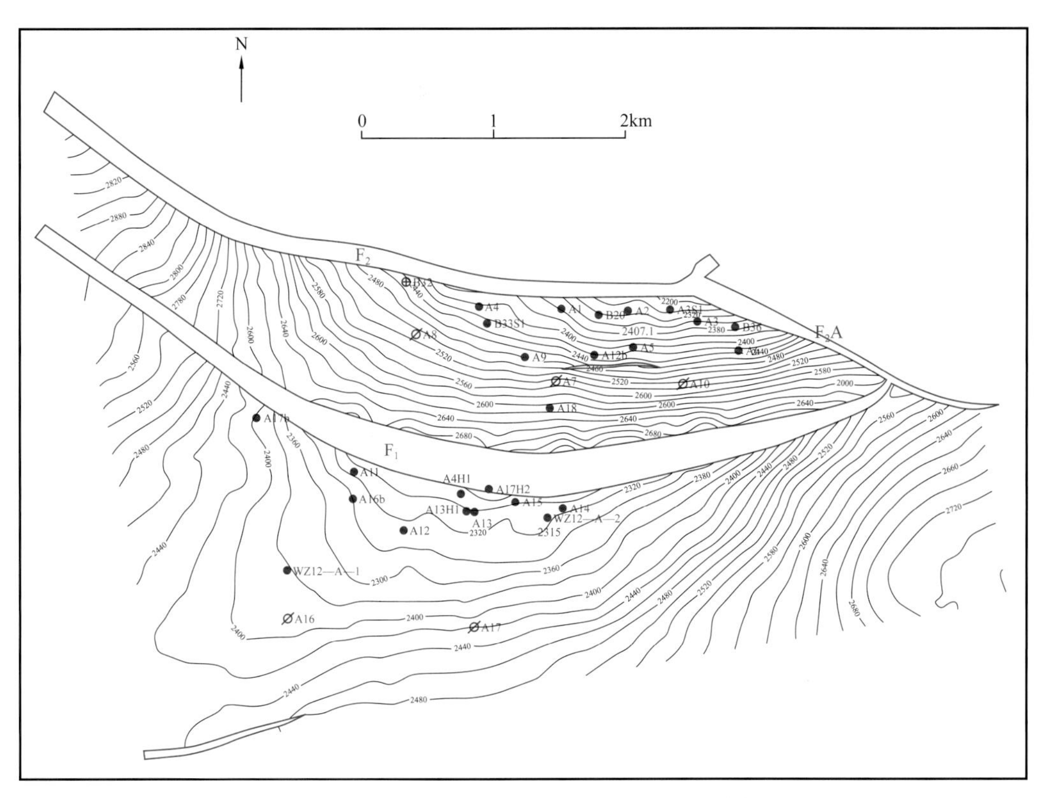


图 1-4　涠洲 12-A 油田涠三段Ⅳ油层组顶面深度构造图

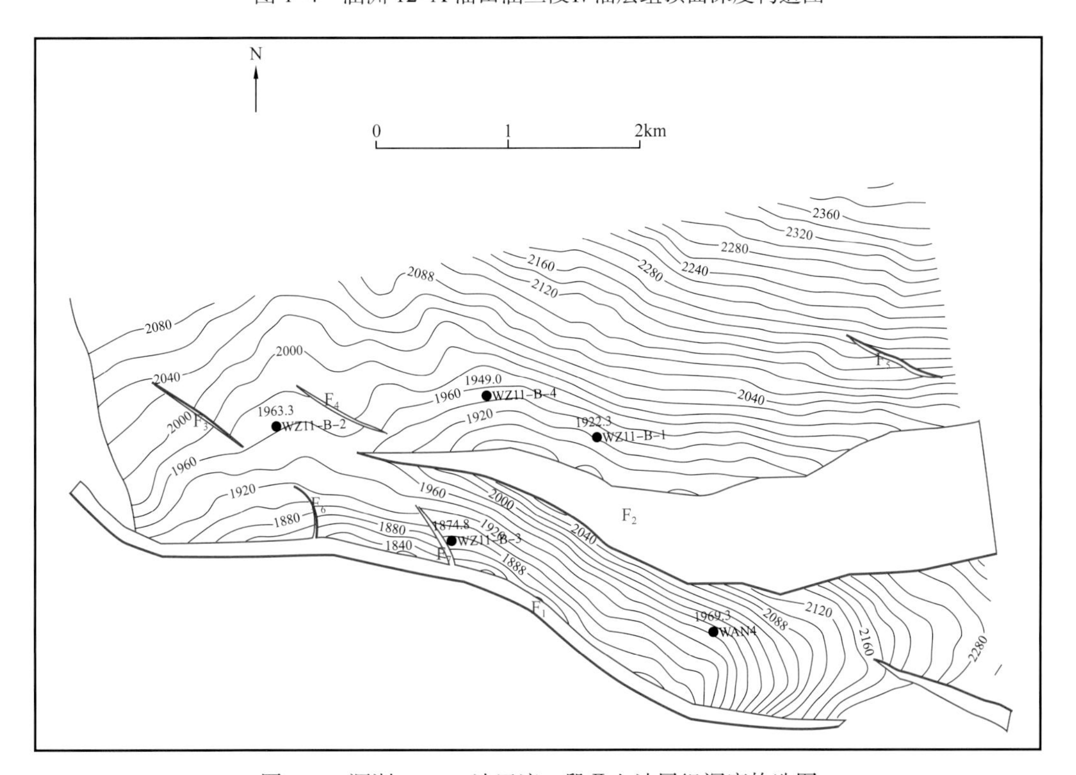


图 1-5　涠洲 11-1N 油田流一段Ⅱ上油层组深度构造图

### （三）流三段断背斜圈闭

涠洲 11–1 油田位于涠西南凹陷二号断裂带上升盘中部，受 2 号断层控制，整体上属于被断层复杂化的半背斜，主要含油层系为流三段。涠洲 11–1 构造走向基本上与主断裂一致，走向近东西，被断层切割成 2 井区、WAN9 井区两个局部圈闭（图 1–6）。构造东块为断背斜构造，构造中心高、边缘低，东西向平缓，南陡北缓。构造继承性好，圈闭面积及闭合幅度自上而下变大。2 号断层（$F_2$）断层走向为北东东方向。流三段形成于构造运动早期，受新、老断裂系统的影响，形成了一系列北西向断层，自西向东分别为 $F_{2-1}$、$F_{2-2}$、$F_{2-3}$、$F_{2-4}$、$F_{2-5}$，将构造分成不同的小断块。

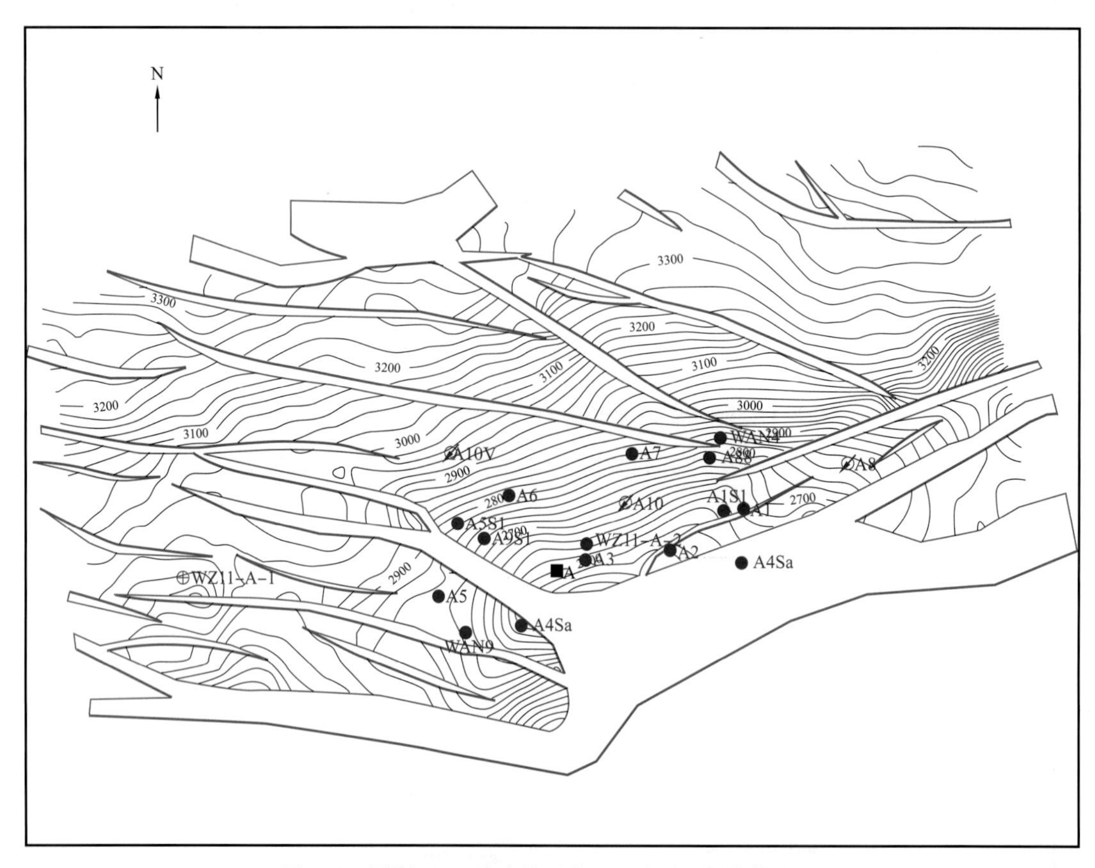


图 1–6　涠洲 11–1 油田流三段ⅢB 油层组深度构造图

## 三、储层特征

涠西南凹陷在生产油田大部分为古近系陆相复杂断块油田，涠洲组和流沙港组储层沉积类型丰富，非均质性强。古近系发育七大沉积体系，包括冲积扇、曲流河三角洲、辫状河三角洲、扇三角洲、湖底扇、滨浅湖及中深湖沉积（表 1–1）。

表 1-1　涠西南凹陷古近系主要沉积体系

<table>
<tr><th colspan="2">沉积体系（相）</th><th>亚相</th><th>主要微相类型</th></tr>
<tr><td colspan="2">冲积扇体系</td><td>扇中</td><td>分流河道、漫流沉积、碎屑流</td></tr>
<tr><td rowspan="3">三角洲沉积体系</td><td>扇三角洲</td><td rowspan="3">前缘前三角洲</td><td rowspan="3">水下分流河道、河口坝、远沙坝、前缘席状砂、分流间湾</td></tr>
<tr><td>辫状河三角洲</td></tr>
<tr><td>曲流河三角洲</td></tr>
<tr><td rowspan="2">湖泊</td><td>滨浅湖</td><td>滨湖浅湖</td><td>滨浅湖滩坝、滨浅湖泥</td></tr>
<tr><td>湖底扇</td><td>中扇外扇</td><td></td></tr>
</table>

其中与储层相关的沉积体系以各类型三角洲为主，沉积亚相为三角洲前缘沉积，其探明地质储量占总探明地质储量的98.2%。沉积微相包括水下分流河道、河口坝、分流间湾、前缘席状砂、远沙坝等，储层物性较好的水下分流河道是油田开发的主要对象。

## （一）涠三段储层特征

涠三段储层主要为多物源的浅水湖泊三角洲沉积（图 1-7），包括北东—西南方向展布的大型浅水辫状河三角洲，凹陷南、北方向发育的多个规模相对较小的扇三角洲等。由于湖盆多次水进水退，纵向上具有多沉积旋回的特征，划分出多个油组。各种成因砂体发育，主要有辫状河三角洲平原辫状分流河道、前缘水下分流河道或远沙坝沉积，砂岩单层厚度和累计厚度大，砂地比高，横向分布广泛，侧向连通性好，为油藏的形成提供了广泛的储集空间。

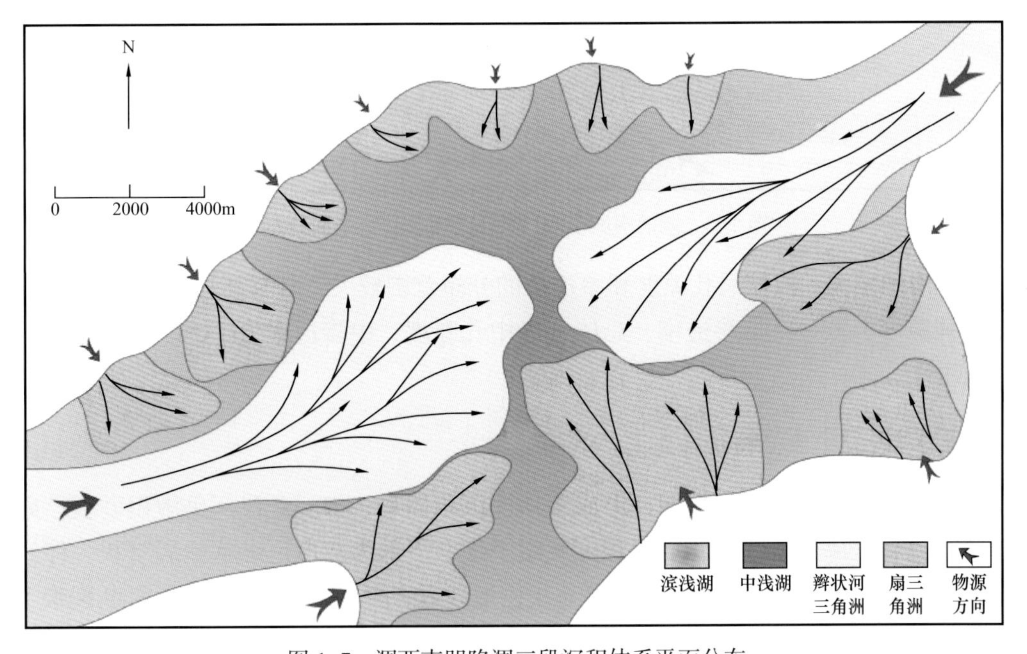


图 1-7　涠西南凹陷涠三段沉积体系平面分布

砂体以灰色中细砂岩为主，部分为含砾砂岩、粗砂岩，与杂色泥岩不等厚互层，以石英砂岩、长石石英砂岩和岩屑石英砂岩为主，分选磨圆好。储层物性好，多为中高孔隙度、中高渗透储层（孔隙度 13.3%～25.2%，渗透率 7.1～4465mD），是区内最发育的优质储层。储层以原生孔隙为主，少量次生孔隙。

## （二）流一段储层特征

流一段为湖盆萎缩阶段三角洲—滨浅湖相沉积，下部为浅灰色含砾砂岩、细砂岩与深灰色泥岩不等厚互层。1 号断裂带下降盘和三号断裂带发育近物源的粗粒扇三角洲、湖底扇沉积为主，砂岩成分和结构成熟度较低，包括辫状分流河道、水下分流河道等微相，局部发育水下碎屑流沉积。2 号断裂带主要发育远源三角洲前缘沉积（图 1-8），岩性较细，砂体薄，连通性较差，平面分布有限，砂岩成分和结构成熟度较好。

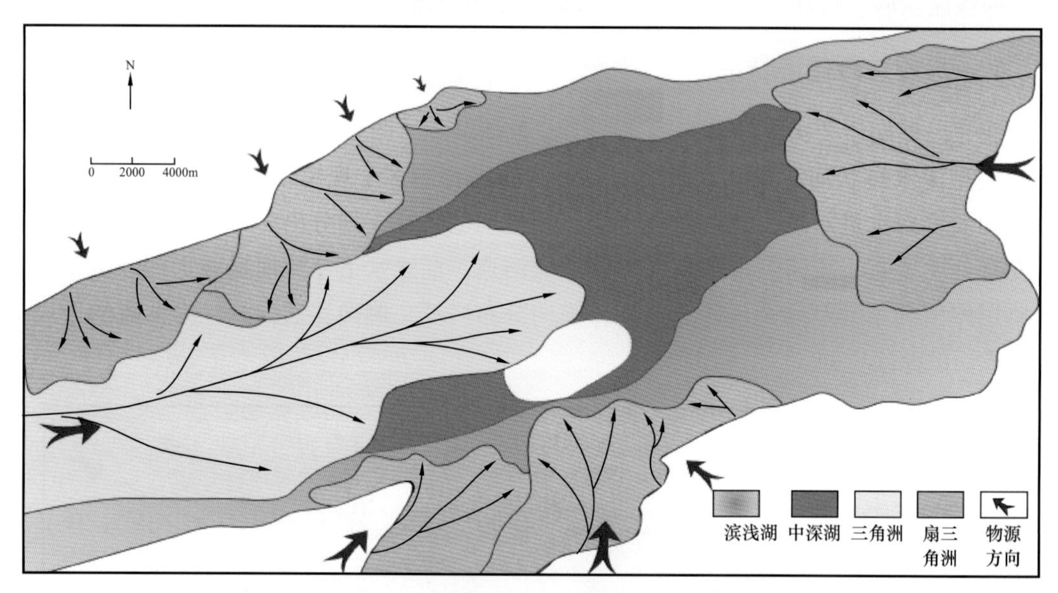


图 1-8　涠西南凹陷流一段下部沉积体系平面分布

涠西南凹陷流一段储层孔隙度和渗透率的分布范围较大，既有高孔隙度、高渗透率；也有低孔隙度、低—特低渗透率，总体上以中孔隙度、中渗透率为主，表现出很强的储层非均质性。

## （三）流三段储层特征

流三段形成于湖盆断陷初期，形成多物源沉积体系，为一套浅灰色中粗砂岩、砂砾岩和灰色泥岩互层的近源粗碎屑沉积，下粗上细，下部为灰白色砾状砂岩与灰、棕红色泥岩呈不等厚互层，上部为深灰色泥岩与灰色细砂岩、含砾砂岩薄互层。1 号断裂带下降盘主要发育冲积扇—扇三角洲沉积体系，2 号断裂带发育辫状河三角洲沉积体系，南部斜坡带发育缓坡扇三角洲沉积体系（图 1-9）。发育辫状河道、水下分流河道、水下碎屑流等微相。单砂层厚度薄，横向连续性、连通性较差。

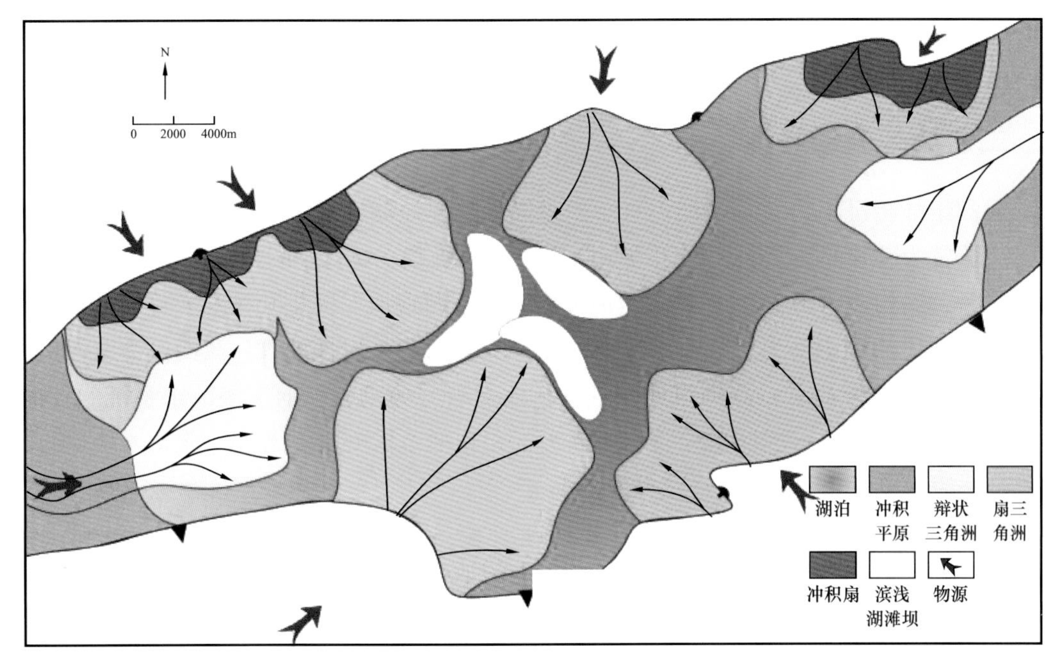


图 1-9　涠西南凹陷流三段下部沉积体系平面分布

流三段储层岩性主要为长石石英砂岩，碎屑颗粒次棱角状—次圆状，颗粒支撑，点—线接触，分选中等—差，结构成熟度中等—低。流三段埋深 2000～3500m，压实作用普遍较强烈，碎屑颗粒多呈紧密的线状接触。由于埋深、沉积相带的差别，流三段储层物性变化很大，从低孔低渗透到高孔高渗透均有分布。

## 第二节　油藏特征

### 一、油藏温压及流体性质

涠西南凹陷为富生烃凹陷，具有多层系、多类型油藏纵向叠置、横向连片的复式油气聚集特征，油气分布广泛，其原油以中低质原油为主，但地饱压差比较小，溶解气油比较高，再加上受断块封隔，储层非均质性的影响，产能高低差异大。

涠洲组大多数油藏具有正常压力、温度系统。原油性质好，多为轻质、中质油，呈现“四高三低”的特点，即原油密度低、原油黏度低、胶质、沥青质含量低；含蜡量高、凝固点高、溶解气油比高、饱和压力高。

流一段多为正常压力系统。各油组的原油性质接近，具有密度中等，含硫量、沥青质低，含蜡量、凝固点高，黏度中等，地饱压差较大的特点。由于物性较差，大多数油藏产能较低。

流三段多存在异常高压，压力系数为1.2～1.6。流三段油层原油性质较好，为轻质油。流三段产能有低有高，既有如涠洲10–A油田南块的高产区，也有如涠洲11–D油田的低产区，比采油指数为（0.01～1）$m^3$/（d · MPa · m）。

## 二、油藏驱动类型

涠洲组陆相沉积为裂陷晚期古近系，受2号断层控制，裂陷期的多次断裂活动形成大量构造较为破碎的复杂断块圈闭或与断层相关的断鼻、断背斜圈闭，包括涠三段断块、断鼻、断背斜构造（图1–4）。涠洲组油藏多为复杂断块或与断层相关的断鼻、断背斜等圈闭。涠三段油藏主要为层状边水构造油藏，少量构造+岩性油藏，涠四段为断层与岩性复合油藏或岩性油藏；涠洲组油藏具有平面上断层分割、纵向上多油水系统的特征。天然能量强弱不均：半封闭的断背斜、断鼻油藏边底水天然能量充足，强边水驱动；封闭的断块边水能量有限，需要注水开发。

流一段以断块、构造—岩性复合圈闭为主。受断层分割和沉积环境的影响，流一段油藏多为断层和岩性综合控制的复合油藏，纵向上多油水系统。天然能量有限，驱动类型主要为溶解气驱和弱边水驱动。

流三段油藏受断层和岩性变化等因素影响，油藏类型为层状边水、复杂断鼻或断块油藏，边水能量强弱不等，天然驱动类型为边水驱、溶解气驱、气顶驱动和弹性驱，部分区块天然能量弱，增加人工注水水驱。

# 第三节　开发面临的问题

自1986年涠洲10–3A油田投产以来，至2014年底，陆续投入开发的油田已有13个，大多是以陆相沉积为背景、被多期断层切割的断块油藏，构造和断裂系统难以准确认识，储层非均质性强，连通性复杂，注水受效良莠不齐，各井井控储量分布范围很大，开发效果也各不相同，各区块标定采收率差异非常大，低者仅5%，高者达60%，多数区块采收率在40%以内，单井井控储量多小于$100 \times 10^4 m^3$（图1–10）。

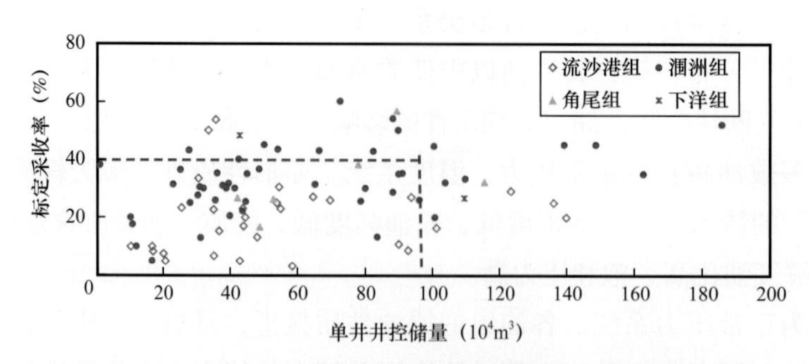


图1–10　北部湾不同区块单井井控储量及区块采收率统计图

## 一、断层错综复杂，小断层刻画困难

北部湾盆地涠西南凹陷复杂断块油田的构造类型多为被断层复杂化的断鼻构造。油田内断层广泛发育，其构造演化经历了多次拉张应力作用形成错综复杂的断裂系统，具有面积小、断块多、构造破碎等特点，构造埋深1700～3000m，多为2500m左右，由于受到原有资料品质的限制，准确识别较难。

如涠洲12-A油田（图1-11），其地层主要特征是由东北向西南方向下倾，被油田范围内的东西向大断层 $F_1$、$F_2$ 分隔成南、中、北三块。中块被 $F_2A$ 断层分隔为3井区和4井区；北块主力油层组 $W_2$Ⅳ、$W_2$Ⅴ油层组则又被 $F_3$、$F_{8-1}$、$F_{8-2}$、$F_9$ 等局部断层分为N1、N2和N3块。油田南、中块主力含油层位为涠三段和涠四段，北块主力含油层位为涠二段。

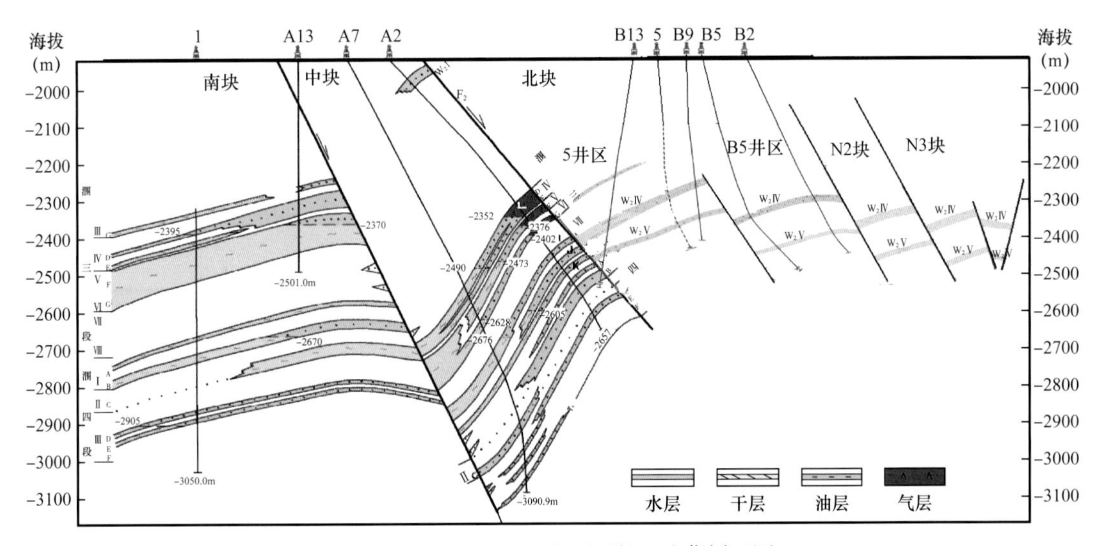


图1-11 涠洲12-A油田涠洲组油藏剖面图

如涠洲11-D油田（图1-12），从平面来看，大小断层交错丛生，大大影响了储层的连通性，加大了对储层认识的难度，给开发生产、井位部署带来了巨大挑战。

## 二、砂体厚度薄，夹层多，非均质性强，预测难度大

涠西南凹陷储层以古近系涠洲组和流沙港组陆相砂岩为主，储层多为浅水湖盆辫状河三角洲、扇三角洲和滨浅湖滩坝等沉积体。油组储层砂体展布复杂多变，以下三个因素制约了储层刻画精度。

（1）砂体厚度薄，夹层多：单砂体厚度一般为10～80m，砂体厚度横向展布“忽厚忽薄”，部分砂体连续性较差；隔夹层层层发育，具有薄、多、密的特点（图1-13），给储层的精细刻画带来了极大困难。

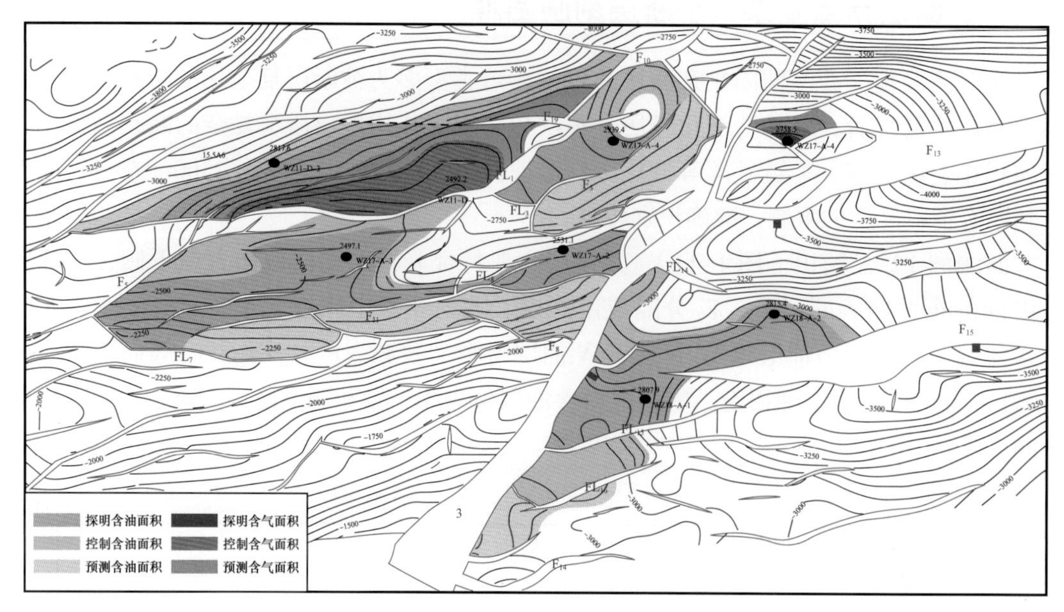


图 1-12　涠洲 11-D 区构造图

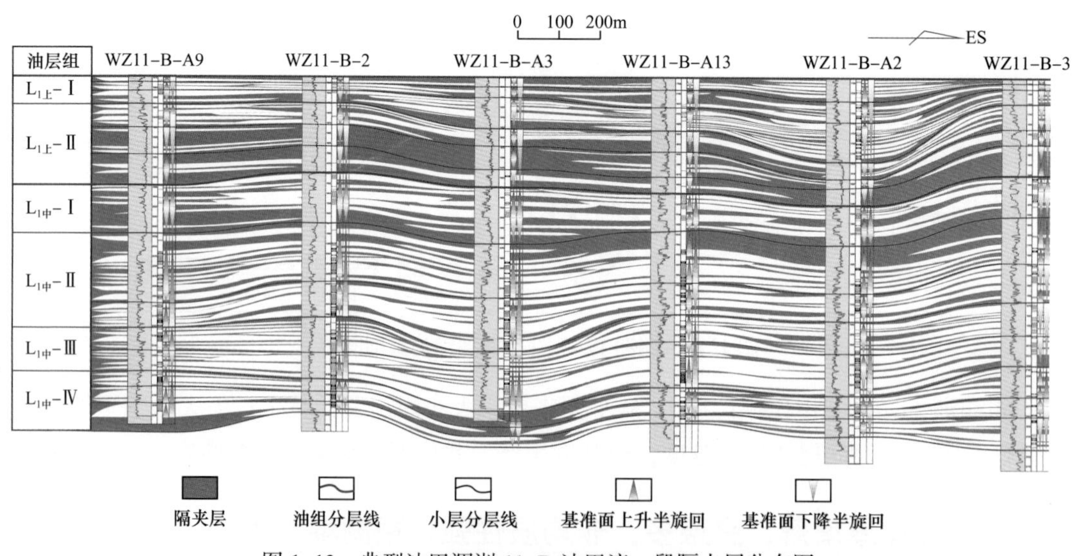


图 1-13　典型油田涠洲 11-B 油田流一段隔夹层分布图

（2）储层非均质性强：这类油藏往往含有多个油层，层间非均质性严重，平面上渗透率突进系数大于 3 的区域占 85%，渗透率变异系数大于 0.7 的区域占 90%，展现了极强的非均质性。

（3）资料少：受海上作业成本高影响，海上油气藏开发往往是取心少、井少、井距大，进一步增加了砂体刻画难度，只能大范围勾画砂体可能的分布情况，致使调整井实施后出现部分油组沉积相与前期实施研究的沉积相差别较大。

## 三、常规大井距下注采效果难以保障，井网部署困难

先天条件断层错综复杂，小断层多、刻画难，储层非均质性强，砂体预测难，给开发带来了重重困难。

（1）大井距注采效果差：对于非均质性相对较弱的油藏，尽管井距大、井网稀，通过精耕细作，海上油田也取得了较好的开发效果，如文昌 13 区主力油组采出程度已达 58%，标定采收率 65%；但对于涠洲区的油藏，尤其是流沙港组开发难度很大，一方面非均质性强，另一方面小断层多，能否精准刻画对开发影响很大；常规的大井距下，难以保障注采效果，普遍采收率较低。如涠洲 11-B 油田流三段（图 1-14），由于之前未刻画出生产井 A7 井与注水井 A10 井间、生产井 A8 井与注水井 A10 井间的断层，部署 A10 井注水后，呈现出 A7 井不受效（因断层隔挡），而 A8 井暴性水淹（A10 井与 A8 井间的断层起到了大裂缝引流的作用）（图 1-15）。

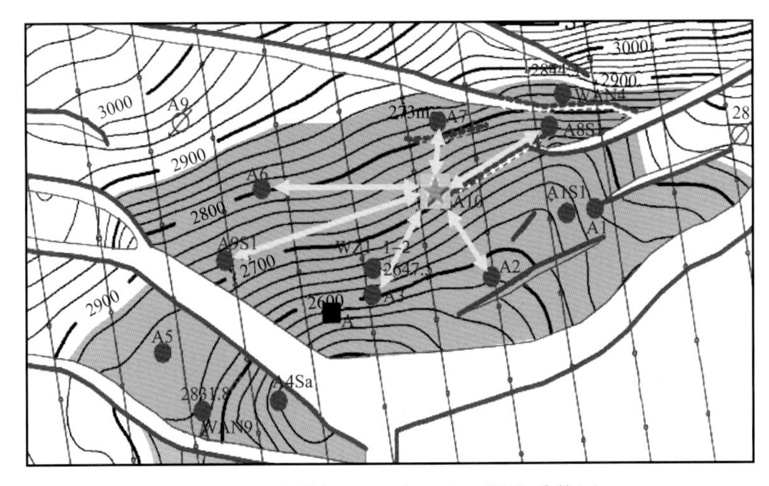


图 1-14　涠洲 11-B 油田流三段注采井网

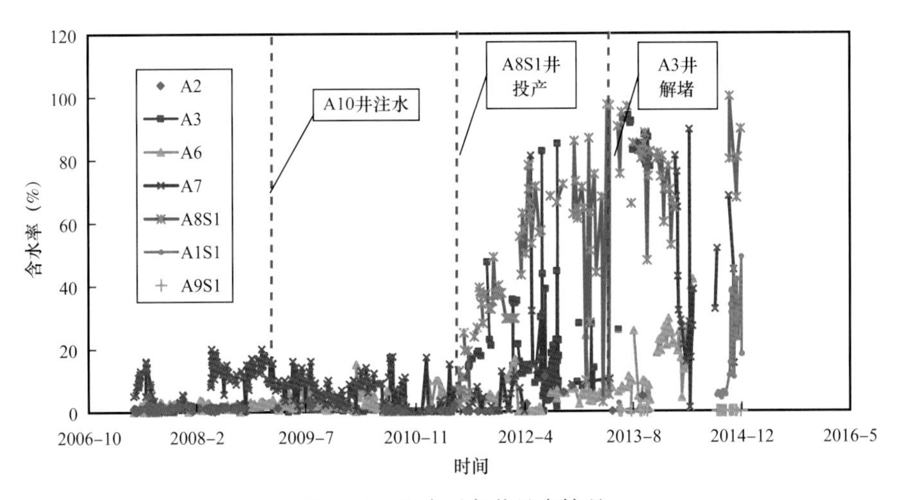


图 1-15　注水后各井见水情况

（2）井网调整难度大：不规则井网、储层非均质性、断层隔挡、人工注水（气），使得开发后期渗流优势通道与剩余油富集区并存，采出程度差异大，剩余油分布变得更加复杂，预测难度大，井网调整部署困难。

## 四、层间矛盾突出，波及系数低，水驱效率难于界定

储层非均质性强，纵向动用不均，注水井吸水不匀（图1-16），各井受效程度差异大（图1-17），受效好的井点压力系数可达到1.0左右，受效差的生产井点压力系数只能维持在0.82左右；各层动用不均，层间矛盾将越来越突出。在这种情况下，以下两点制约了油藏的高效开发：

（1）非均质性强、井距大、井点资料少，给精细小层对比带来了重重困难，流动单元划分不明，细分层系，剩余油刻画精度不高，影响后续调整措施的有效实施；

（2）从实际生产效果来看，油藏条件下气驱油效率比短岩心实验结果好，短岩心实验结果不能很好地表征油藏尺度下的驱油效率，进而使得调整潜力不明，加大了调整挖潜难度。

## 五、低产低效井比例高，诊治难度大

涠洲在生产油田部分井/层由于储层物性差、敏感性强以及流体性质差等因素，在钻完井过程或后期生产过程中容易被伤害，另加上井筒结垢、结蜡等问题，形成了较多的低产低效井（即产量低或者生产时率低）。目前对于生产过程中形成的低效井没有成熟的机理诊断技术与有效的防治措施。

截至2013年12月，涠洲油田群总井数170口（油、气、水井），低效井数达到35口，占到总井数的20%，属于低效井的重灾区（图1-18）。在这些低效井中，10口井属于储层伤害，10口井属于储层物性差、能量不足，15口井属于水淹、水窜、积液、结垢、结蜡等原因（图1-19）。

针对这些难题，为了延缓产量递减，对油田进行调整势在必行，而如何提高复杂构造断层识别精度、储层展布描述精度，认清水驱油机理，寻找出水驱后剩余油潜力分布所在，井网加密的同时有效释放低效井产能，充分动用已开发区块和有效开发非主力层，提高老油田的采收率，成为油田开发的重点工作。这涉及海上复杂油田精细地震解释、储层表征、提高驱油效率和波及效率、水驱后潜力评价、低效井治理，并以前述五个方面的技术进步为基础，进一步优化开发策略，以提高该区的开发效益。

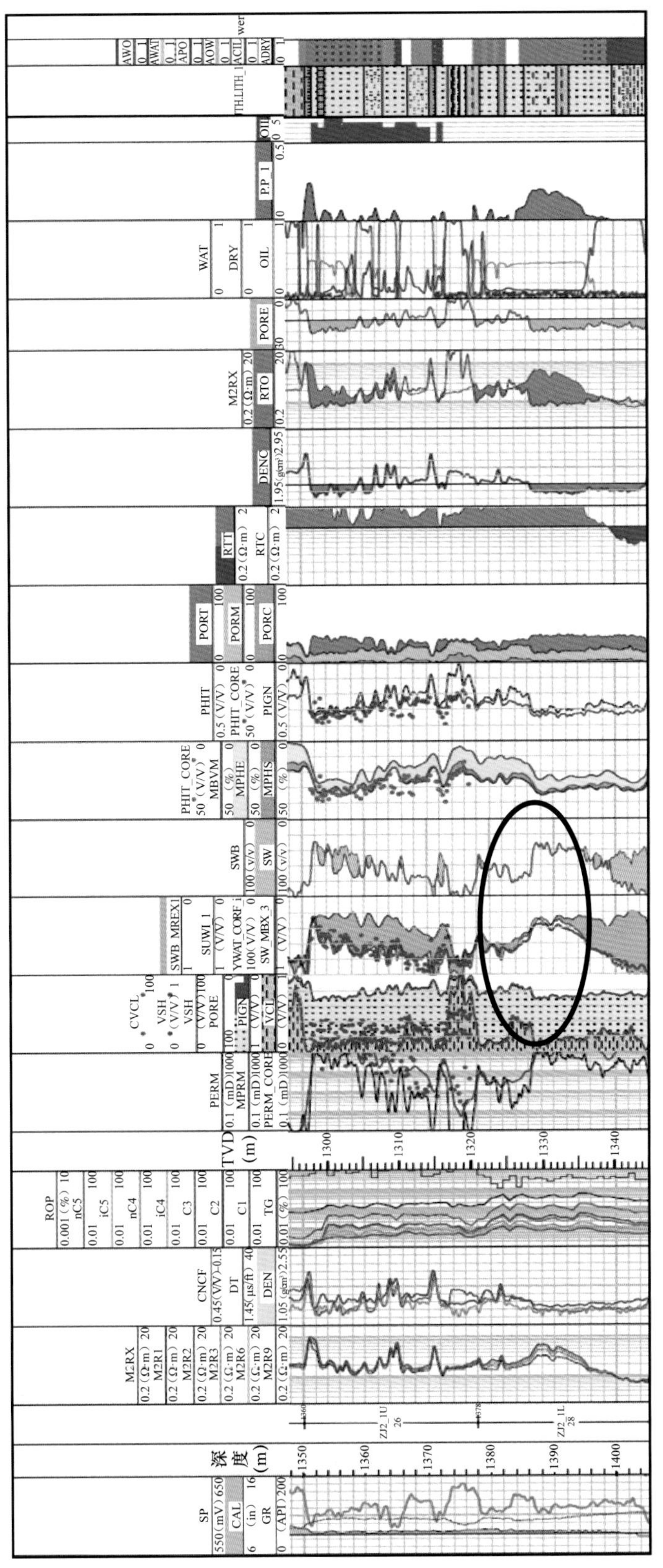

图 1-16　密闭取心井涠洲 11-B-XX5 井测井解释成果图

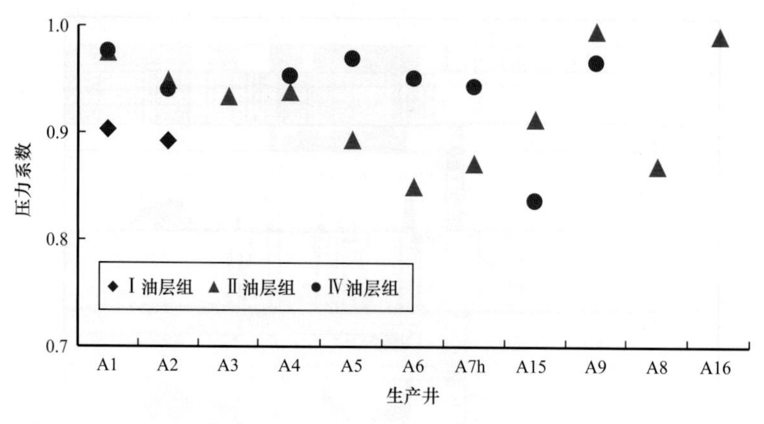


图 1-17　涠洲 11-B 油田各生产井压力系数统计图

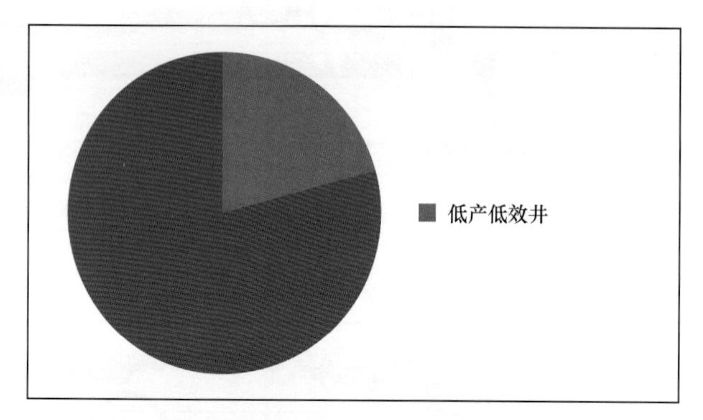


图 1-18　涠西南油田群低产低效井情况统计

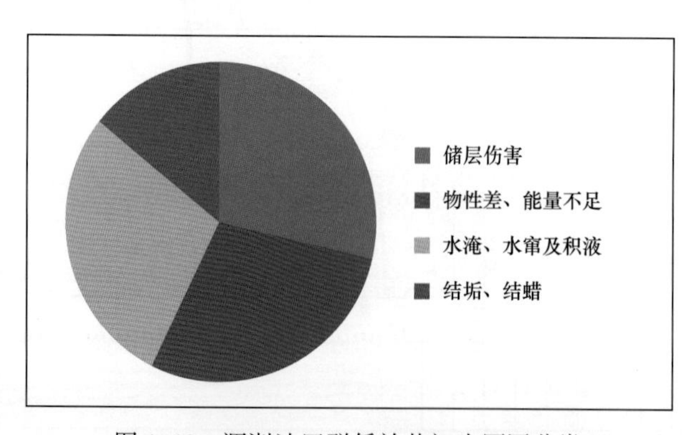


图 1-19　涠洲油田群低效井初步原因分类

# 第二章　断层识别与描述

涠西南油田群断裂结构复杂，且油藏分布在多个目的层段，而现有的地震资料多为针对区域评价所采集处理的大面积、多目的层三维资料，品质不高，断层识别困难，小断层刻画精度不高，构造和断裂系统难以准确认识，影响了油井见水规律、注水受效性，给油田的动态认识、注采井网调整带来了很多难题。

与生产紧密结合，围绕“提高断层（尤其是小断层）识别能力、改善地层成像效果”，开展复杂油田精确成像及断层精细描述技术攻关研究：从地震资料采集入手，开展海底电缆宽方位地震资料采集处理攻关，提高了中深层复杂断块油田的精确成像；针对目的层开展地震资料目标处理技术攻关，改善地震资料品质，解决了断层和砂体的有效识别问题；开展叠后解释性处理研究，实现了断层及微断层的精细描述。

## 第一节　海底电缆宽方位地震资料采集处理技术

海上地震资料采集一般采用常规拖缆采集方式，具有效率高、周期短、成本低的特点[1]，适宜大面积部署，但是拖缆地震资料采集方式存在诸多不足，主要表现在以下两个方面。

（1）常规拖缆地震资料采集方式是束线单边放炮方式施工，具有窄方位采集特征，使得各向异性引起的速度、振幅、频率、相位、成像的变化在窄方位地震数据体上观察不到，从而影响了地震资料的成像。

（2）海上拖缆地震资料采集的数据中远道覆盖不均匀。拖缆采集由于海流、波浪、涌流、潮汐等影响，地震检波点、震源点不准确，拖曳在船尾的震源特别是电缆往往会漂移，严重偏离设计的位置，电缆漂移会使反射面元内数据覆盖不均匀（特别是中远道），这对去噪和数据成像都不利。

常规拖缆采集方式的局限性，导致涠西南油田群地震资料品质不高，尤其是中深层流沙港组，地震资料分辨率低，断面归位不准确。部分拖缆三维资料虽经过多次的重处理，但资料品质改善有限，仍难以进行精细的构造落实和油藏描述工作，严重制约了油田开发及挖潜调整。究其原因主要为常规三维拖缆地震资料采集方位较窄，中深层流沙港组反射照明能量不够，覆盖次数不均匀，不利于复杂构造成像。因此，要改善流沙港组地震资料成像效果，需通过宽方位数据采集来增加采集照明度，以获得较完善的地下地震波场，从而提高地震资料的信噪比、分辨率和保真度。

## 一、海底电缆宽方位角采集技术优势

海底电缆采集系统采取震源船与连接电缆的仪器船分离[2, 3]的方法，施工时电缆布设在海底，震源船在各个方向上穿梭航行激发放炮，仪器船将海底检波器接收的地震反射信息记录下来，形成地震反射波场数据体（图 2-1）。海底电缆地震数据采集可通过扩大采集观测系统的横纵比，即扩大横向的最大炮检距与纵向的最大炮检距之比，以达到宽方位采集的目的，与常规拖缆地震数据采集相比具有如下优势：

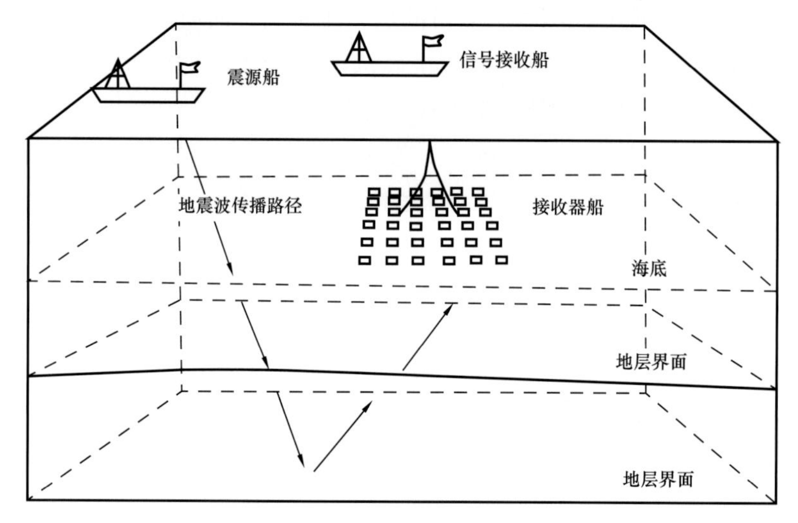


图 2-1　海底电缆采集示意图

（1）可在海上生产平台密集的障碍区开展地震采集工作，电缆沉放在海底，噪声小，资料信噪比高；

（2）可以方便地实施宽方位和全方位地震数据采集，横向覆盖次数多及空间数据采样丰富，更容易跨越地表障碍物和地下阴影带，具有更高的陡倾角成像能力和较丰富的振幅成像信息，改善断层成像效果；

（3）有利于压制浅层多次波，提高地震资料信噪比、分辨率和保真度，为岩性油气藏的保幅高分辨率处理奠定良好的基础；

（4）可采集多分量数据，记录纵波和转换横波并进行油气检测。

## 二、海底电缆加密宽方位采集设计研究

由于涠西南凹陷流沙港组地质条件复杂，断层广泛发育，宽方位采集设计技术时需考虑目标靶区的复杂地质结构。在对目标靶区地质构造充分认识的基础上，选取包含不同构造单元、不同埋藏深度、不同地质体目标的模型范围，利用已钻井及已有地震资料

统计速度、密度等地球物理参数，选择主要目的层建立地球物理模型（图 2-2）。以射线追踪和波动方程照明为手段，实现对观测系统属性参数的定量化分析和成像效果评价，针对具体的目标靶区动态优化采集参数。

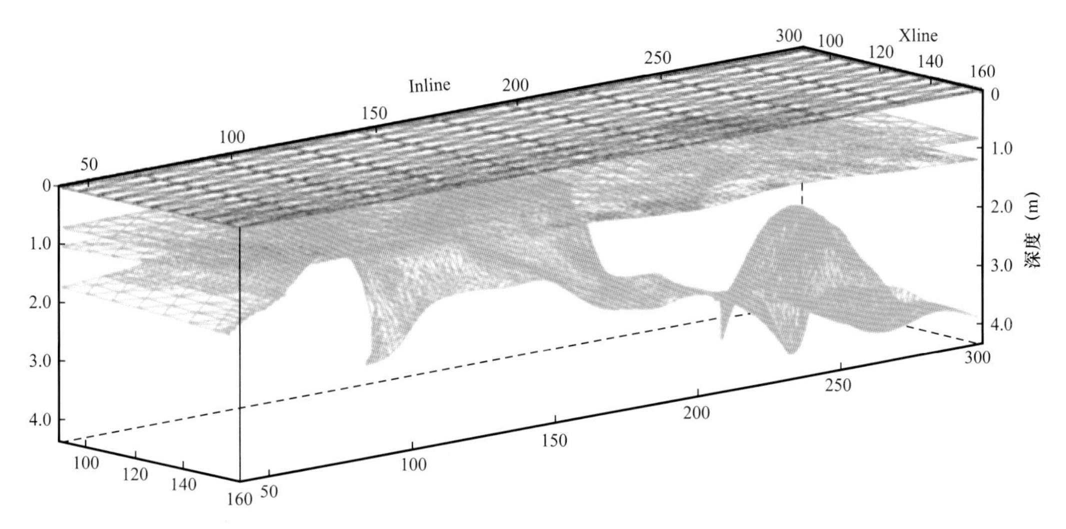


图 2-2　三维地质地球物理模型

以涠洲 10-A 油田为例，该油田位于北部湾盆地涠西南凹陷 1 号断裂带东南侧，是一断层复杂化的断鼻构造。现有常规拖缆三维地震资料，采集时兼顾了不同深度目的层，目的针对性不强，致使 2005 年连片处理成果受流二段厚层泥岩和底部油页岩强反射屏蔽影响，流三段资料分辨率低、断层成像差，严重影响了构造解释与储层描述。为推动油田的开发调整，在该油田进行了海底电缆地震资料采集。根据地质目的设计了四种观测系统（表 2-1）进行比选。

**表 2-1　涠洲 10-A 海底电缆四种观测系统方案对比表**

| 项目 | 方案 1 | 方案 2 | 方案 3 | 方案 4 |
|---|---|---|---|---|
| 观测系统类型 | 12L4K 片状 | 12L4K 片状 | 8L4K 片状 | 6L4K 片状 |
| 面元大小（m×m） | 12.5×12.5 | 12.5×12.5 | 12.5×12.5 | 12.5×12.5 |
| 覆盖次数 | 12 横 ×16 纵 | 12 横 ×16 纵 | 8 横 ×16 纵 | 3 横 ×80 纵 |
| 接收道数（道） | 1920 | 1920 | 1080 | 1920 |
| 道间距（m） | 25 | 25 | 25 | 25 |
| 炮点距（m） | 纵 250/ 横 25 | 纵 250/ 横 25 | 纵 250/ 横 25 | 纵 50/ 横 50 |
| 接收线距（m） | 400 | 200 | 400 | 400 |
| 炮线距（m） | 250 | 250 | 250 | 50 |
| 炮线数 | 32 | 32 | 32 | 1 |

续表

| 项目 | 方案 1 | 方案 2 | 方案 3 | 方案 4 |
| --- | --- | --- | --- | --- |
| 最大炮检距（m） | 9121.08 | 6821.40 | 7444.06 | 4160.57 |
| 最大非纵距（m） | 6987.50 | 5862.50 | 4587.5 | 1187.5 |
| 最大纵距（m） | 5862.50 | 3487.50 | 5862.5 | 3987.5 |
| 横纵比 | 0.838 | 0.595 | 0.782 | 0.297 |

方案 1（12L4K 线距 400m）、方案 2（12L4K 线距 200m）和方案 3（8L4K）都为宽方位系统（图 2-3），其中方案 1 和方案 3 方位角最宽，方案 2 次之。

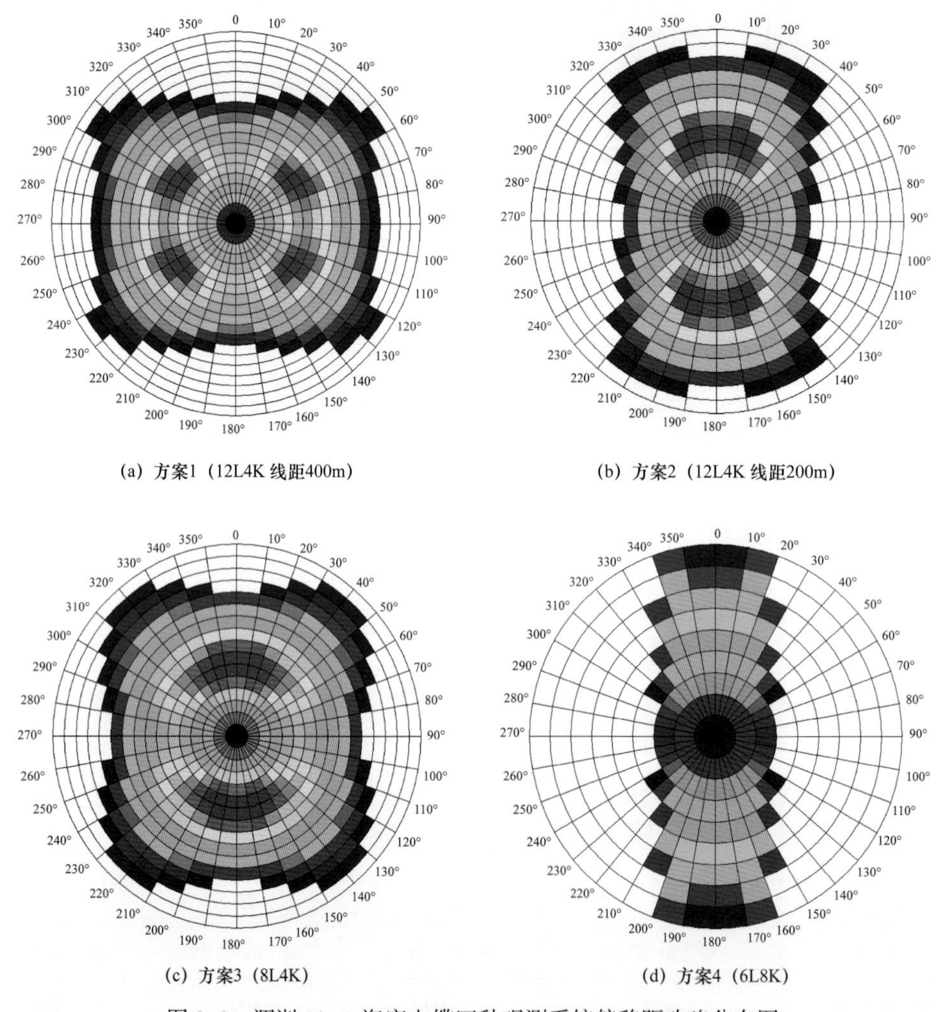


(a) 方案1（12L4K 线距400m）　(b) 方案2（12L4K 线距200m）

(c) 方案3（8L4K）　(d) 方案4（6L8K）

图 2-3　涠洲 10-A 海底电缆四种观测系统偏移距玫瑰分布图

从偏移距分布统计看，方案 1 和方案 3 偏移距主要分布在中远偏移距，方案 2 和方案 4 偏移距主要分布在中近偏移距（图 2-4，表 2-2）。

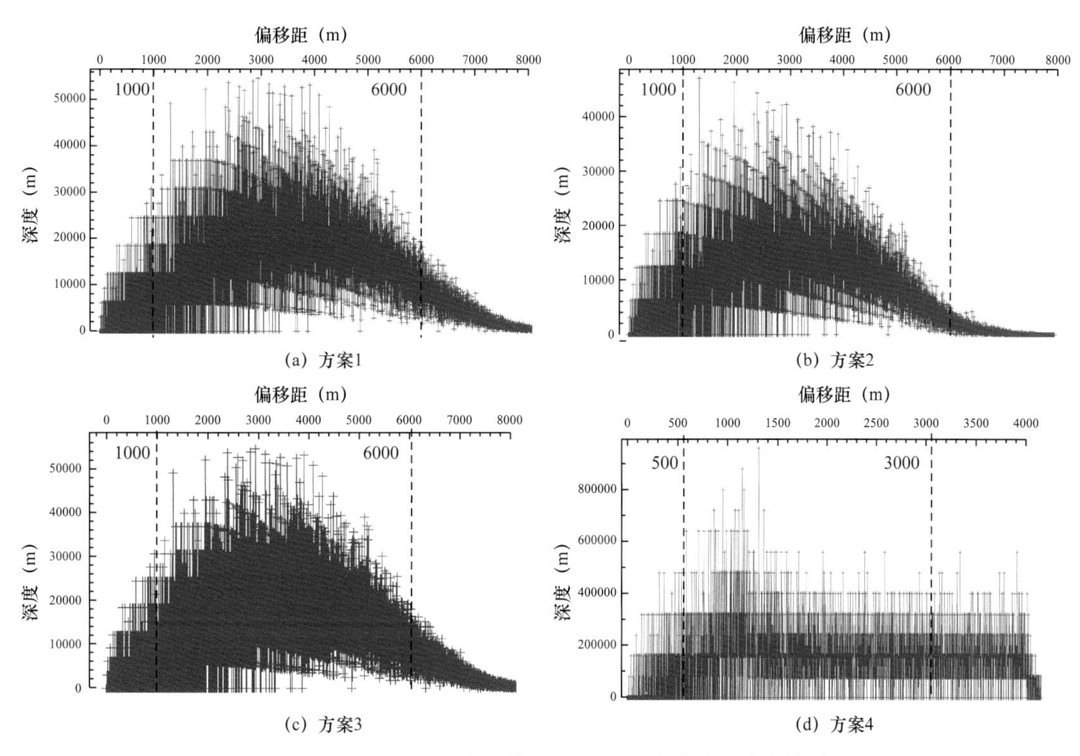


图 2-4　涠洲 10-A 海底电缆四种观测系统偏移距分布统计图

**表 2-2　涠洲 10-A 海底电缆四种观测系统偏移距分布统计表**

| 项目 | 方案 1 | 方案 2 | 方案 3 | 方案 4 |
| --- | --- | --- | --- | --- |
| 观测系统方案 | 12L4K（400m） | 12L4K（200m） | 8L4K | 6L8K |
| 0～2000m 有效覆盖次数（次） | 22～34 | 45～60 | 22～34 | 10～34 |
| 2000～4000m 有效覆盖次数（次） | 53～102 | 60～120 | 40～88 | 30～50 |
| 4000～6000m 有效覆盖次数（次） | 40～80 | 25～55 | 20～47 | 20～45 |
| 炮密度（炮 /$km^2$） | 163.688 | 163.655 | 107.000 | 808.5000 |
| 道密度（道 /$km^2$） | 104.675 | 202.536 | 163.831 | 101.147 |

从正演照明分析结果看，方案 1 和方案 2 主要目的层能量分布要优于其他两个方案（图 2-5）。

综上分析推荐方案一观测系统。考虑到方案 1 线距（400m）近、偏移距较小、近道覆盖次数少，在涠洲 10-A 油田的局部主体部位采用线距 200m 采集以便得到更多的覆盖次数，为后期的偏移成像提供良好的资料基础（图 2-6）。

## 三、处理技术研究

海底电缆宽方位地震资料具有空间采样丰富、横向覆盖次数多等优点，高品质的原始资料基础在处理阶段优势非常明显，更利于复杂地区的空间成像。处理阶段充分利用了海底电缆宽方位资料的优势开展一系列针对性的处理技术研究，关键处理技术有：水陆检合并去除鬼波技术、高维数据规则化技术、分方位精细速度分析技术。

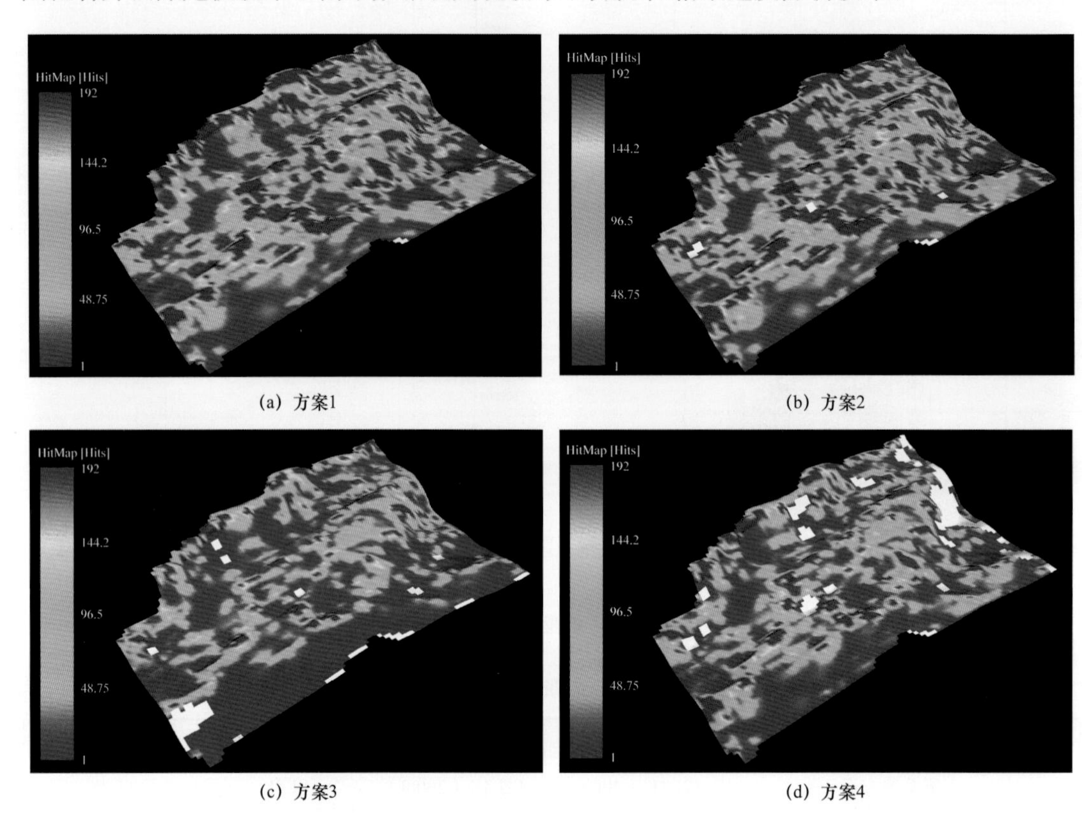


(a) 方案1　(b) 方案2

(c) 方案3　(d) 方案4

图 2-5　涠洲 10-A 海底电缆四种观测系统目的层振幅能量分布图

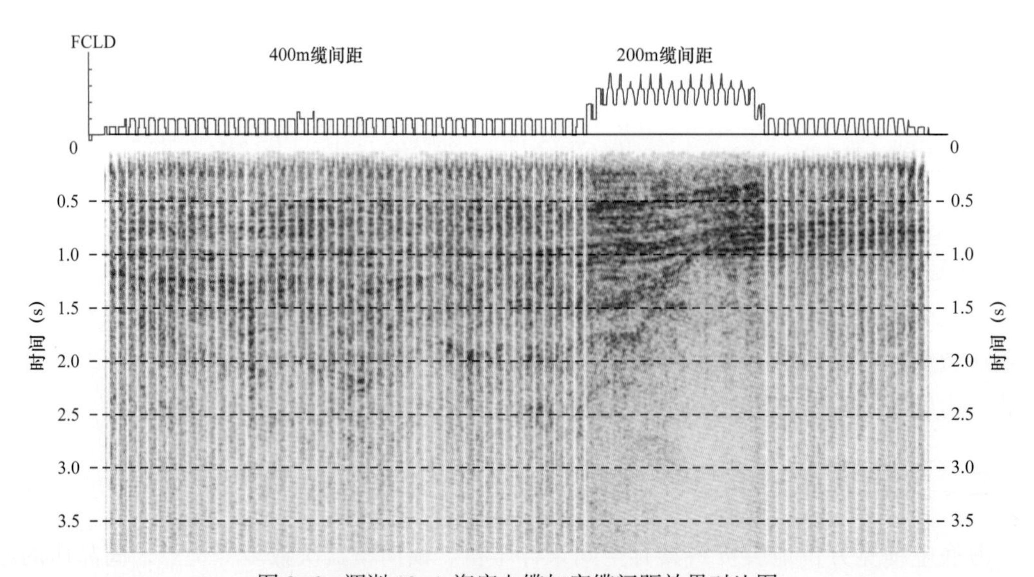


图 2-6　涠洲 10-A 海底电缆加密缆间距效果对比图

### （一）水陆检合并去除鬼波技术

传统方法是用陆检去匹配水检，而本次处理中采用的用水检去匹配陆检，这样既保持了陆检的高分辨率特性，也改善了信噪比。水陆检合并处理主要包括水陆检标定、上下波场分离和自适应叠加去除多次波。其中，水陆检标定是关键。传统的水陆检标定是用陆检去匹配水检资料。尽管合并的结果对鬼波压制、信噪比的提高有一定作用，但是频带较窄、主频低、分辨率偏低，不能满足开发的需要。

标定原理如下：

$$\begin{cases} P' = P*(I+F) \\ Z' = Z*(I-F) \end{cases} \tag{2-1}$$

$$z_0 = \arg\min_z \|Z' - z*P'\|^2 \tag{2-2}$$

$$P_{\mathrm{cal}} = z_0 * P \tag{2-3}$$

$$\begin{cases} U = \frac{1}{2}P_{\mathrm{cal}} + \frac{1}{2}Z \\ D = \frac{1}{2}P_{\mathrm{cal}} - \frac{1}{2}Z \end{cases} \tag{2-4}$$

式中　$P$——水检数据；

$Z$——陆检数据；

$U$——上行波；

$D$——下行波；

$z$——水层传播因子；

$z_0$——最终求得的匹配因子；

$I-F$，$I+F$——水检和陆检的鬼波因子；

$P'$，$Z'$——交叉鬼波化的水检数据和陆检数据。

计算过程如下：

（1）用式（2–1）求取交叉鬼波化的水陆检记录；

（2）用式（2–2）对水检鬼波化数据和陆检鬼波化数据进行匹配，求得最佳匹配因子 $z_0$；

（3）用式（2–3）把最佳匹配因子对水检记录进行标定；

（4）用式（2–4）把标定的水检记录和陆检记录求和得到上行波，求差得到下行波。

这样，最终求得的数据既保存了陆检数据的高分辨率，又加入了水检数据的高信噪比，整体提高了数据质量。

如图 2–7 所示为水陆检单炮数据中反射波和多次波示意图，如图 2–8 所示为通过水陆检合并进行波场分离后的上行波场和下行波场中反射波和多次波示意图，可以看出通过水陆检合并进行波长分离之后，下行波场中的上行波场能量达到较小，上行波场中检波器方面的多次波得到有效衰减，而上行波场是后续处理的有效数据，从而为后续处理奠定很好的基础。

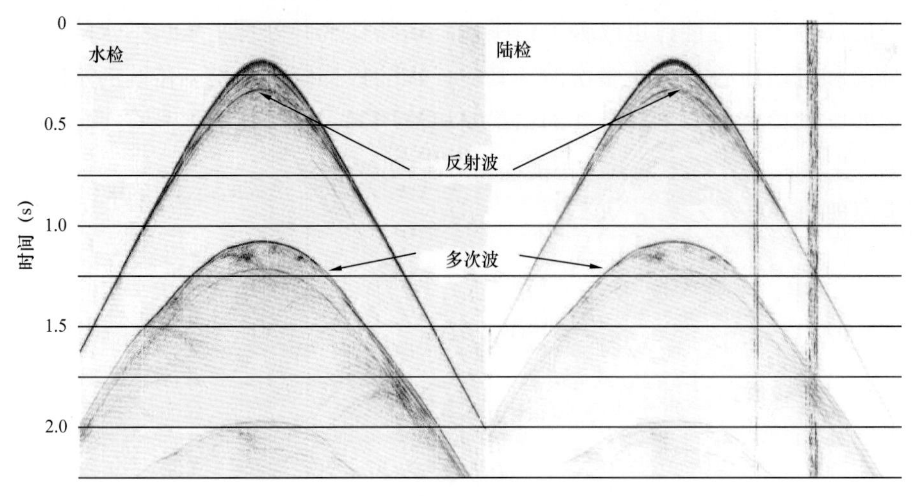


图 2-7　水陆检单炮数据中反射波和多次波示意图

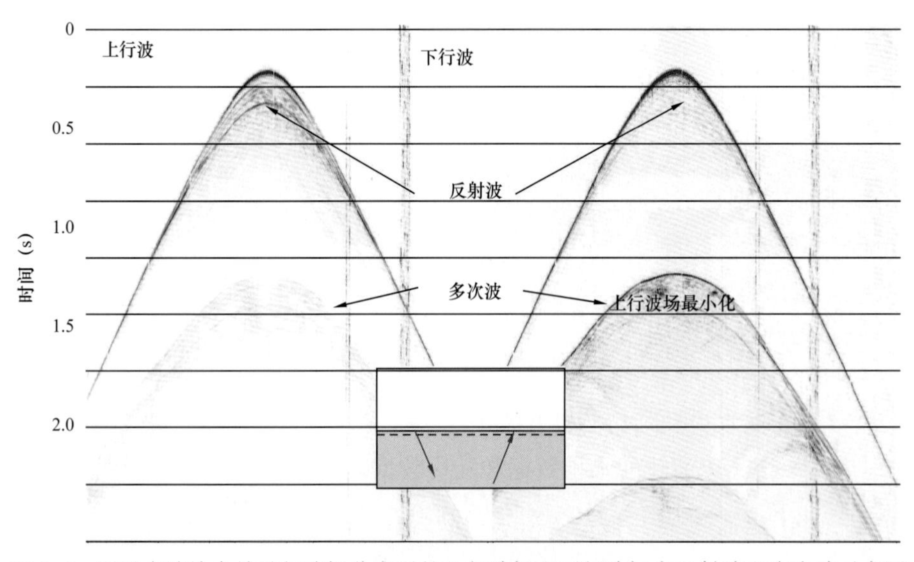


图 2-8　通过水陆检合并进行波场分离后的上行波场和下行波场中反射波和多次波示意图

## （二）高维数据规则化技术

海底电缆资料具有较宽的方位角，偏移距分布不规则，覆盖次数随方位角分布不均。当采样不规则时，就会出现绕射波无法收敛的现象，最终就形成了“采集脚印”现象。数据的不规则性引起的偏移假象会严重误导后继的地震资料解释工作，对油气的预测工作产生严重的负面影响，因此需要进行数据规则化处理。

地震数据的规则化从数学理论上是时间空间域的五维插值问题。数值计算方法中讲到的大多为实数据的一维插值，譬如拉格朗日插值、牛顿插值、埃尔米特（Hermite）插值和样条插值等。它们都可用于非规则地震数据的插值。但对二维复数据的插值（对应CMP道集在频率空间域中的插值）、五维实数据的插值（对应全地震数据在时间空间域中的五维插值）或是四维复数据的插值（对应全数据体在频率空间域中的四维插值）没有合适的数学工具。另外，地震数据的有效信号在局部范围内可以近似认为是线性的，是可预测的。因此，地震数据的插值工作应当考虑如何充分利用地震数据中反射同相轴倾角的信息，没有倾角预测功能的插值方法是很难对地震数据进行合适的规则化处理的。

在对涠西南凹陷的数据规则化处理时主要采用Radon谱约束下地震信号频谱的估计，根据信号建模及参数估计理论可知，模型参数估计总共有三个步骤。

（1）系统的参数化。系统的参数化是在（$f$，$k$）域里完成，主要是因为地震数据的有效信号在（$f$，$k$）域里可以被稀疏地表示。

（2）正演过程的描述。正演过程采用付氏变换，在估计出地震数据的（$f$，$k$）谱后，即可借助付氏变换得到空间任意点的地震数据，从而实现地震数据的规则化以及去空间假频的工作。

（3）反问题的求解。反问题求解过程中的约束条件是技术亮点，该约束条件包括模型空间的约束条件和数据空间的约束条件两部分：模型空间的约束条件利用地震数据的Radon谱估计出地震数据不同波数成分之间能量的强弱关系，并用该信息约束地震数据（$f$，$k$）谱的能量分布；数据空间的约束条件主要是根据地震观测系统的排列方式约束数据空间中各个采样点之间能量的强弱关系。

在参数估计时需要求解一个二次函数的极小值，由于该二次函数是一个正定函数，所以可以用CG法（共轭梯度法）求解这个问题。

规则化处理在偏移距数据体上进行，目的是使每个偏移距体的每个面元内有一道，并且处在面元的中心位置，整个过程通过反假频的傅里叶重构方法实现：首先将时间域输入的不规则采样数据使用傅里叶正变换变换到空间频率域，在规则样点上估计其空间频率域数值，再将信号使用傅里叶反变换变换重构到规则网格上去（图2-9）。

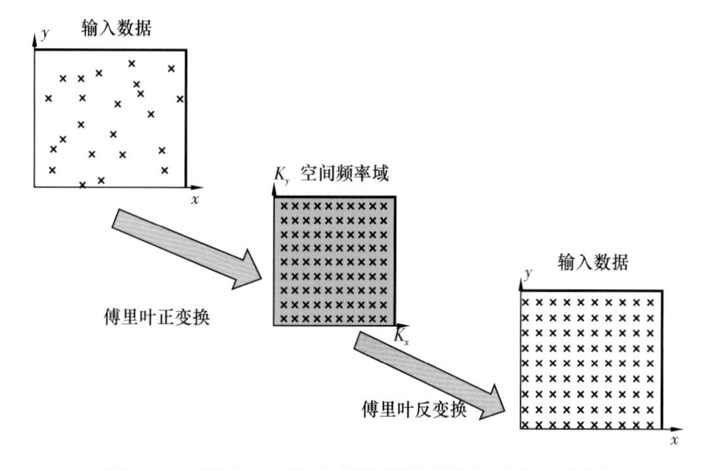


图2-9　傅里叶重构实现数据规则化和插值示意图

如图 2–10 和图 2–11 所示分别为数据规则化前后叠加剖面的效果对比，从剖面上可以看到，数据规则化之后叠加剖面的信噪比得到提高，尤其是浅层，在剖面的边界、浅层和同向轴的连续性上，剖面质量都有很大改善，这为后续地震数据的叠前偏移提供了很好的基础。

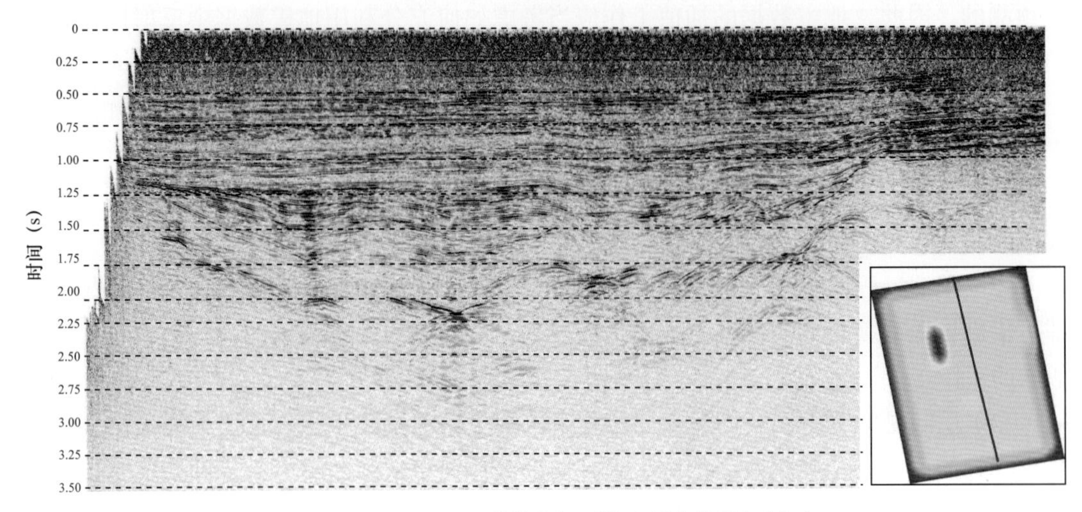


图 2–10　Inline1076 线数据规则化和插值前叠加剖面

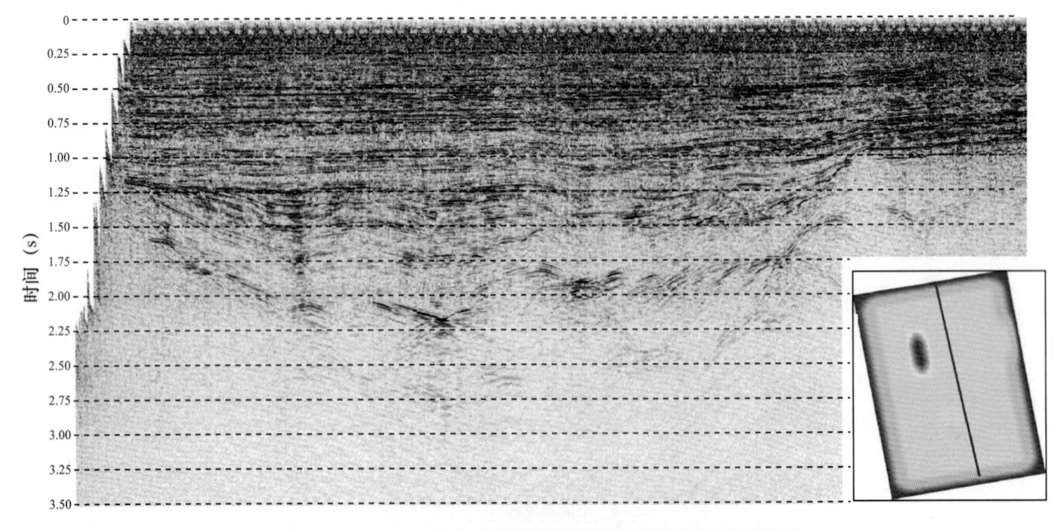


图 2–11　Inline1076 线数据规则化和插值后叠加剖面

### （三）分方位精细速度分析技术

海底电缆地震资料采集时大炮检距在不同方位上都有分布，不解决叠加速度随方位角的变化问题，笼统用一个综合速度进行动校正（NMO），必然只有一部分方位角范围的道动校拉平，而其他方位的道校正过量或校正不足，很难把共面元道集所有的道拉平。这样不仅会影响叠加效果，同时会进一步影响基于地表一致性的剩余静校正的合理性和精度（图 2–12）。因此海底电缆地震资料处理时必须考虑叠加速度随方位角、地层倾角的变化问题，进而求取准确的剩余静校正量。另外，为了消除倾角影响，实现零炮检距叠加，必须考虑三维动校正（DMO）。

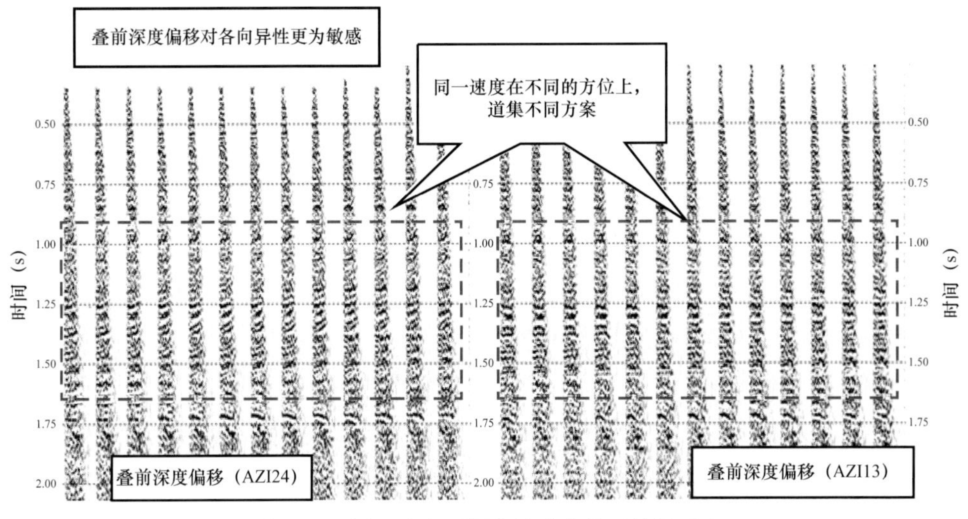


图 2–12 同一速度不同方位道集校正效果对比

不同方位入射下，射线路径差别大，算出的速度有差别。为提高速度模型的精度，开展了分方位剩余曲率网格层析成像速度模型修正处理。剩余曲率层析成像深度层速度修正的方法是利用共反射点（CRP）道集内同相轴是否拉平作为判别标准，道集同相轴上翘速度偏低，道集同相轴下拉速度偏高，拾取道集内同相轴的剩余曲率信息，利用网格层析成像技术修正深度层速度体，采用宽方位的深度偏移方法更新模型。

剩余曲率网格层析成像速度模型修正的方法是一个多次迭代的过程，具体的处理流程是（图 2–13）：首先利用初始速度模型控制射线束（CBM）叠前深度偏移，对共反射点（CRP）道集内的同相轴进行剩余曲率自动拾取，然后根据剩余曲率反映的深度速度误差信息运用网格层析成像技术修正速度体，再进行下一轮的迭代，直到道集被拉平。经过剩余曲率网格层析成像速度模型方法修正后，深度速度场更合理，共反射点（CRP）道集同相轴被拉平，成像得到改善。

## 四、海底电缆资料应用效果分析

海底电缆地震资料采集处理后效果改善明显，最佳频率下，与常规拖缆资料断层成像结果对比，海底电缆地震资料成像更好、信噪比更高、分辨率更高。从图 2–14 和图 2–15 可以看出，海底电缆地震资料区域大断层断面成像、归位更好，流三段目的层成像改善明显。从方差体切片看，海底电缆资料信噪比更高，小断层更清晰（图 2–16）。另外，海底电缆地震资料地层接触关系更清楚，分辨率更高，这有助于研究储层横向分布情况（图 2–17）。

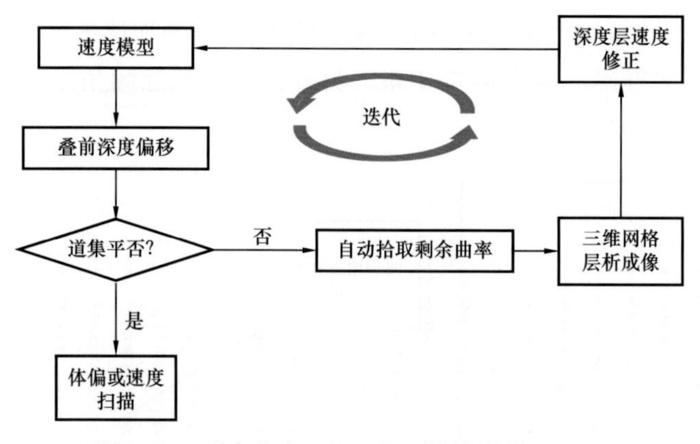


图 2-13　剩余曲率网格层析成像速度修正流程

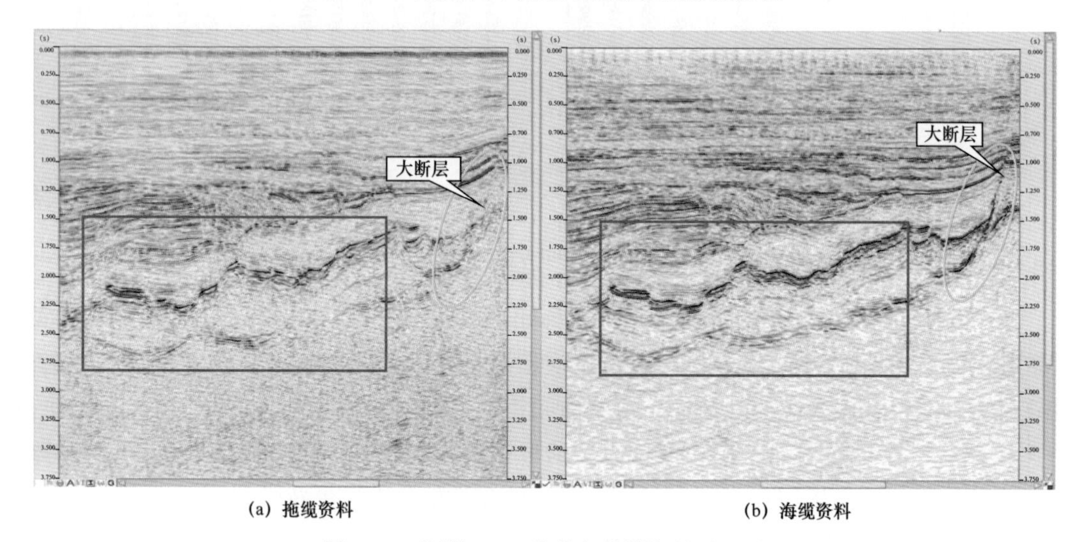


(a) 拖缆资料　　(b) 海缆资料

图 2-14　涠洲 10-A 海缆与拖缆资料对比图

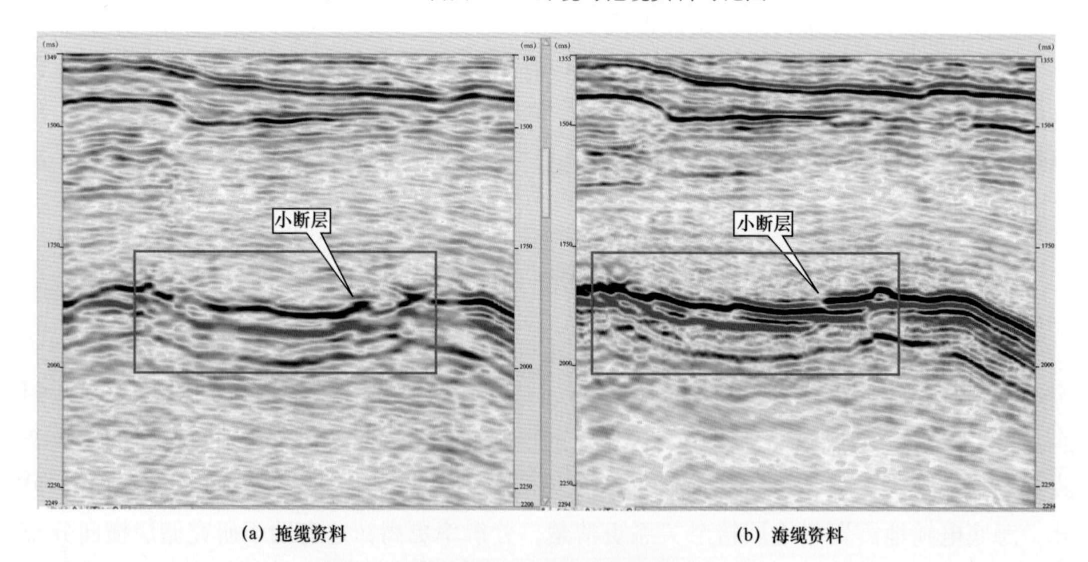


(a) 拖缆资料　　(b) 海缆资料

图 2-15　涠洲 10-A 海缆与拖缆资料对比图

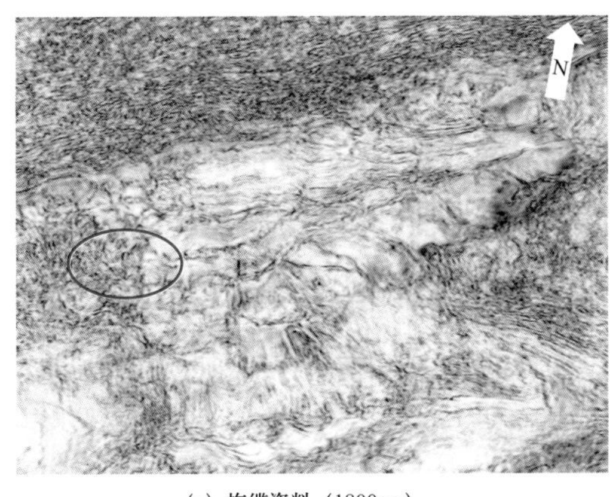


(a) 拖缆资料（1800ms）

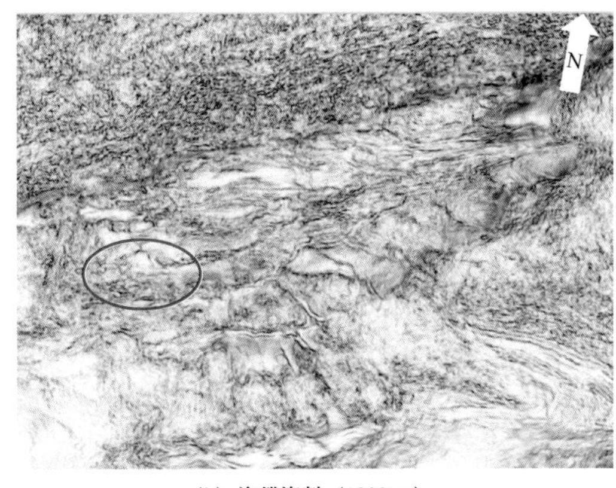


(b) 海缆资料（1800ms）

图 2-16　涠洲 10-A 海缆与拖缆资料方差体切片对比图

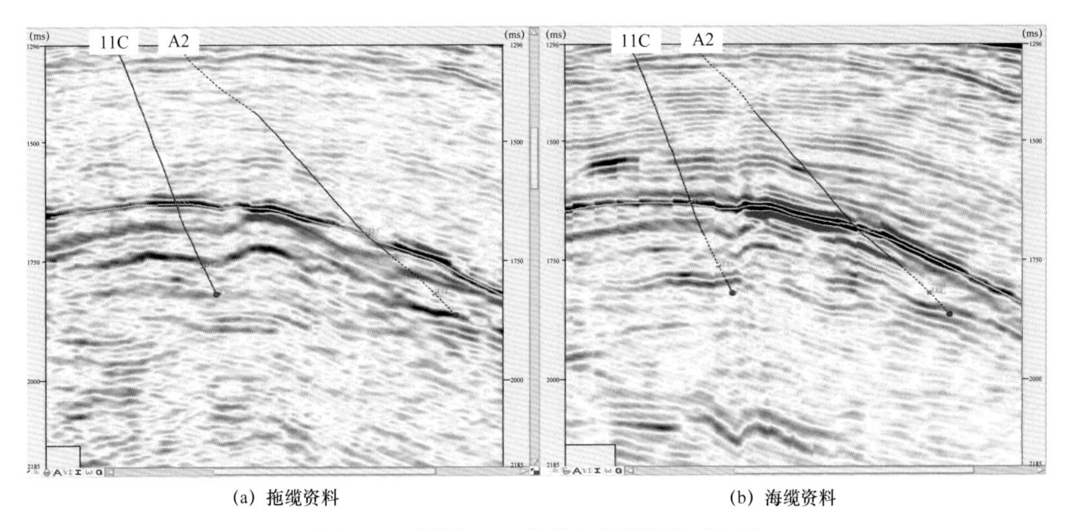


(a) 拖缆资料　　(b) 海缆资料

图 2-17　涠洲 10-A 海缆与拖缆资料对比图

结合已钻井分析，海底电缆地震资料与实钻情况更接近。从图 2-18 中可清楚看出，基于海底电缆地震资料解释的断点位置与已钻井更吻合，这进一步说明了海底电缆地震资料成像更精确。

应用海底电缆资料对涠洲 10-A 油田进行了构造再落实，与以往成果相比，断层平面展布发生较大变化，增加了多条断层（图 2-19）。结合动态分析认为，基于海底电缆资料落实的构造与实际更符合。以 WZ10-A-W18 井区为例，该井区Ⅱ油层组于 1990 年 8 月投入开发，开发方式为衰竭开发，投入开发后压力下降较快，从油藏动态特征来看，Ⅱ油层组存在储量动用范围有限、能量供给不足等问题。截至 1993 年 8 月，18 井累计产量 $8.73\times10^4m^3$，采出程度 8.89%，远低于相邻断块 7C 井区类似油藏 20% 的采收率。该油层组在 WZ10-A-W18 井区基于常规拖缆资料计算的地质储量为 $98.2\times10^4m^3$，基于海底电缆地震资料计算的地质储量仅为 $50.0\times10^4m^3$（图 2-20、图 2-21），相差较大；而动储量

计算为 $46.7\times10^4\mathrm{m}^3$，与海底电缆地震资料落实的构造所计算的储量更吻合。新研究成果对于合理评价该油田储量及后续开发具有重要指导意义。

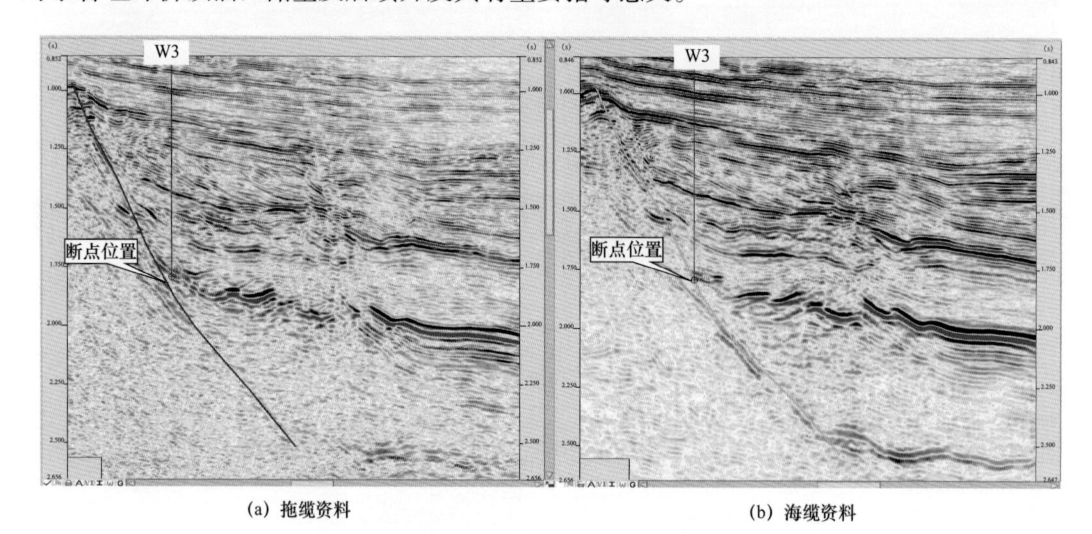


(a) 拖缆资料　　(b) 海缆资料

图 2–18　涠洲 10–A 油田海缆与拖缆资料对比图

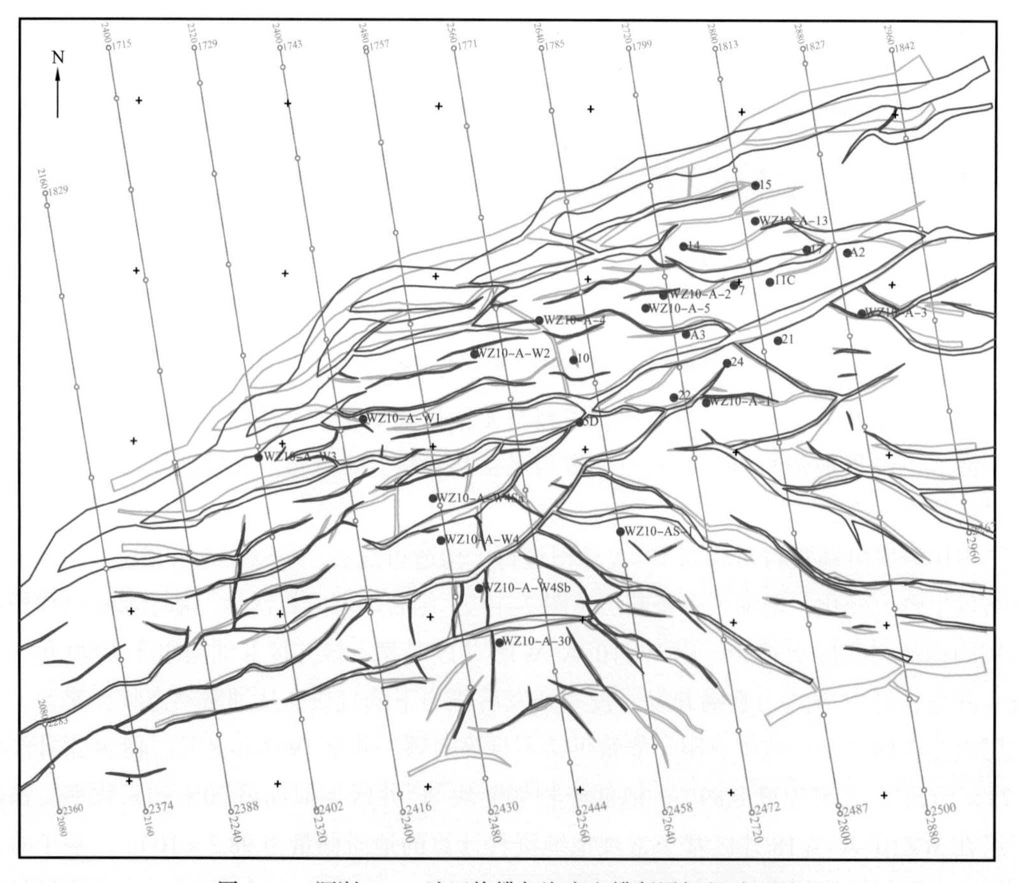


图 2–19　涠洲 10–A 油田拖缆与海底电缆断层解释对比图

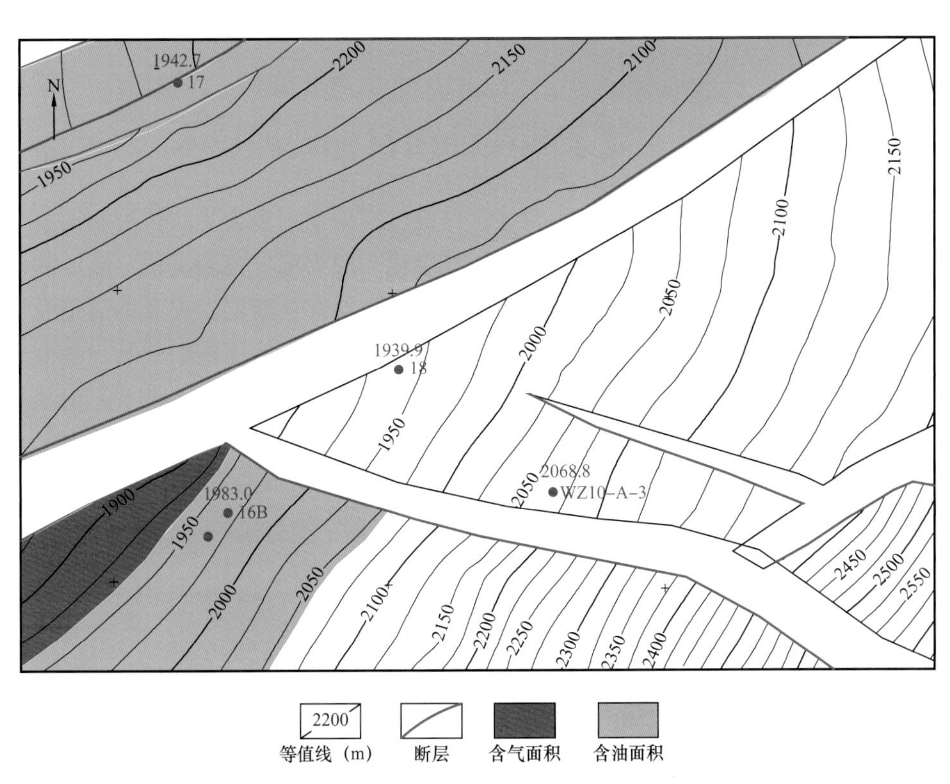


图 2-20　拖缆资料流三段Ⅱ油层组含油面积图

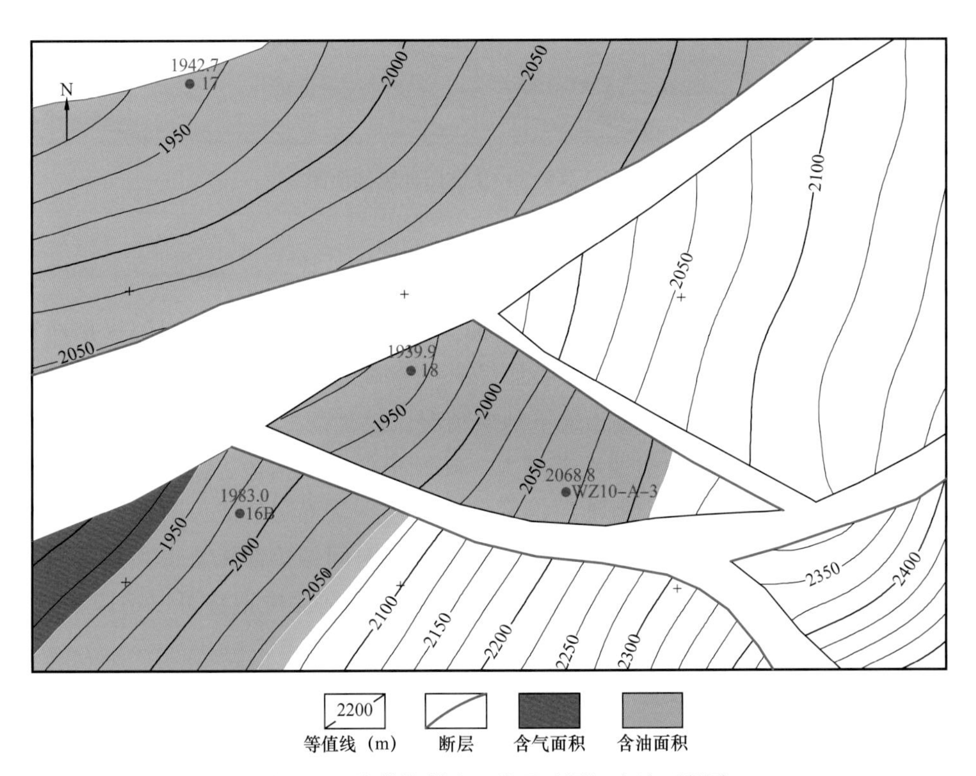


图 2-21　海缆资料流三段Ⅱ油层组含油面积图

# 第二节　复杂断块油田目标处理技术

涠西南凹陷是一个典型的陆相断陷湖盆，目前已发现油田多为受断裂控制的复合型构造，主力开发油组为涠洲组和流沙港组一段，其中流一段为扇三角洲沉积，储层的非均质性较强，各油层组内部储层物性差异大。流一段地震资料存在断层、成像不清楚及空间分辨率不足等问题，受地震资料品质所限，不足以支持断层和单砂体精细刻画，各油层组多按砂体包络进行追踪解释。为了提高断层刻画精度，针对该地区的地震资料先后开展了多轮次的处理，重处理后的资料在断层归位方面虽然有所改善，但整体的成像质量尤其是小断层的成像及断层的延伸仍存在不确定性（图 2–22）。上述问题影响了油田的挖潜调整，为了更好解决地震资料存在的问题，提高油田开发效果，开展了逆时偏移目标处理技术攻关。

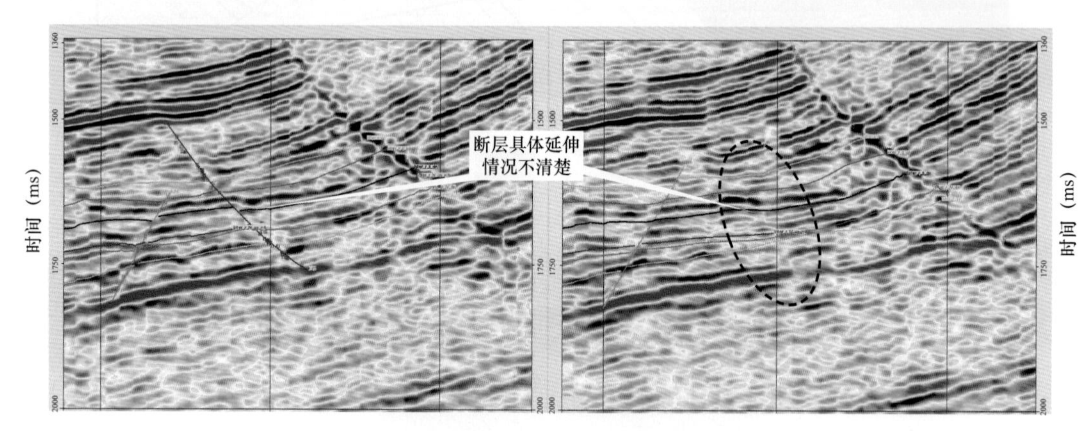


图 2–22　涠洲 11–B 油田地震剖面图

## 一、逆时偏移处理技术原理

常规叠后时间偏移是先进行共中心点叠加，再进行偏移，叠前时间偏移是地震资料处理的一个全偏移过程，它先偏移，再叠加[4]，把常规的叠加和偏移两个过程同时完成，实现了真正的共反射点叠加。但是当地下地质情况比较复杂，横向上存在巨大的变速时，如存在崎岖的海底，大断层两边速度差异大、陡倾角的潜山构造、盐丘等，侧向速度变化很快，射线路径更加复杂，上覆地层的复杂性使得下伏地层的成像射线弯曲，时距曲线失去了双曲线规律等现象，常规的叠后偏移及叠前时间偏移都无法得到真正的共反射点叠加，导致时间偏移剖面构造形态严重畸变。只有叠前深度偏移可以适应横向变速，能够使大断层或潜山面能够比较准确地成像。

叠前深度偏移的方法主要包括克希霍夫积分法叠前深度偏移、波动方程叠前深度偏移等。但是克希霍夫叠前深度偏移的成像也有局限性，即频率下降，分辨率降低，很难预测岩性。波动方程叠前深度偏移是目前地震资料处理最昂贵、最耗时的算法。

逆时偏移为上行波和下行波的双程波场延拓，双程波动方程算法能够较好地解决地震波传播的多路径问题，其解可以精确地描述包括上行波和下行波的复杂地震波传播，它较大的运算量对计算机硬件技术有更高的要求。伴随计算机运算能力的大力提高，该算法已经能很好地应用到实际生产中，为解决复杂构造成像提供了崭新的手段[5-8]。该成像算法在解决复杂构造区域精确成像问题上了一个新台阶。

逆时偏移的主要特点为：基于精确的波动方程成像方法，有效地解决了地震波传播的多路径问题，同时对于浅层区的成像，也有较大改善；适用条件宽松，适应能力强，尤其适应陡倾角、复杂构造区及特殊地质体的成像，能较好地实现回转波成像；反时间偏移，有效避免了浅层速度误差对深层成像的影响；不受倾角限制以及速度横向变化影响；对成像速度敏感性较克希霍夫叠前深度偏移及有限差分方法弱；基于波动方程求解，保幅效果好，利于后续的岩性研究；偏移噪声低、能量聚焦好。

逆时偏移用于描述地震波场的波动方程为

$$\frac{1}{c^2}\frac{\partial^2 u}{\partial t^2}=\nabla^2 u+s \tag{2-5}$$

其中，$u=u(x,\ y,\ z,\ t)$ 为压力场；$c=c(x,\ y,\ z,\ t)$ 为速度场；$s=s(x,\ y,\ z,\ t)$ 为源项。

式中　$t$——时间。

式（2-5）是一双向波动方程，其解可以精确地描述复杂的地震波的传播，包括上行波和下行波。

对于逆时偏移而言，其成像条件可以表述为

$$m_1(x)=\int F(x,t)R(x,t)\mathrm{d}t \tag{2-6}$$

式中　$m(x)$——点 $x$ 的偏移成像值；

$F(x,\ t)$，$R(x,\ t)$——点 $x$ 处的顺时和逆时波场。

假设只有 P 波传播、子波为脉冲函数，那么顺时波场 $F(x,\ t)$ 可以表示为

$$F(x,\ t)=\delta(t-t_{\mathrm{p}}^{sx}) \tag{2-7}$$

式中　$t_{\mathrm{p}}^{sx}$——从炮点至空间点 $x$ 的旅行时。

这样，成像条件就可简化为

$$m(x)=\int\delta(t-t_{\mathrm{p}})R(x,\ t)\mathrm{d}t \tag{2-8}$$

逆时偏移从最终的时间 $t_{\mathrm{f}}$ 以逆时的方式偏移。在某个时间点 $t_1<t_{\mathrm{f}}$ 某个空间位置 $x$，如果 $t_1=t_{\mathrm{p}}^{sx}$，那么点 $x$ 处的矢量波场就记录下来了。

假设炮点波场代表下行波场，检波点波场代表上行波场，成像条件可以简化为

$$I(z,\ x)=\sum_s\sum_t S(t,\ z,\ x)R_{\mathrm{s}} \tag{2-9}$$

式中　$S$，$R$——炮点、检波点波场；

$z$、$x$——坐标轴；

$t$——时间。

然而，在实际工作中，往往很难将炮检点的波场区分出来，介质的波阻抗差异可能很大，如果用上述的互相关方法，会带来很大的噪声。为了压制噪声，可以将上述的互相关除以炮点照明：

$$I(z,x)=\sum_{s}\frac{\sum_{t}S_{s}(t,z,x)R_{s}(t,z,x)}{\sum_{t}S_{s}^{2}(t,z,x)} \tag{2-10}$$

或者除以检波点照明：

$$I(z,x)=\sum_{s}\frac{\sum_{t}S_{s}(t,z,x)R_{s}(t,z,x)}{\sum_{t}R_{s}^{2}(t,z,x)} \tag{2-11}$$

如图 2-23 所示为针对地质模型采取不同偏移方法的成像实例。这个模型中有特殊的岩性体存在，因此速度模型横向变化剧烈。由于逆时偏移算法上的先进性，采用双程波动方程求解，没有速度近似、无倾角限制，能够获得最为精确的构造成像效果。另外波动方程算法上无振幅和相位近似，通过精确的照明补偿实现了真振幅的成像，能量归位更加准确，纵横向具有更高的分辨率，更有利于储层及特殊岩性体的识别。

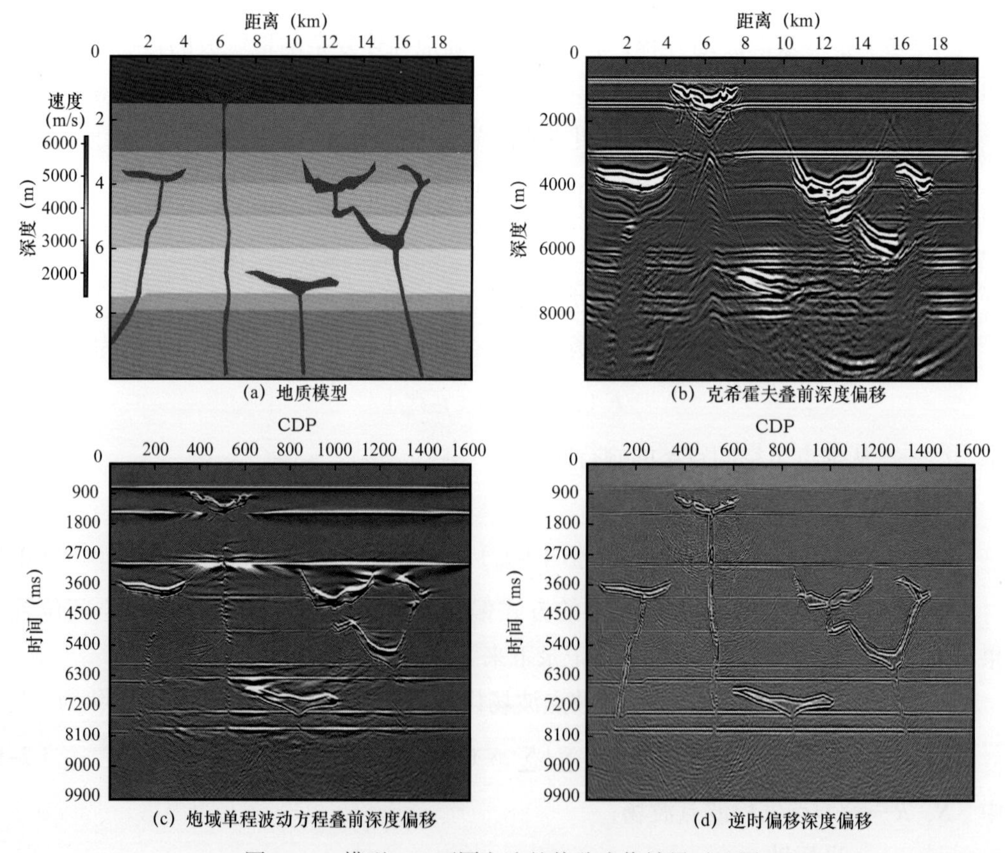


图 2-23　模型一：不同方法的偏移成像效果对比图

逆时偏移对于特殊岩性体的成像效果较为明显。但是涠西南地区构造研究的主要对象是复杂断块构造形成的断裂体系。为了验证逆时偏移成像技术对复杂断块构造的适用程度及成像效果，特意选取了一个复杂断块地质模型，用相同的速度模型分别采取克希霍夫叠前深度偏移、单程波动方程叠前深度偏移、逆时偏移三种成像算法进行成像对比。从图 2-24 不同偏移方法的剖面上可以看到：对于速度变化过于剧烈的地下介质，克希霍夫叠前深度偏移成像精度不够、剖面划弧现象明显；单程波动方程叠前深度偏移成像精度得到提高，偏移划弧现象得到改善，但是对于断裂破碎导致的资料信噪比较低，资料的横向分辨率及振幅保真性还不十分理想；逆时偏移采取双程波动方程求解，通过科学的照明补偿较好地恢复了断裂破碎带地区有效信号的能量，成像精度的提高，增加了构造的准确度，整体上资料的信噪比及纵横向分辨率都得到较好的改善。

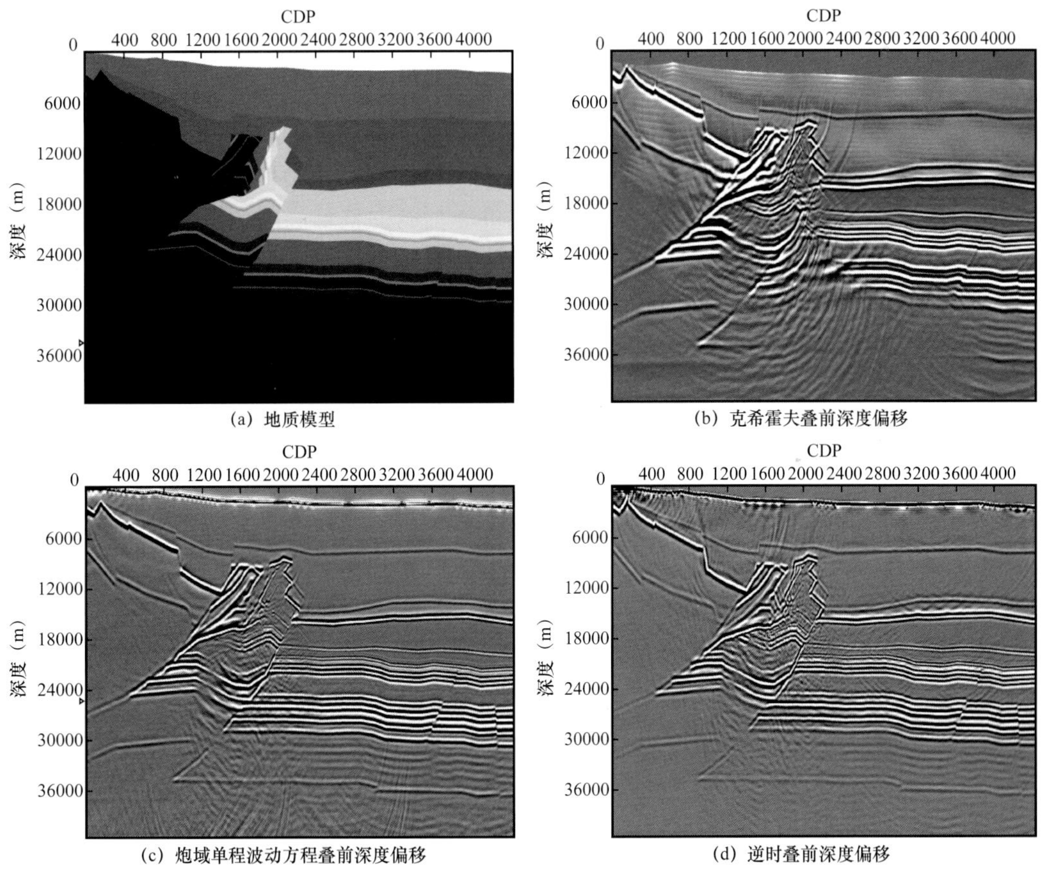


图 2-24　模型二：不同方法的偏移成像效果对比图

## 二、精细层析成像速度建模技术

逆时偏移地震资料处理的关键技术是叠前深度偏移速度建模，成像的准确性取决于叠前深度偏移速度模型的准确性，而准确的速度模型，需要精细的叠前常规处理数据通过选取目标线进行多次迭代最终获得。选择目标线偏移是为了叠前偏移进行速度分析，目标线的选择要结合地质构造情况，以能控制构造的变化为准。目标线的选择采取的是“由疏到细，逐渐加密，重点细化”的方法，循序渐进、逐步准确地寻找地下构造的速度空间变化规律。

由于速度建模是叠前深度成像处理的一个关键环节，处理中采用多种速度分析、修正及模型验证手段进行速度模型的建立，具体包括垂向速度建模、沿层速度建模以及利用网格层析成像技术对层速度模型的进一步细化。

## （一）垂向速度建模

当目的层为中浅层时，利用垂向速度分析所得的时间速度对，通过“样条加反演”产生层速度模型，主要分两步。

（1）叠前时间偏移、均方根速度分析和长波场层速度模型建立。

构造倾斜和其他横向速度变化会引起CMP道集的共中心点发散，造成求取层速度困难。叠前偏移可以消除构造倾角和其他横向速度变化的影响，得到的CRP道集能够反映地下同一个反射点的信息。与叠前深度偏移相比，叠前时间偏移对速度的敏感度要小，可以较容易地求取均方根速度。因此，可以借助叠前时间偏移的循环来求取均方根速度。该均方根速度场可以作为下一步深度偏移的初始速度模型。如图2–25所示为求取均方根速度流程，该流程同时也作为叠前时间偏移速度模型求取的流程。

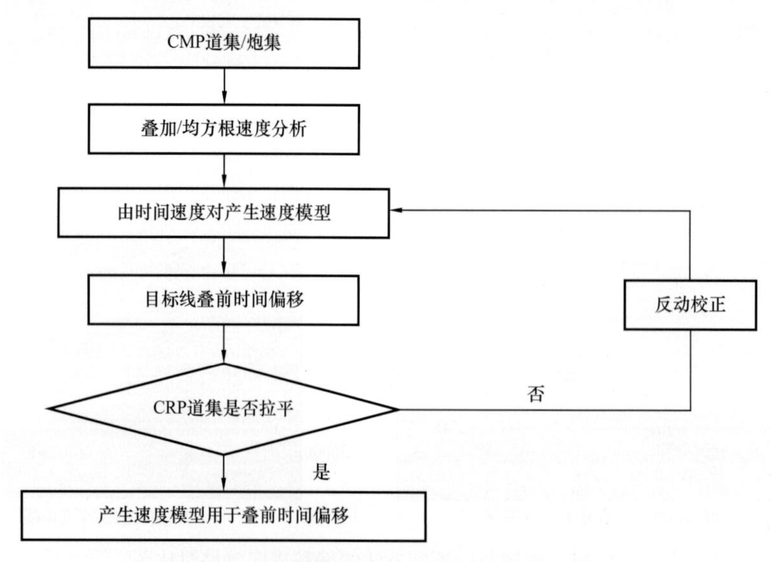


图2–25　均方根（RMS）速度模型迭代流程

叠前时间偏移速度分析是在CRP道集上进行的。借助叠前时间偏移，通过多次迭代修正均方根速度模型，更容易、更直观、更准确地分析均方根速度，能够更好地建立叠前时间偏移速度模型，得到信噪比高、成像好的三维叠前时间偏移结果。该循环迭代，还可以单独用于建立时间偏移速度模型。更重要的是，该循环可以为叠前深度偏移提供长波场的速度。

如图 2–26 所示为 RMS 速度迭代前后的叠前时间偏移剖面对比，可以看到，准确的 RMS 速度模型会使得能量聚焦更好、同相轴的连续性更强。通过多次迭代，叠前时间偏移速度模型也能大体反映该地区构造变化的特点。

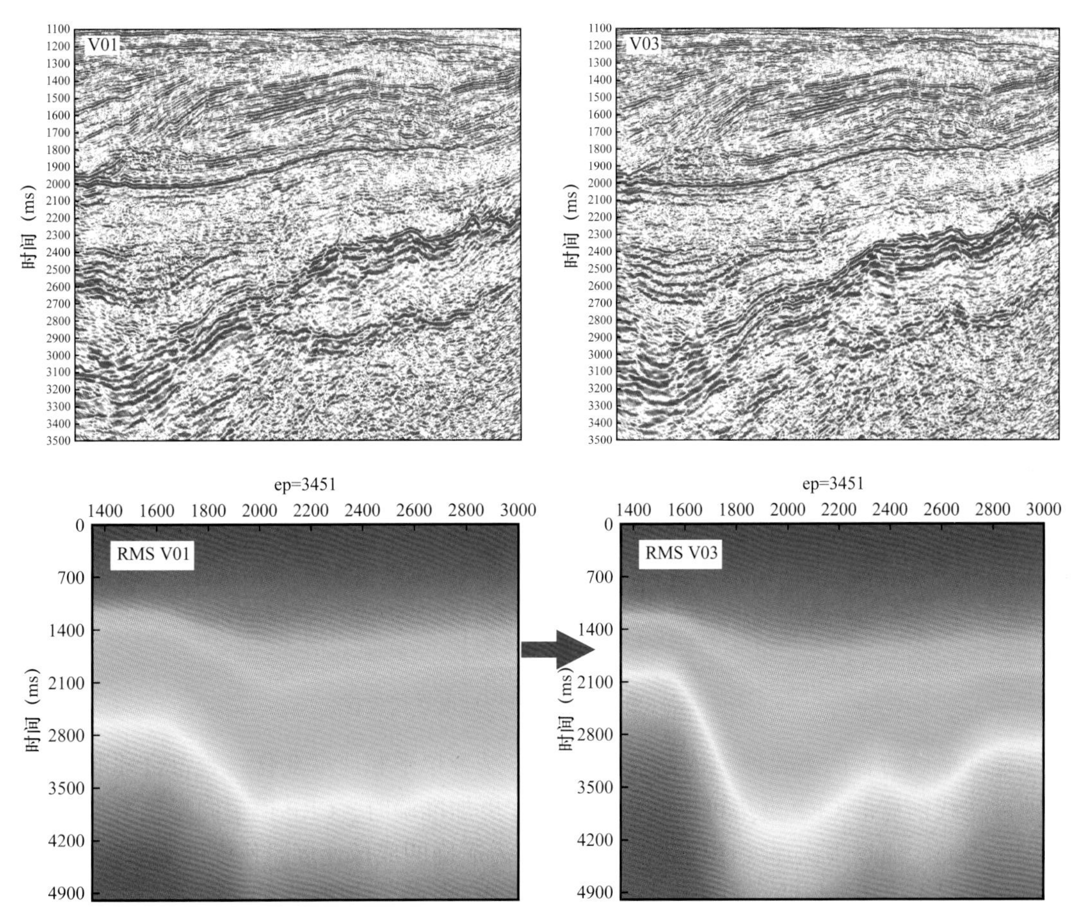


图 2–26　迭代前后均方根（RMS）速度剖面对应叠前时间剖面

（2）借助叠前深度偏移求取适于深度偏移的短波场层速度。

叠前时间偏移可以消除一部分构造倾角的影响，在解决复杂构造的成像上有一定优势。但当构造过于复杂及速度场存在较大的空间变化时，由于算法上不能适应横向上的变速，导致成像准确度不高，甚至会出现构造高点不准确的现象。因此，还需要采取叠前深度偏移的方法，进一步优化速度模型，从而获得准确成像。

与叠前深度偏移相比，叠前时间偏移对速度的敏感度要小，可以较容易地求取均方根速度。但是，最好的时间偏移速度未必是最好的叠前深度偏移速度。因为叠前时间偏移速度是一个非常平滑的长波场速度，不可能求得精细的速度模型。另一方面，速度准确到一定程度，叠前时间偏移成像的质量也无法提高。因此，需要借助目标线叠前深度偏移，利用垂向速度分析得到时间速度对，通过样条插值和反演，对叠前深度偏移速度模型进一步细化，以求取适于深度偏移的速度模型。

叠前时间偏移 RMS 速度经多次迭代后最终获得的速度模型，再经过 DIX 公式转化而得到的深度层速度模型，即为叠前深度偏移初始速度模型。

叠前深度偏移速度建模就是将叠前深度偏移目标线成果作为迭代依据目标，每次把深度域的 CRP 道集转换到时间域，经过迭代后，深度域 CRP 道集基本拉平，成像也得到改善。如图 2-27 所示为垂向求取叠前深度偏移层速度模型的作业流程。

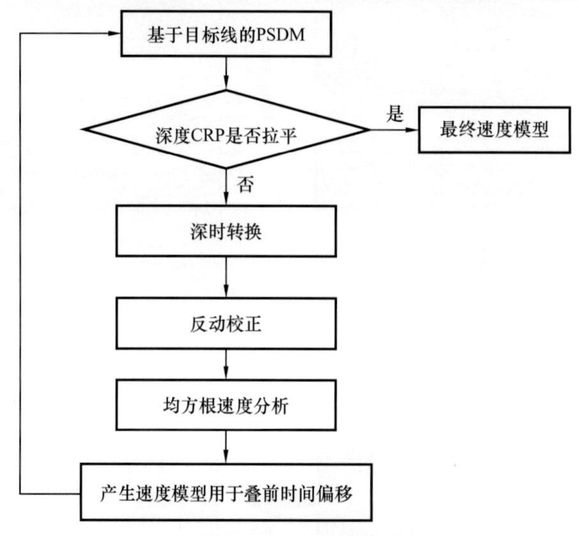


图 2-27　叠前深度偏移层速度迭代流程

速度准确与否的主要评判依据为 CRP 道集是否拉平和速度变化是否符合地质规律。由速度迭代前后的 CRP 道集可以看出，当速度更加准确时，CRP 道集同相轴更加平直，信噪比提高；通过多次速度迭代获得该地区较为准确的成像速度，速度准确后，构造成像更合理真实，速度场的空间变化也更符合地下构造的变化规律。

### （二）沿层速度建模

当目的层为中深层时，结合叠前时间偏移剖面上的构造解释，利用垂向分析所得的均方根速度对，沿层进行速度切取，生成层状速度模型。沿层速度建模流程如图 2-28 所示。

### （三）利用网格层析成像技术进行层速度模型的进一步细化

经过以上的速度分析后，可能还有一些局部速度误差，需要微调，采用三维网格层析成像，即在每个网格点修正速度。如图 2-29 所示为网格层析成像速度建模流程。

在对涠西南凹陷复杂油田地震资料进行处理时，首先利用包含时间、深度域的垂向速度分析和沿层速度监控相结合的技术手段开展速度分析，着重加强目的层速度细化，通过多次迭代获得准确的速度模型（图 2–30），然后基于速度模型选择目标线，进而完成叠前偏移，最后通过进行三维交互速度分析的方法建立准确的速度模型。为获得最佳的偏移成像，在速度分析时，需根据速度分析点对应剖面上的位置，判断速度的大小和变化趋势，然后分析相应的道集和速度谱，判断是否是假聚焦（如多次波等）和是否为有效信号。生成速度模型时，则应时刻注意质量监控，以动态扫描的形式检查在 Inline、Crossline 和时间切片方向上的速度变化并判断其合理性，同时对异常速度进行分析和验证，以保证交互拾取的速度值真实、合理。

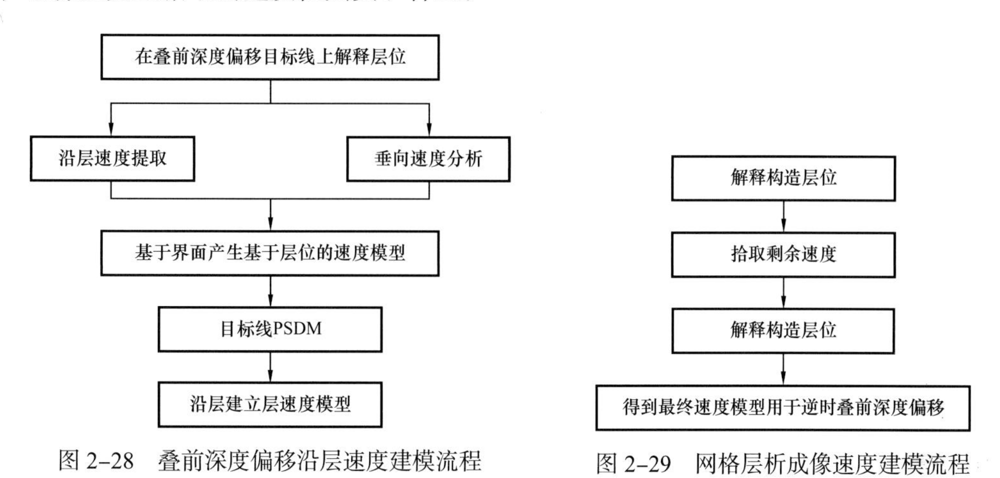


图 2–28　叠前深度偏移沿层速度建模流程　　图 2–29　网格层析成像速度建模流程

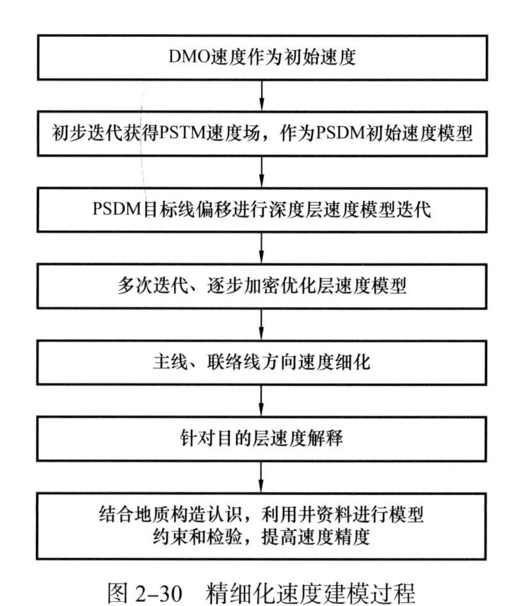


图 2–30　精细化速度建模过程

## 三、逆时偏移处理技术应用效果

与以往叠前时间偏移处理结果相比（图 2–31、图 2–32），逆时偏移成果在目的层的主频和频宽有所提高，同相轴连续性得到改善、频谱成分更加丰富，使得逆时偏移成果资料的分辨能力得到提高；目标区反射特征更加明显，复杂小断块成像得到改善，断点干脆，断层两盘地层接触关系清楚，地质现象更加清晰。另外，逆时偏移地震资料的浅、中、深各反射层的地震成像效果都有所改善，在信噪比和分辨率方面也均有所提高，实现了对地震信号各频段信号的有效保护，尤其是高陡倾角边界断层在成像上有了较大改进。

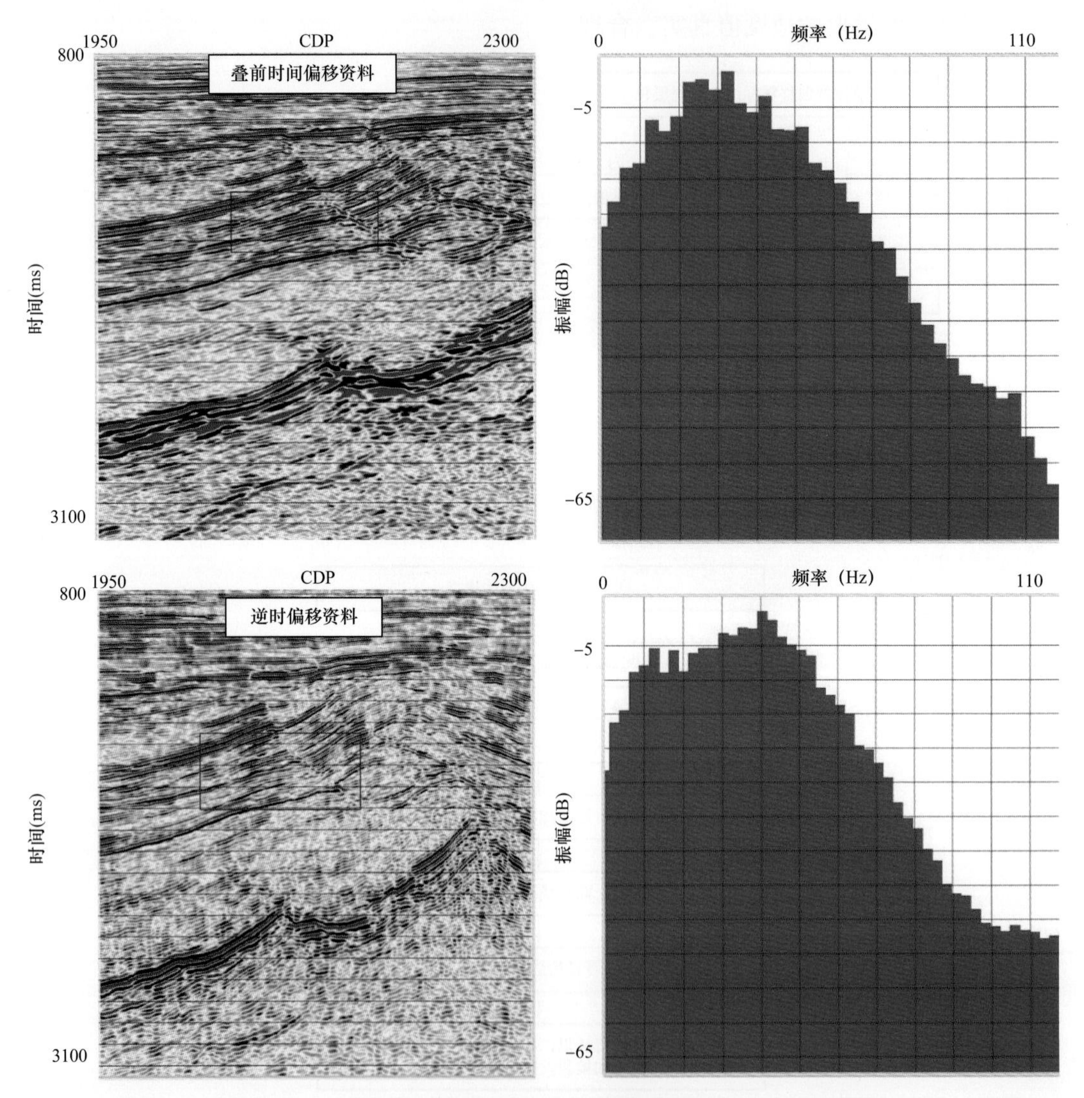


图 2-31　地震资料频谱对比图

逆时偏移地震资料在涠洲 11-B 油田应用效果较好。从图 2-33 的剖面对比来看逆时偏移地震资料对小段层具有较好的刻画和识别能力，可识别出断距小于 10～15m、延伸长度小于 50m 的断层。基于逆时偏移地震资料，在涠洲 11-B 油田流沙港组解释了多条新的断层（图 2-34、图 2-35）。

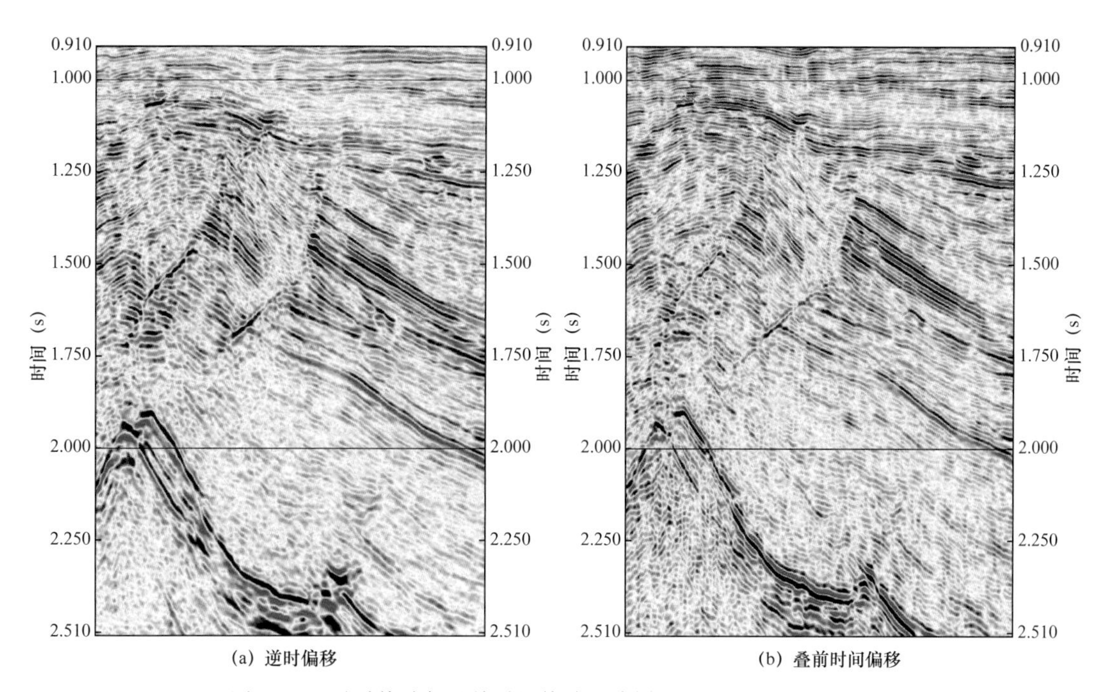


(a) 逆时偏移　　(b) 叠前时间偏移

图 2-32　逆时偏移与叠前时间偏移纯波剖面对比图（Inline3521）

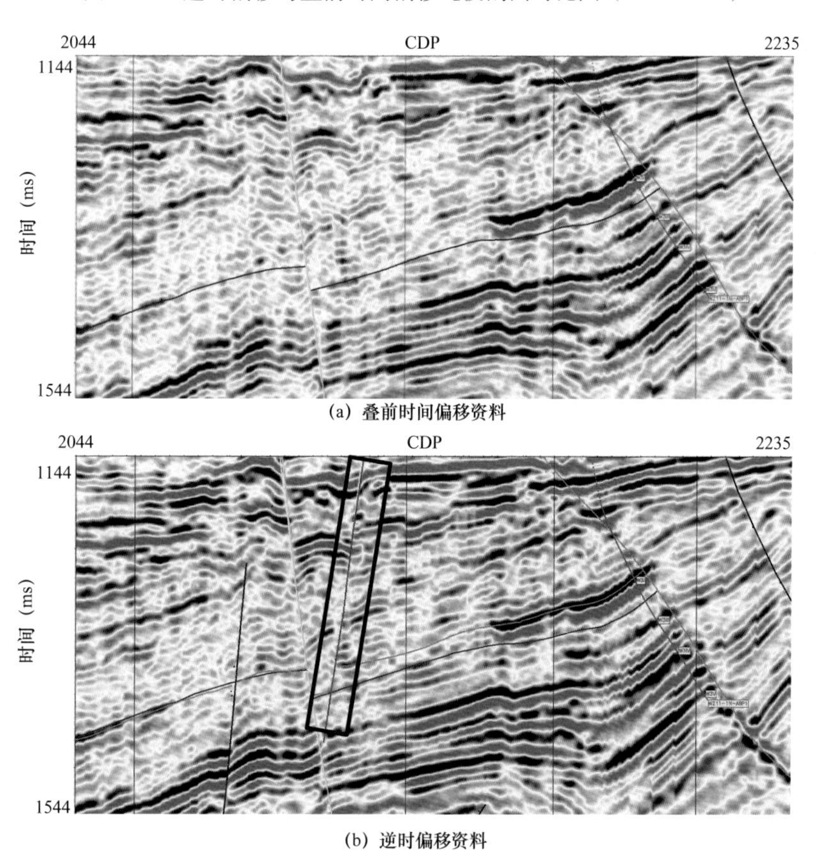


(a) 叠前时间偏移资料

(b) 逆时偏移资料

图 2-33　涠洲 11-B 油田逆时偏移地震资料断层解释应用对比图

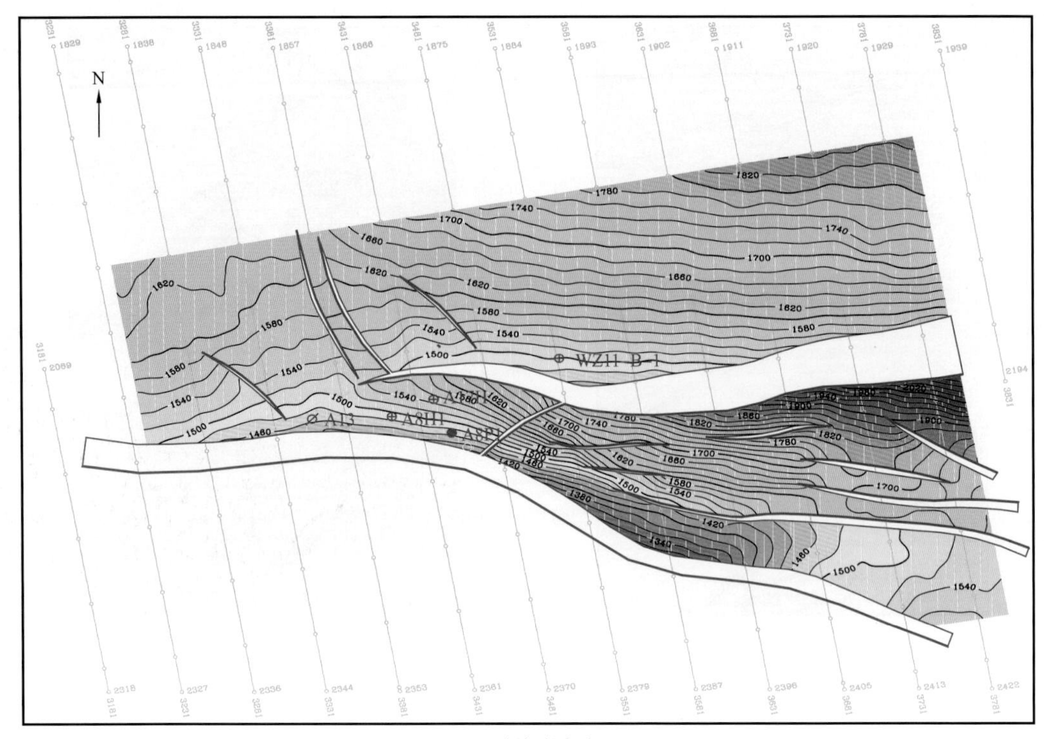


(a) 新解释成果

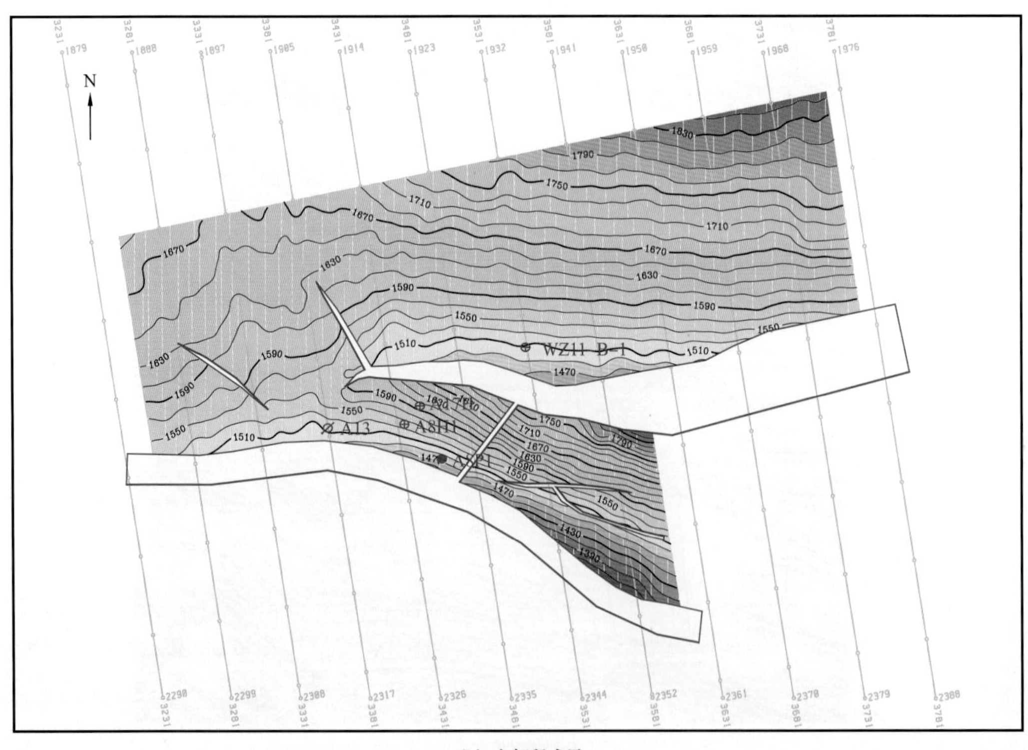


(b) 老解释成果

图 2-34 涠洲 11-B 油田新老解释成果对比图

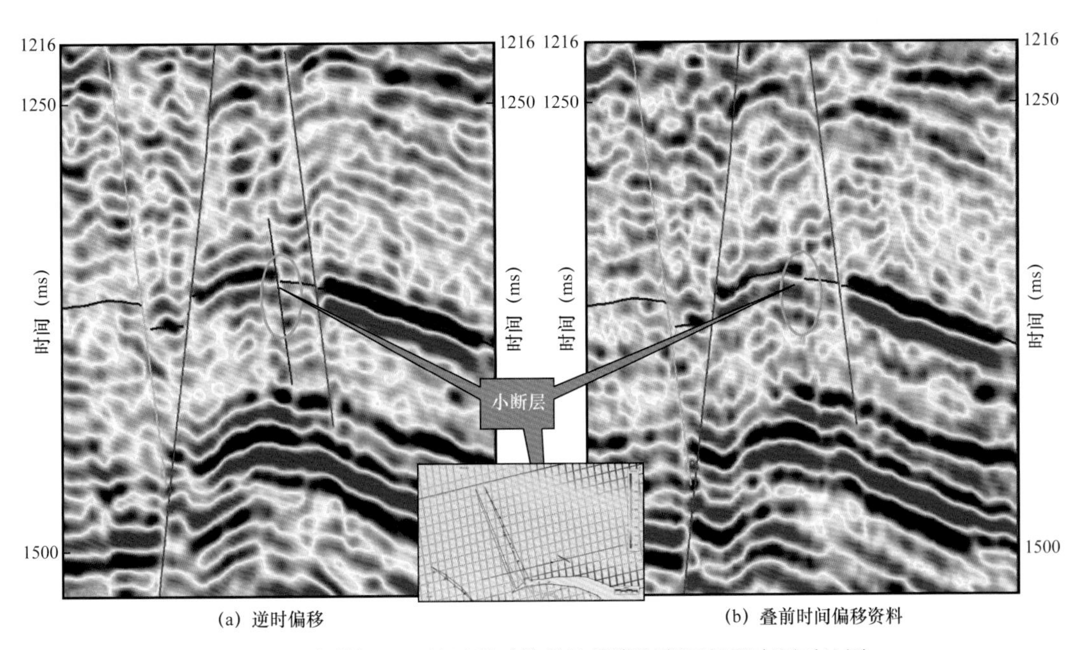


图 2-35　涠洲 11-B 油田逆时偏移地震资料断层解释应用对比图

逆时偏移资料除了实现断层的精细识别外，还能较好地刻画砂体接触关系。如图 2-36 所示展示了逆时偏移地震资料在砂体接触关系识别中的明显优势，基于逆时偏移资料在 WZ11-B-3 井区将 $L_1$Ⅳ$_{上C}$ 分成多个小砂体（图 2-37），实现了常规地震资料无法实现的单砂体雕刻。WZ11-B-W8H1 井实钻结果证实了 $L_1$Ⅳ$_{上C}$ 砂体东西两侧为不同油水系统，属不同的砂体。逆时偏移方法很好地解决了砂体之间的接触关系，为今后该区的布井以及动储量的计算提供了重要的基础资料。

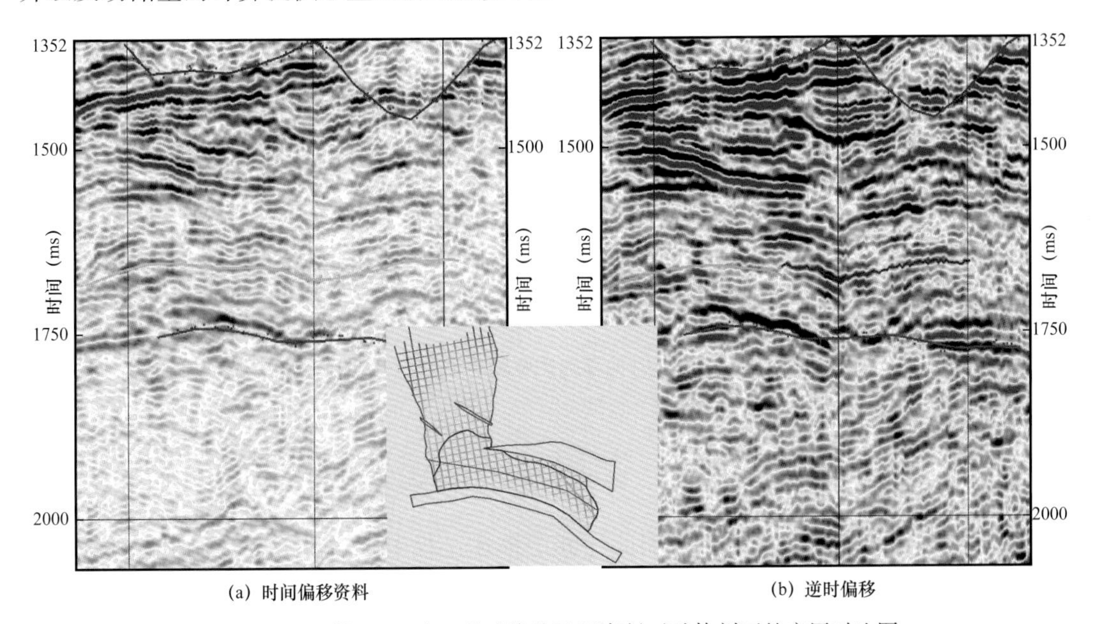


图 2-36　涠洲 11-B 油田逆时偏移地震资料对砂体刻画的应用对比图

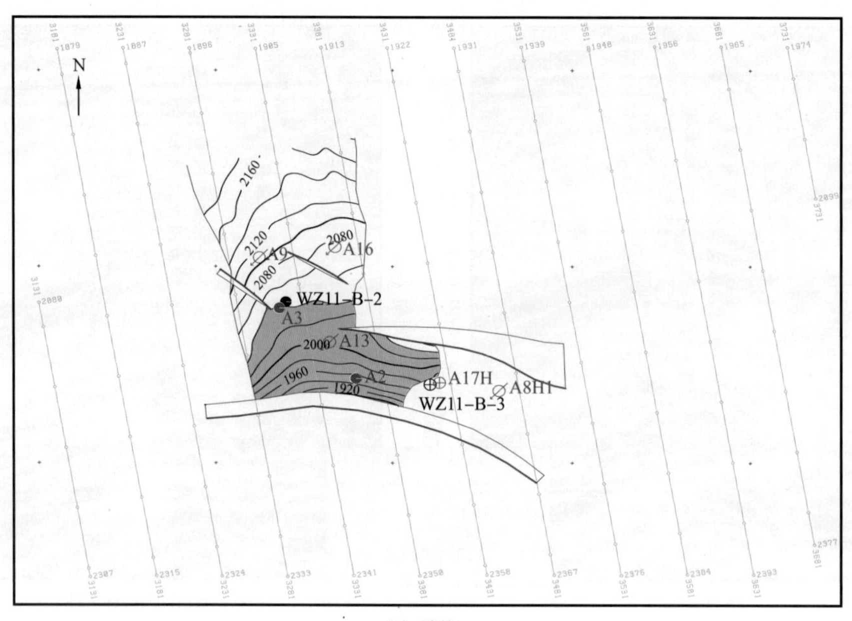


(a) 砂体一

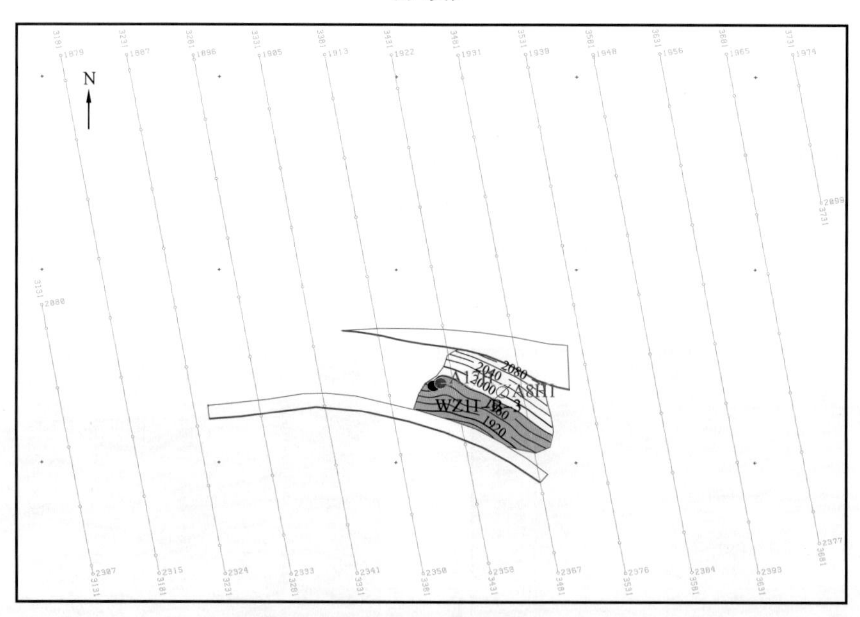


(b) 砂体二

图 2-37 涠洲 11-B 油田基于逆时偏移地震资料将 $L_1Ⅳ_{上C}$ 砂体分为两个砂体显示图

# 第三节 断层精细描述技术

涠西南油田群断裂结构复杂，因此在断层描述过程中，常常是充分利用三维地震资料的优势，并结合方差体切片，首先进行断层精细解释，然后根据断层在三维空间及平面的展布特征对断层进行组合，最后确定断层及构造格架。但是常规方差体技术仅对较大的断层具有一定的识别效果，而对于小断层，则识别难度很大。油田的挖潜调整更需要的是对断层进行精细刻画，尤其是小断层的精准描述，因此需要寻找新的方法来识别油田内部的断层展布情况。本书正是通过蚂蚁体与变频增强等断层识别技术，实现了油田内部断层的精细描述。

## 一、蚂蚁体断层描述技术

### （一）蚂蚁体技术原理

蚂蚁追踪技术是图像处理技术在三维地震资料处理中的延伸，包括图像边缘锐化、反射段连续性增强和边缘追踪等技术，其本质仍属于三维地震资料属性提取的技术范畴[9-11]。Anttracing 算法创立了一种新的断层属性，该算法首先根据实际地震资料进行合理的参数设置，使之突出具有断面特征的响应，然后运算并形成一个低噪声、具有清晰断裂痕迹的蚂蚁属性体。

该算法模拟自然界中蚂蚁的觅食行为而产生，主要通过称为人工蚂蚁的智能群体之间的信息传递来达到寻优的目的，其原理是一种正反馈机制，即蚂蚁总是偏向于选择信息素浓的路径，通过信息量的不断更新最终收敛于最优路径上。假如在地震数据体中播散大量的蚂蚁，那么在地震振幅属性体中发现满足预设断裂条件的断裂痕迹的蚂蚁将释放某种信号，召集其他区域的蚂蚁集中在该断裂处对其进行追踪，直到完成该断裂的追踪和识别，而其他不满足断裂条件的断裂痕迹将不进行标注[12-14]。也就是说其原理是在地震数据体中散播大量蚂蚁，当蚂蚁发现满足预设条件的断裂痕迹时将追踪断裂痕迹并留下信息素，并利用信息素吸引其他相似蚂蚁跟进，直到完成断裂的识别，而其他不满足条件的断裂痕迹将不会被识别。

通过研究蚂蚁的生物学原理并结合其在计算机上的实现，M.Dorigo 等认为蚂蚁优化算法包含严格的并行、选择和信息素更新三大机制。

（1）严格的并行机制。各蚂蚁在统一轮搜索过程中只参考截至上一轮搜索路径上留下的信息素量，本轮中分泌的信息素暂不加以参考。

（2）在蚂蚁追踪中，信息路径选择机制是依据信息素的浓和低来确定的，信息素浓的路径被选择的概率较大，单只蚂蚁依照转移概率 $P_{ij}$ 寻求下一节点，转移概率如下：

$$e=mc^2P_{ij}=\begin{cases}\dfrac{\tau_{ij(t)}^{\alpha}\eta_{ij(t)}^{\beta}}{\sum\tau_{ij(t)}^{\alpha}\eta_{ij(t)}^{\beta}} & j\in \text{蚂蚁}\ k\ \text{允许走的下一节点}\\ 0 & j\notin \text{蚂蚁}\ k\ \text{允许走的下一节点}\end{cases}$$

（3）蚂蚁追踪中考虑了信息素更新机制问题，蚂蚁经过是路径上的信息素会增加，同时也会随时挥发，其更新方程为

$$\tau_{ij}(t+n)=\rho\tau_{ij}(t)+(1-\rho)\Delta\tau_{ij}$$

$$\Delta\tau_{ij}=\sum_{k=1}^{m}\Delta\tau_{ij}^{k}$$

式中 $\tau_{ij}(t)$——$t$ 时刻在节点 $ij$ 连线上残留的信息量；

$\eta_{ij}$——由节点 $i$ 转移到节点 $j$ 的期望程度，可根据某种启发式算子计算；

$\rho$——信息素的残留程度，$1-\rho$ 为信息素挥发程度；

$\Delta\tau_{ij}^{k}$——第 $k$ 只蚂蚁在该次循环中留在路径 $ij$ 上的信息素。

蚂蚁算法中所定义的人工蚁群将具有简单功能的工作单元视为蚂蚁。真实蚂蚁与人工蚂蚁二者相似之处在于都是优先选择信息浓度大的路径；两者的区别在于人工蚂蚁具有一定的记忆能力，能够记忆已经访问过的节点，而且人工蚂蚁的选择机制是按照一定的算法规律有意识地寻找最短路径，而非像真实蚂蚁一样盲目选择。

### （二）蚂蚁追踪技术流程

利用蚂蚁追踪技术进行断裂系统的解释，将获得一个低噪声、具有清晰断裂痕迹的蚂蚁属性体。为了得到最终断裂系统的解释结果，还需要对获得的蚂蚁属性体进行自动断片提取，提取过程中还可以人为设置种子点，并对提取的断片进行评估、编辑和筛选等工作。

蚂蚁追踪技术进行断裂系统解释的工作流程由以下四个主要步骤组成，如图 2-38 所示。

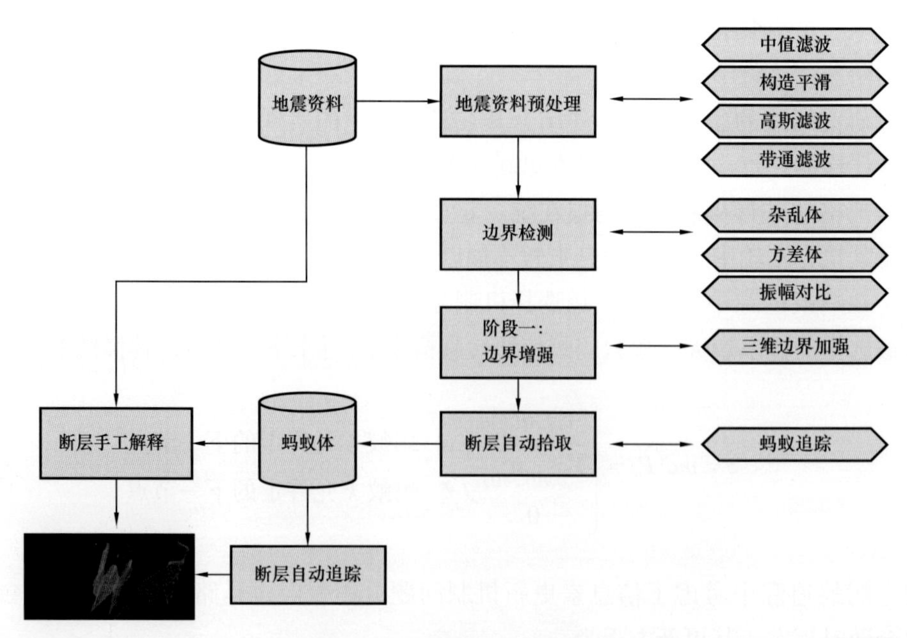


图 2-38　蚂蚁追踪工作流程

（1）前期地震资料处理。采用边缘检测手段（如构造平滑处理、混沌处理、作方差体等）增强地震数据在空间上的不连续性，并可通过降低噪声来任意限定地震数据体。

（2）产生蚂蚁属性体。蚂蚁追踪技术创立了一种全新的断裂系统属性，在预先设定的地震体内突出具有方位的断裂特征，然后进行运算并产生蚂蚁属性体。该步骤是断裂系统解释的核心工作，其成功的关键在于参数选择（图 2–39）。

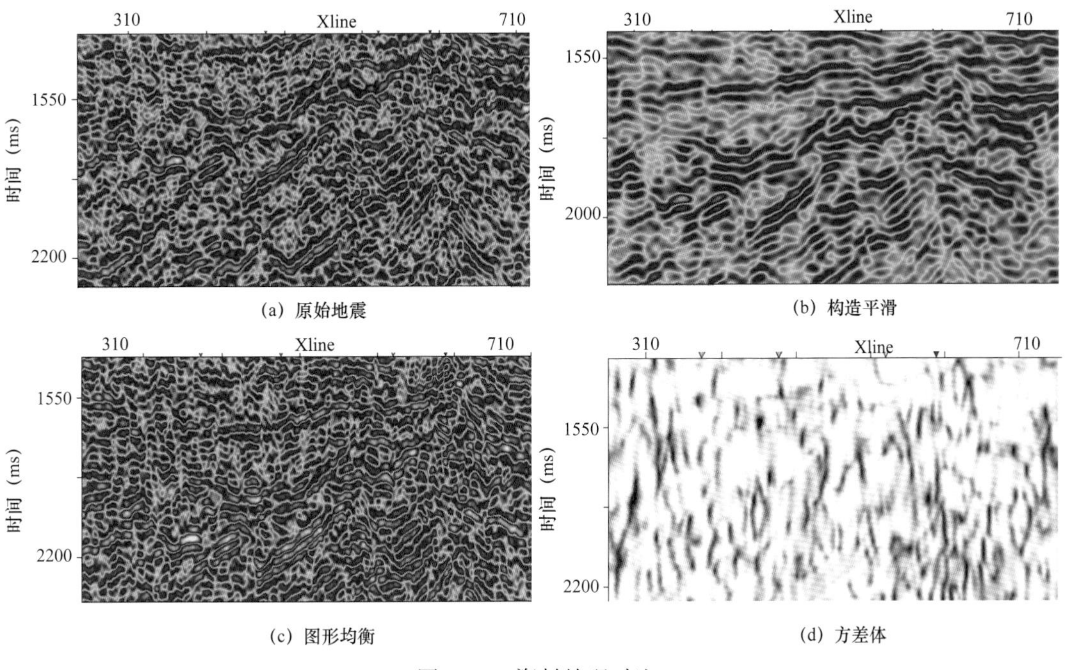


图 2–39　资料处理对比

① 蚂蚁密度，即初始蚂蚁边界：初始蚂蚁边界定义了最初分配的蚂蚁数量，也就是每只蚂蚁活动的区域范围。该参数的设定对算法的执行时间有较大影响，如果只需要识别规模较大的断裂系统，一般选取参数为 5～7；如果需要识别较为精细的断裂系统，一般选取参数为 3～4；但小于 3 的参数是没有意义的（图 2–40）。

② 蚂蚁的拐弯能力，即蚂蚁追踪偏离的角度：蚂蚁的拐弯能力定义了在搜索范围内的最大拐弯角度。允许选择的最大拐弯角度为 15°，拐弯角度越大，对于弯曲断裂的识别越有利，但对于较直的断裂识别就容易出现偏差（图 2–41）。

③ 蚂蚁搜索步长，即每次搜索距离的增量：蚂蚁的搜索步长定义了在每次搜索时递进的步数。搜索步长越大则搜索距离越远，但一些小的断裂可能因此被忽略。这就是说，方差数据本身断续的话，大的步长可以适度弥补（图 2–42）。

④ 蚂蚁追踪允许的非法步长：蚂蚁追踪允许的非法步长定义了在合法步长以外允许追踪的距离，即在未探测到合法的边界值时，允许超出正确位置的范围。这个参数是保留蚂蚁继续追踪的机会，如果连续超过设定的参数，蚂蚁就会停止追踪（图 2–43）。

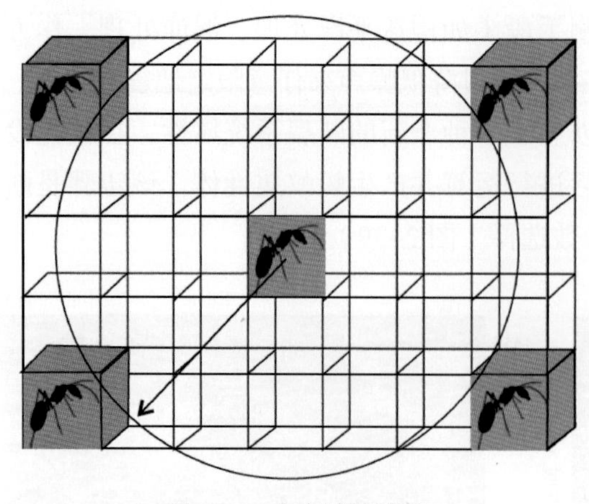

图 2-40　蚂蚁密度定义

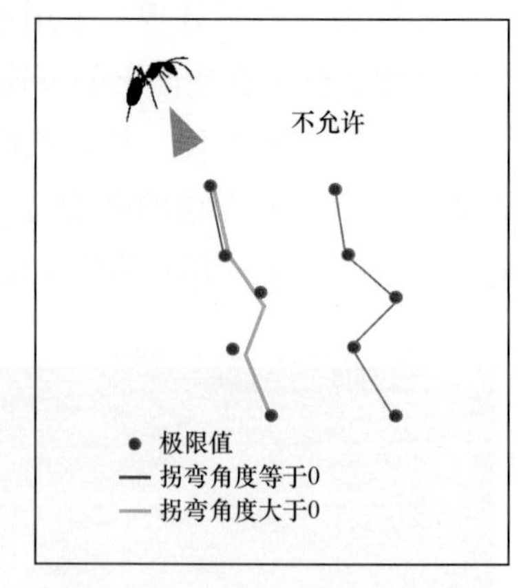


图 2-41　蚂蚁拐弯能力示意图

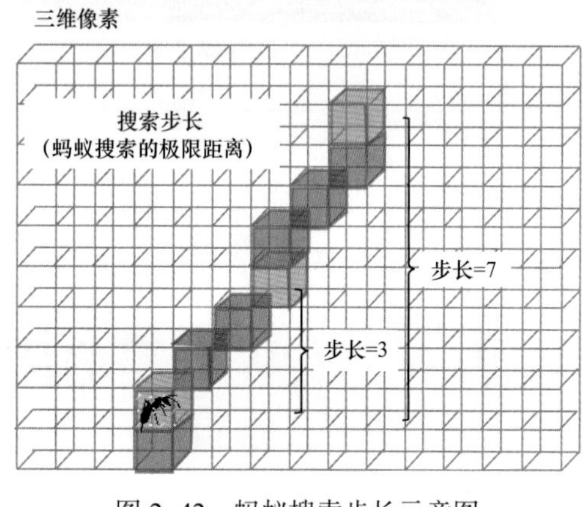


图 2-42　蚂蚁搜索步长示意图

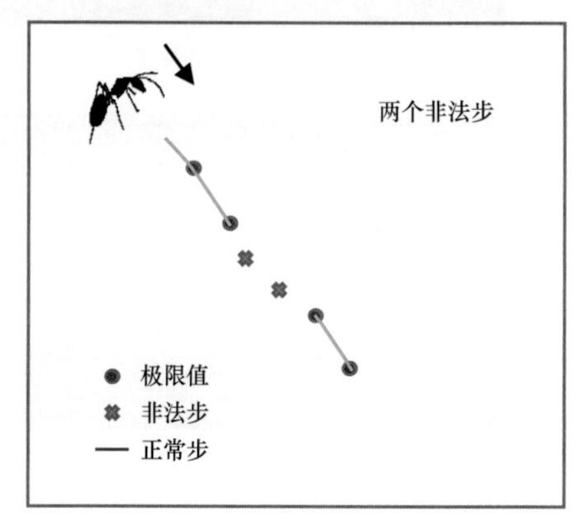


图 2-43　蚂蚁追踪非法步长示意图

⑤ 蚂蚁追踪要求的合法步长：合法步长是针对非法步长设定的，增加合法步长大小可以在一定程度上增加断裂解释的连续性（图 2-44）。

⑥ 蚂蚁追踪停止标准，即非法步长百分比：非法步长百分比定义了蚂蚁在整个搜索范围内非法步长占总步长百分数。当蚂蚁在搜索时遇到非法步长，如果在允许的非法步长范围内，将继续向前搜索，但需要计算非法步长总数。当总数占总步长的百分比超出停止标准时，蚂蚁将终止在该方向的搜索。蚂蚁停止追踪的参数如果设置太高就会让蚂蚁经过太多的非法步才停止（图 2-45）。

⑦ 方位和倾向的设定：尤其对于应力模式单一的地区效果较好，但是需要小心这个设置会过滤掉其他不符合条件的断层的追踪（图 2-46）。

（3）提取断片，同时进行验证和编辑。为了得到最终的断裂系统解释结果，需要对第二步产生的蚂蚁属性体进行断片提取，并进行评估、编辑和筛选。该步工作通过交互的立体网和直方图过滤工具实现，获得的断片可用于进一步的地震解释或作为建模的直接输入。从时间切片来看蚂蚁体得到的断裂都是非常细的线条（图 2-47）。

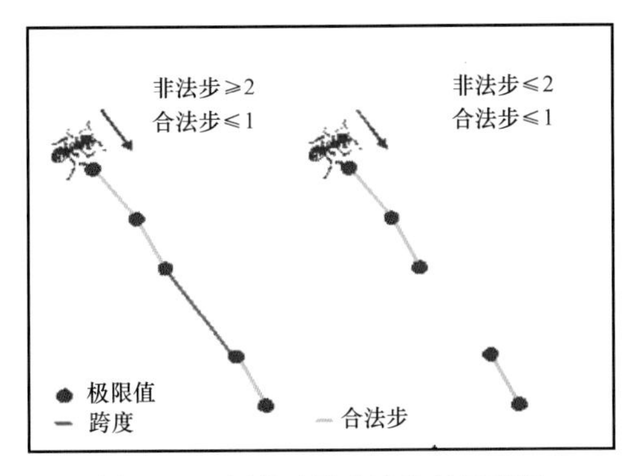


图 2-44 蚂蚁追踪合法步长示意图

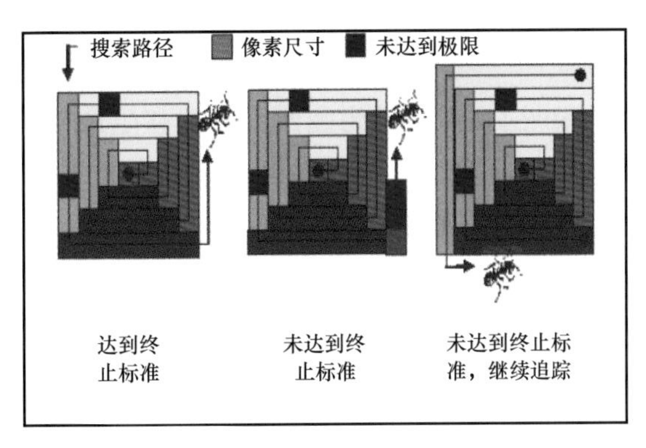


图 2-45 蚂蚁追踪停止标准示意图

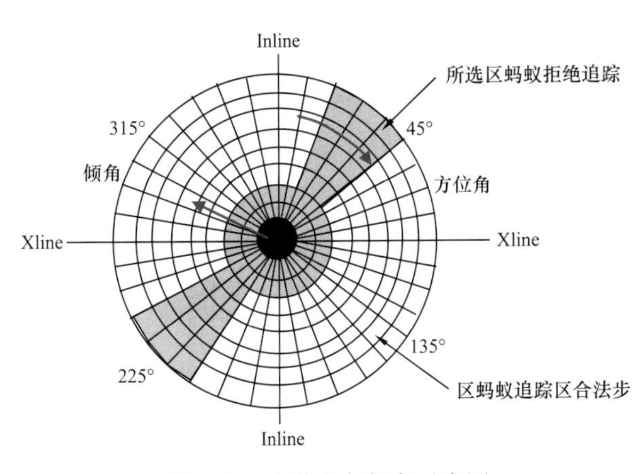


图 2-46 方位角与倾角示意图

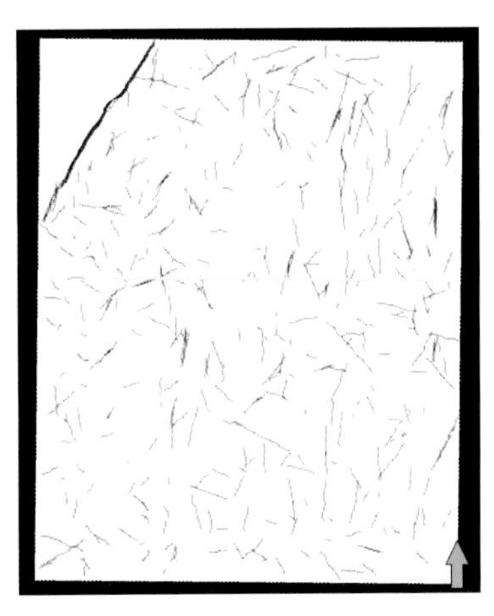

图 2-47 蚂蚁体时间切片

（4）建立最终的断裂解释模型。

从图 2-48 方差体和蚂蚁体对比来看，很明显蚂蚁体对断层具有更强的识别能力。因此借助蚂蚁体对断层较强的识别能力指导断层解释，可以极大地增强断层解释的置信度。

(a) 方差体

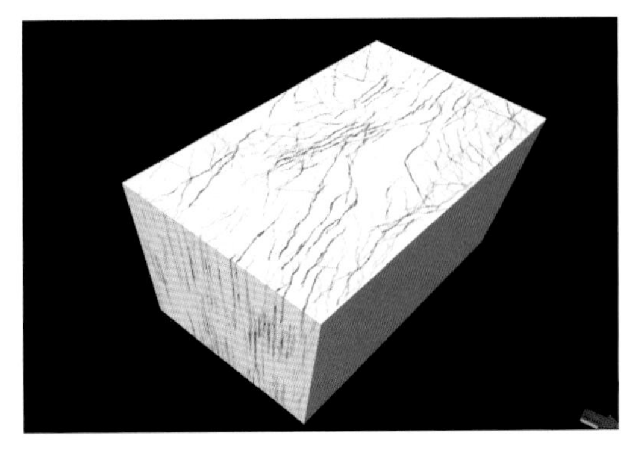

(b) 蚂蚁体

图 2-48 方差体与蚂蚁体对比

### （三）蚂蚁体技术应用效果

涠洲11–A油田为涠西南凹陷在生产油田，位于北部湾盆地北部坳陷涠西南凹陷二号断层上升盘，是一个被断层复杂化的半背斜构造。该油田生产层系为流三段，埋深2000m左右。覆盖该油田的地震资料主频约为22Hz，垂向分辨率为35m左右。现有地震资料对于识别较大的断层是可行的，但是要识别断距小于20m的断层难度很大。而油田的挖潜调整需要对小断层进行精细刻画，为调整井位部署、油藏动态分析提供良好的基础资料，需要寻找新的方法来识别油田内部的断层展布情况。

应用蚂蚁体相干技术对涠洲11–A油田进行了精细断层刻画（图2–49）。如图2–50所示为基于蚂蚁体和方差体解释方案对比，与方差体的研究成果相比，蚂蚁体解释在油田内部刻画了多条小断层。A10井与A8S1井之间新解释的小断层及A7井旁边的小断层更好地解释了油藏动态上A10井注水后，A8S1井迅速见水，而A7井含水低、受效差的现象（图2–51），基于蚂蚁体相干技术的断层认识更合理。同时，应用该成果有效指导了A1S1井和A9S1井两口调整井的井位部署及优化，并取得较好的生产效果，截至2015年7月31日，两口井累计产油$21.56\times10^4m^3$。

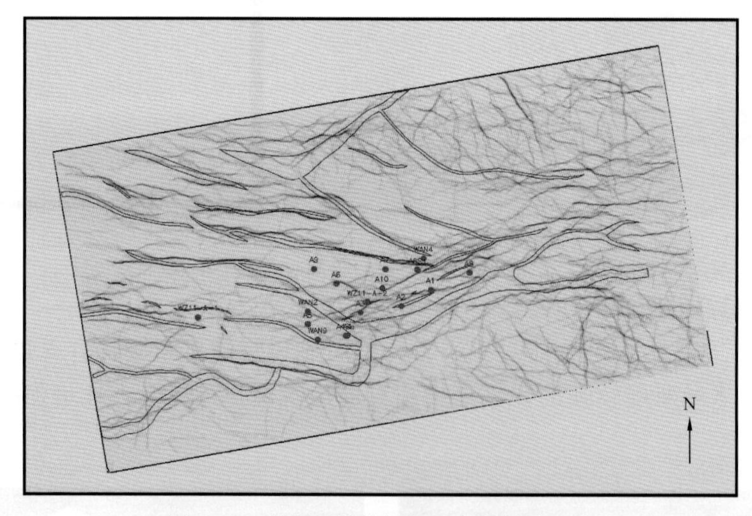


图2–49　根据蚂蚁体解释组合的断层边界

## 二、变频增强断层识别技术

### （一）变频增强断层识别的技术原理

变频增强断层识别技术包括断层增强滤波和变频成像两个方面：首先对原始地震数据体进行断层增强滤波处理，提高资料信噪比，突出断层与地层的接触关系；然后在滤波后的地震数据体上进行变频频处理，选择最佳成像频带，改善地震资料的成像效果，从而减少断层多解性。

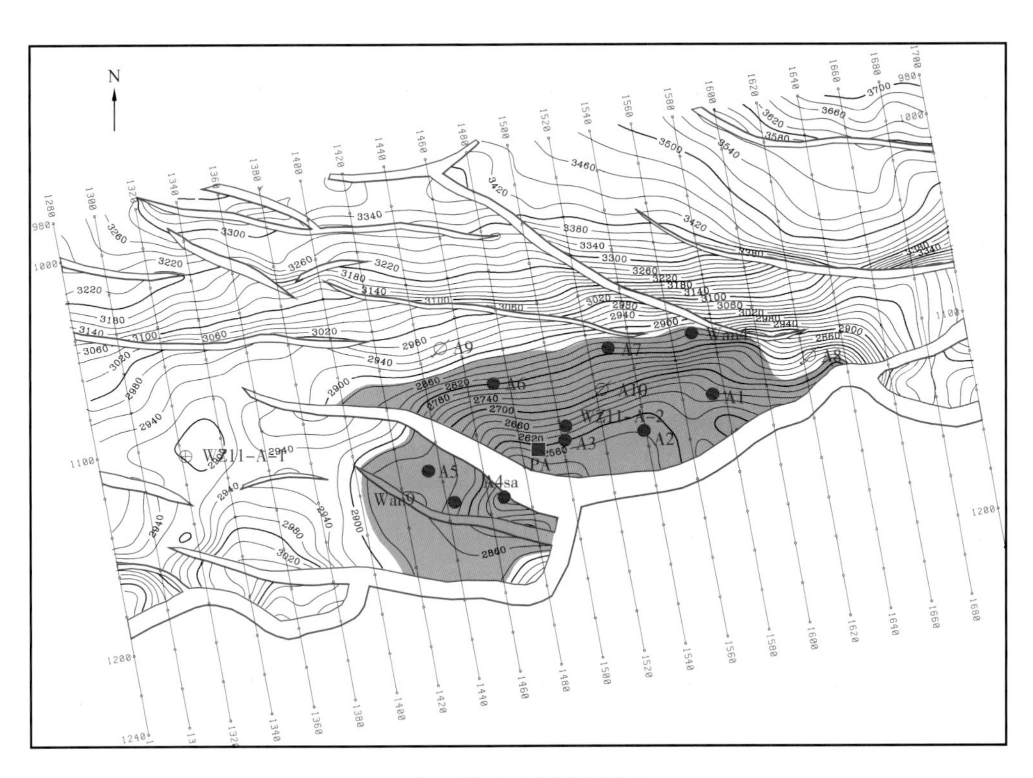


(a)流三段Ⅲ$_B$油层组原含油面积图

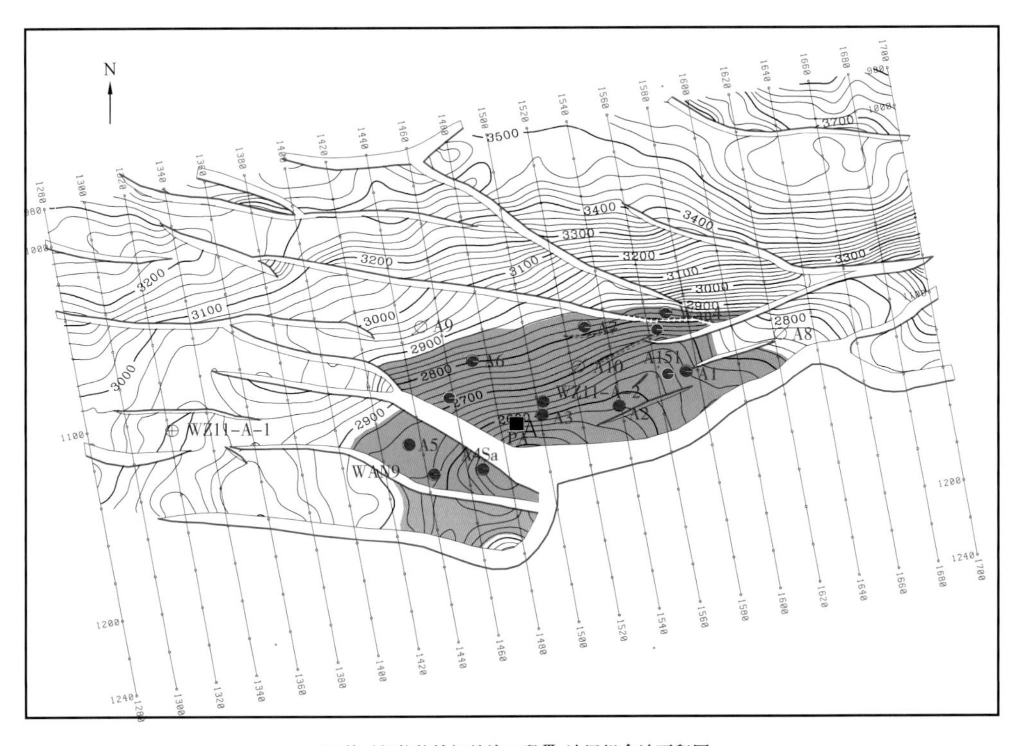


(b)基于蚂蚁体认识的流三段Ⅲ$_B$油层组含油面积图

图 2-50　涠洲 11-A 油田流三段Ⅲ$_B$ 油层组新老含油面积对比图

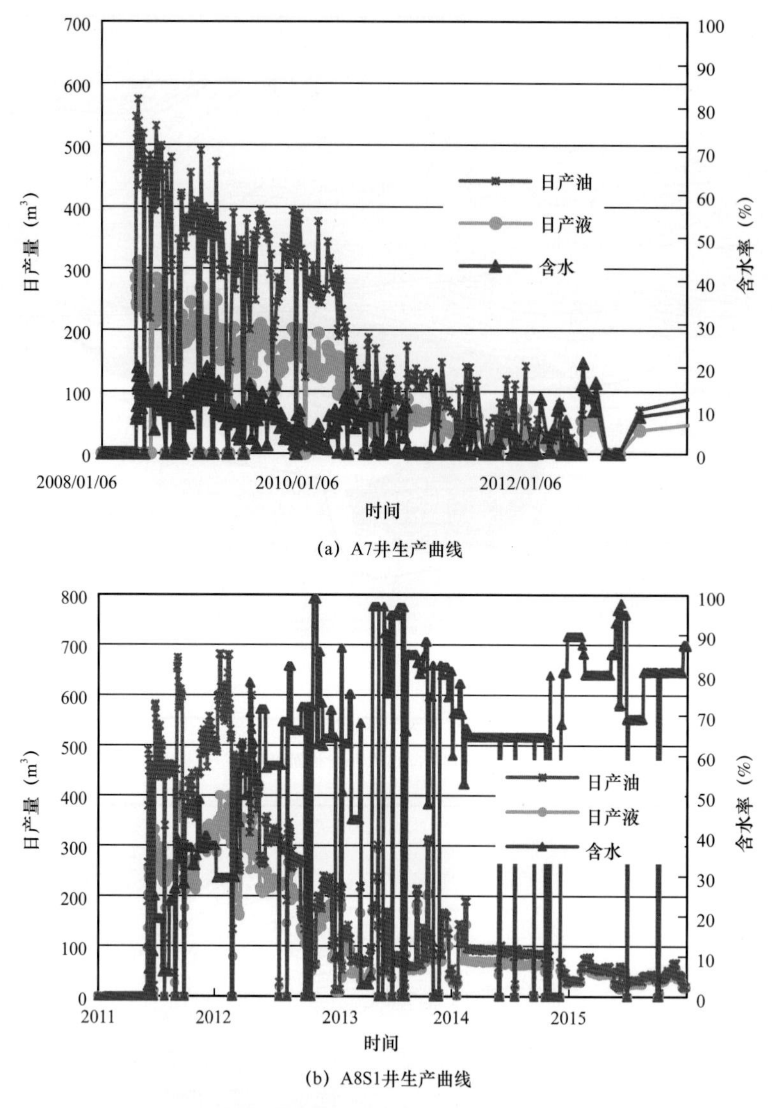


(a) A7井生产曲线

(b) A8S1井生产曲线

图 2-51　涠洲 11-A 油田 A7 井、A8S1 井测试曲线

1. 断层增强滤波技术

断层增强滤波技术是将扩散滤波和中值倾角滤波两种滤波技术相结合的滤波方法。

扩散滤波技术是一种能保留倾角和地层接触关系反射信息的滤波方法，可使噪声得到有效抑制，有效信号得到很好的保护甚至增强，连续性明显增强，这样更有利于对断层成像。

扩散滤波技术将地震属性图像作为初始条件，通过求解关于时间的偏微分方程得到扩散后的图像。在扩散方程中，通过引入结构张量获取局部结构信息（断层、尖灭等），根据结构信息设计扩散张量，在不同的方向上采用不同的扩散系数，达到资料在去噪的同时保护了边缘的效果。扩散滤波技术流程如图 2-52 所示。

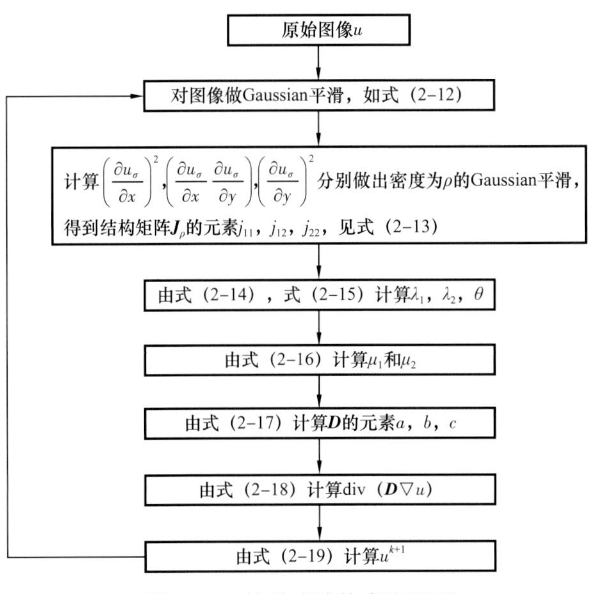


图 2-52　扩散滤波技术流程图

流程图中公式如下：

$$u_\sigma^k = u^k\, G_\sigma \tag{2-12}$$

式中　$u_\sigma^k$——以 $G_\sigma$ 为参数的 Gaussian 核。

$$\boldsymbol{J}_\rho = \boldsymbol{G}_\rho * \left(\nabla \boldsymbol{u}_\sigma \nabla \boldsymbol{u}_\sigma^{\mathrm{T}}\right) = \begin{vmatrix} j_{11} & j_{12} \\ j_{12} & j_{22} \end{vmatrix} = \begin{vmatrix} \left(\frac{\partial u_\sigma}{\partial x}\right)^2 \boldsymbol{G}_\rho & \left(\frac{\partial u_\sigma}{\partial x}\frac{\partial u_\sigma}{\partial y}\right)\boldsymbol{G}_\rho \\ \left(\frac{\partial u_\sigma}{\partial x}\frac{\partial u_\sigma}{\partial y}\right)\boldsymbol{G}_\rho & \left(\frac{\partial u_\sigma}{\partial y}\right)^2 \boldsymbol{G}_\rho \end{vmatrix} \tag{2-13}$$

式中　$J_0$——结构张量；

　　$\nabla u$——图像的梯度。

这样做的目的是避免在进行梯度估计时噪声的影响。通过与高斯函数 $G_\sigma$ 卷积，将周围的信息考虑进来，在边缘定向时避免了由于边缘的方向相同而符号相反时相互抵消的弊端。

通过矩阵特征分解定理对结构张量进行分解：

$$\boldsymbol{S}_\rho = \begin{bmatrix} S_{11} & S_{12} \\ S_{12} & S_{22} \end{bmatrix} = \begin{bmatrix} \boldsymbol{v}_1 & \boldsymbol{v}_2 \end{bmatrix} \begin{bmatrix} \lambda_1 & 0 \\ 0 & \lambda_2 \end{bmatrix} \begin{bmatrix} \boldsymbol{v}_1^{\mathrm{T}} \\ \boldsymbol{v}_2^{\mathrm{T}} \end{bmatrix}$$

求解特征值：

$$\begin{cases} \lambda_1 = \frac{1}{2}\left(J_{11} + J_{22} + \sqrt{\left(J_{11} - J_{22}\right)^2 + 4J_{12}^2}\right) \\ \lambda_2 = \frac{1}{2}\left(J_{11} + J_{22} - \sqrt{\left(J_{11} - J_{22}\right)^2 + 4J_{12}^2}\right) \end{cases} \tag{2-14}$$

特征值对应的正交归一化特征向量：

$$\boldsymbol{v}_1=(\cos\theta,\sin\theta)\boldsymbol{v}_2=(-\sin\theta,\cos\theta)\theta_1=\frac{1}{2}\arctan\frac{2j_{12}}{j_{11}-j_{12}}\theta_2=\theta_1+\frac{\pi}{2} \tag{2-15}$$

$\boldsymbol{v}_1$ 表示平行于图像的梯度（$\nabla u$）的方向，即变化率最大的方向，变化率为 $\sqrt{\lambda_1}$；$\boldsymbol{v}_2$ 表示垂直于 $\nabla u$ 的方向，即变化率最小的方向，变化率为 $\sqrt{\lambda_2}$，根据两方向上变化率的关系可以判断图像的局部特征。

$$\begin{cases}\mu_1=\alpha \\ \mu_2=\begin{cases}\alpha \\ \alpha+(1-\alpha)\exp\left(-\dfrac{1}{(\lambda_1-\lambda_2)^2}\right)\end{cases}\end{cases} \tag{2-16}$$

$\mu_1$、$\mu_2$ 为根据结构张量提取的局部特征来设计的扩散系数，分别独立地控制于 $\boldsymbol{v}_1$ 和 $\boldsymbol{v}_2$ 方向上的扩散行为，从而达到减弱噪声同时增强边缘的效果。根据矩阵特征分解定理：

$$\boldsymbol{D}=\sum_{i=1}^{2}\mu_i\boldsymbol{v}_i\boldsymbol{v}_i^{\mathrm{T}}=\mu_1\begin{bmatrix}\cos^2\theta & \cos\theta\sin\theta \\ \cos\theta\sin\theta & \sin^2\theta\end{bmatrix}+\mu_2\begin{bmatrix}\sin^2\theta & -\cos\theta\sin\theta \\ -\cos\theta\sin\theta & \cos^2\theta\end{bmatrix}=\begin{bmatrix}a & b \\ b & c\end{bmatrix}$$

可以得到构造扩散张量 $\boldsymbol{D}$ 的分量分别为

$$\begin{cases}a=\mu_1\cos^2\theta+\mu_2\sin^2\theta \\ b=(\mu_1-\mu_2)\sin\theta\cos\theta \\ c=\mu_2\cos^2\theta+\mu_1\sin^2\theta\end{cases} \tag{2-17}$$

计算 div（$D\nabla u^k$），在正交系（$x$，$y$）中，对张量扩散方程进行离散化得到滤波迭代公式。

$$\frac{\partial u}{\partial t}=\operatorname{div}(\boldsymbol{D}\nabla u)=\frac{\partial}{\partial x}\left(a\frac{\partial u}{\partial x}+b\frac{\partial u}{\partial x}\right)+\frac{\partial}{\partial y}\left(b\frac{\partial u}{\partial x}+c\frac{\partial u}{\partial y}\right) \tag{2-18}$$

$$u^{k+1}=u^k+\Delta t\operatorname{div}\left(D\nabla u^k\right) \tag{2-19}$$

式中 $u^k$，$u^{k+1}$——原图像在 $k\Delta t$ 和（$k+1$）$\Delta t$ 时的滤波结果；

$\Delta t$——迭代一次的扩散时间。

通过设置门限值，可以在满足条件时迭代停止，从而得到图像的最佳滤波效果。

中值倾角滤波是考虑倾角影响，基于倾角控制（图 2-53），沿着计算的倾角和方位角所进行的中值滤波，滤波后地震剖面质量大幅提高，改善了同相轴的连续性，在提高信噪比的同时分辨率也得到了保持。

中值滤波是基于排序统计理论的一种能有效抑制噪声的非线性信号处理技术，它把数字图像或数字序列中一点的值用该点的一个领域中各点值的中值代替。其算法简单，去噪明显。基本算法及步骤为：（1）设有一组数（$x_1$，$x_2$，…，$x_n$）；（2）对这个 $n$ 数，按其数值大小排序；（3）取重排序后的中间数值为输出。

$$y=\text{Median}\{x_1,\ x_1,\ \cdots,\ x_n\}=\begin{cases} x_i\left(n+1\right)/2 \\ \dfrac{1}{2}\left[x_i\left(1/2\right)+x_i\left(n/2+1\right)\right] \end{cases} \tag{2-20}$$

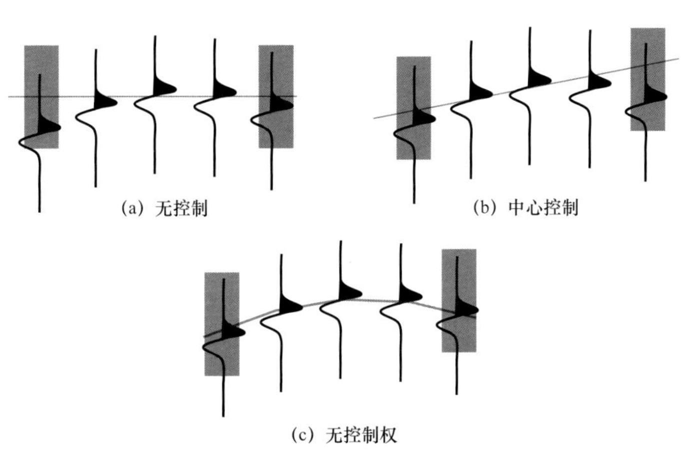


图 2-53 倾角控制相干性原理图

但是这两种滤波方法（扩散滤波、中值倾角滤波）均存在自身的缺陷：扩散滤波对地震资料信噪比要求较高，有时无法正确地区分边缘和噪声，因而对小尺度空间噪声处理效果不是很好，反而会产生地质假象；中值倾角滤波在提高信噪比，改善同相轴连续性的同时，会使其边缘信息变得模糊，随着迭代次数的增加，最终边缘信息可能会完全丢失。

断层增强滤波技术则是将这两种滤波的优点结合起来，利用扩散滤波保护边缘信息[15]，增强小断层识别能力，同时利用中值倾角滤波增强同相轴的连续性，提高信噪比[16, 17]。为达到此目的，截止值的选择是关键。在确定截止值时选取典型剖面，设置截止值按增量为 0.05 进行变化，通过对滤波结果的分析，确定该区最优截止值。其具体流程如图 2-54 所示。

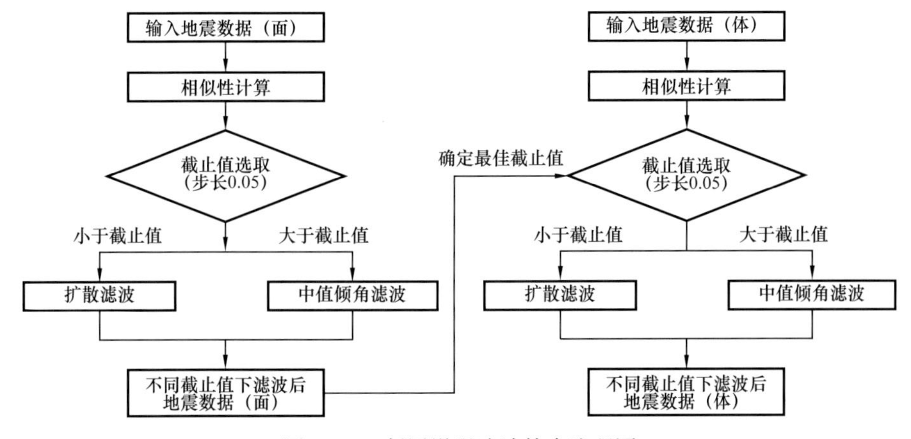


图 2-54 断层增强滤波技术流程图

2. 变频成像技术

不同地质目标对于地震资料的不同频率成分的敏感程度不同，深层目标和单层厚度较大的韵律层突出低频成分，浅层目标和单层厚度小的韵律层则突出高频成分。常规的叠后地震资料是对整个地震频带范围的地震数据成像，无法满足对所有地质目标都达到最佳成像效果的要求。

变频成像技术是合理利用地震信号的特定频率或频带信息来突出地质目标的成像效果，采用小波变换提取不同主频的子波剖面[18]，选择最佳成像频带对断层成像进行处理。

本文采用的变频技术是研究一个窄带调谐现象，为了使变频有实际物理意义将小波表达式模拟成雷克子波表达式。

雷克子波时间域表达式：

$$f(t)=(1-2\pi^2 fm^2 t^2)\exp(-\pi^2 fm^2 t^2) \tag{2-21}$$

小波母函数时间域表达式：

$$\psi(t)=(1-ct^2)\exp(-c/2t^2) \tag{2-22}$$

其实质是将一个地震剖面分解成不同主频的子波剖面。通过分频处理，可以在不同频率区间内压制随机噪声和层位数据对断层数据的影响，不仅增强了断层的连续性，压制了噪声，还扩大了断面波和反射同相轴能量差别，其结果有助于在不同的分频数据体内解释不同规模的断层。

## （二）变频增强技术应用效果

断层增强滤波兼顾了扩散滤波和中值倾角滤波的优势，更好地提高了地震资料的性噪比。与原始资料相比（图 2–55），断层滤波后的地震剖面同相轴连续性明显增强，断面波能量聚焦更明显，断层成像更加清晰，有助于断层的识别；滤波后的剖面有效地抑制了噪声，纹理显示更加清楚，且没有丢失真实的地质信息，实现了保边滤波功能。利用滤波后的数据体进行相干计算，得到不同时间的相干数据体切片，同原始资料相干数据体相比（图 2–56），断层增强滤波之后的相干体切片信噪比更高，更好地反映了平面上断层的展布规律。

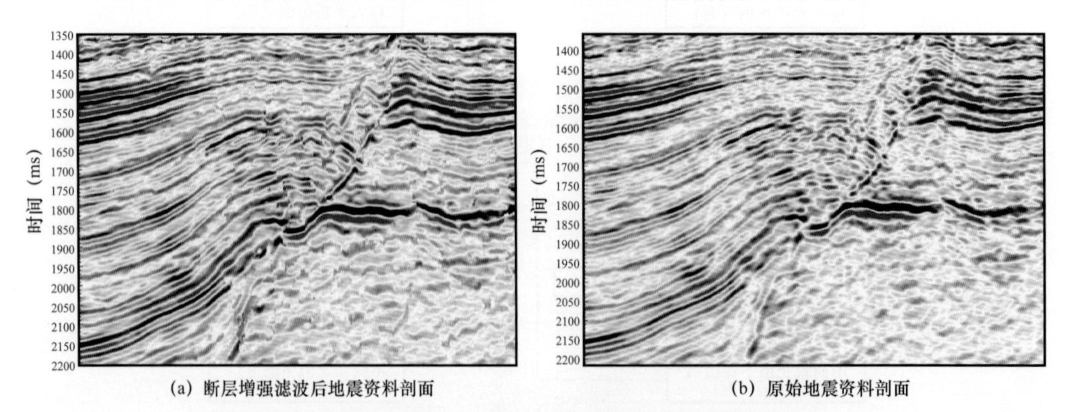


(a) 断层增强滤波后地震资料剖面　　(b) 原始地震资料剖面

图 2–55　断层增强滤波后地震资料剖面和原始地震资料剖面对比图

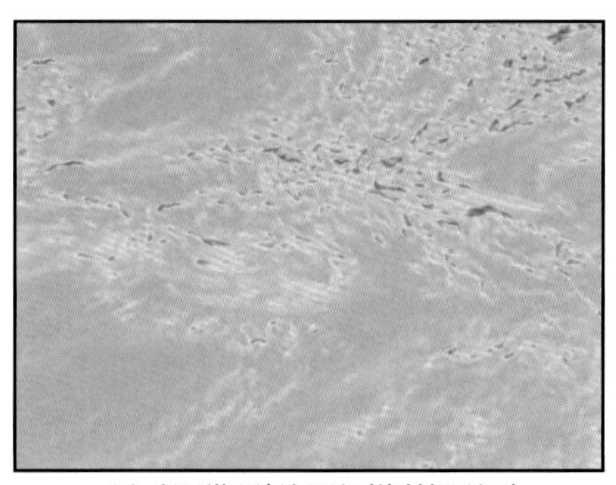
(a) 断层增强滤波后地震资料相干切片

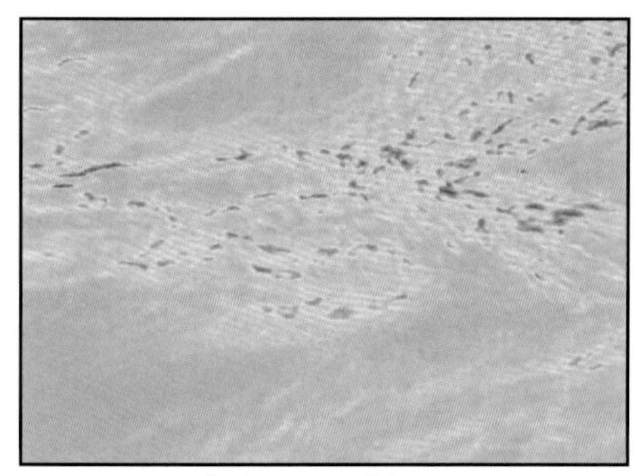
(b) 原始地震资料相干切片

图 2-56　断层增强滤波后地震资料相干切片和原始地震资料相干切片对比图

在断层增强滤波后地震数据体上进行变频处理来提高地震资料的成像能力，得到了10Hz、30Hz、50Hz、70Hz 的成像体。从图 2-57 可以看到，滤波后地震资料经过变频成像处理后，其结果有助于在不同频率数据体内解释不同规模的断层，效果明显改善。在 50Hz 分频剖面上（图 2-58），地震资料细节更加突出，小断层成像效果得到明显改善，断层的连续得到提高。在 10Hz 分频剖面上（图 2-59），大断层的断面清晰，反映了大套地层的沉积组合特征。

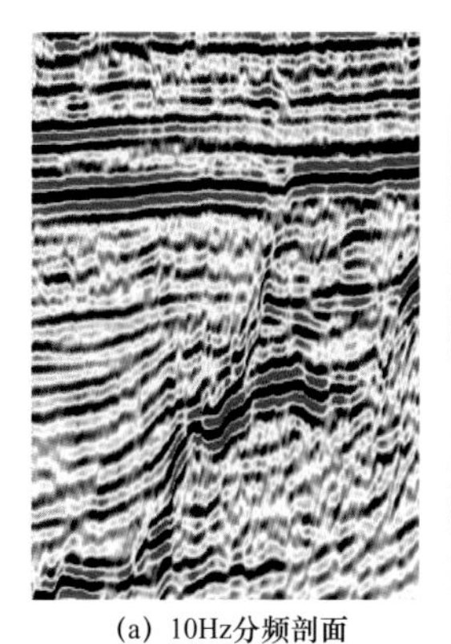
(a) 10Hz分频剖面

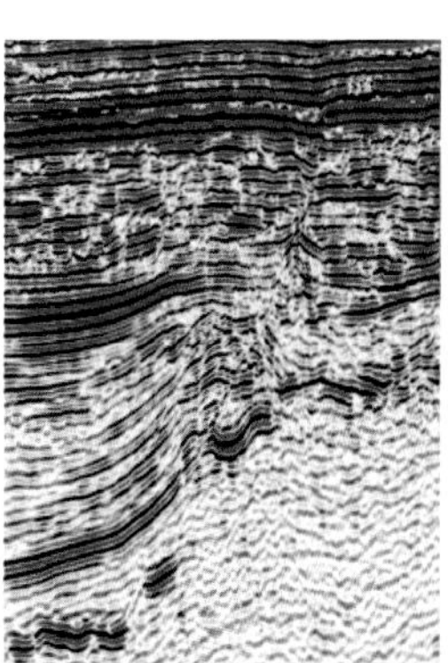
(b) 30Hz分频剖面

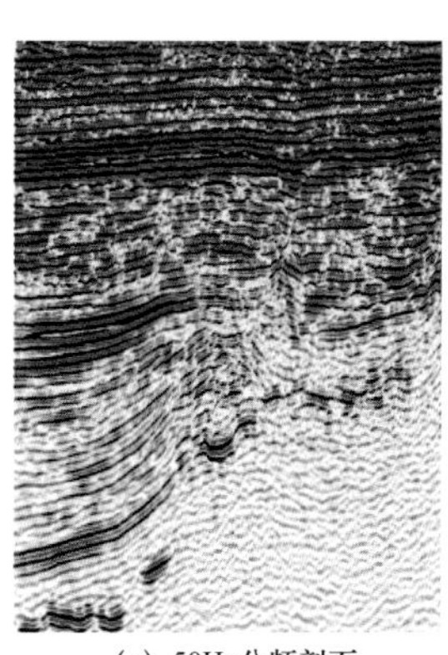
(c) 50Hz分频剖面

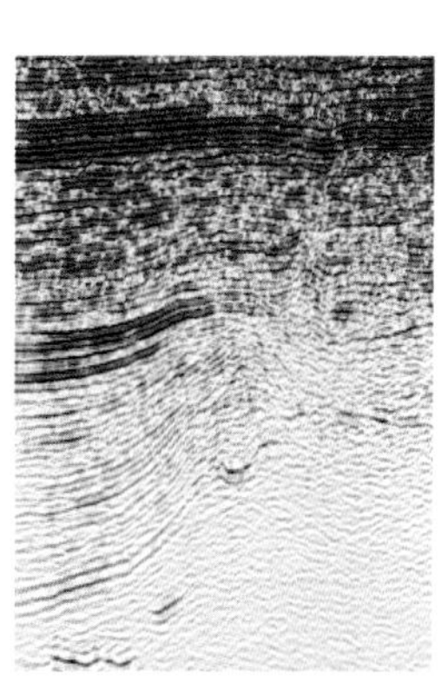
(d) 70Hz分频剖面

图 2-57　10Hz、30Hz、50Hz、70Hz 分频剖面对比图

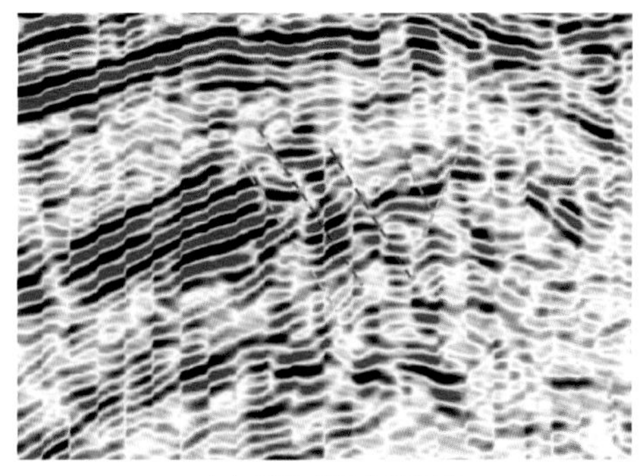
(a) 50Hz分频地震剖面

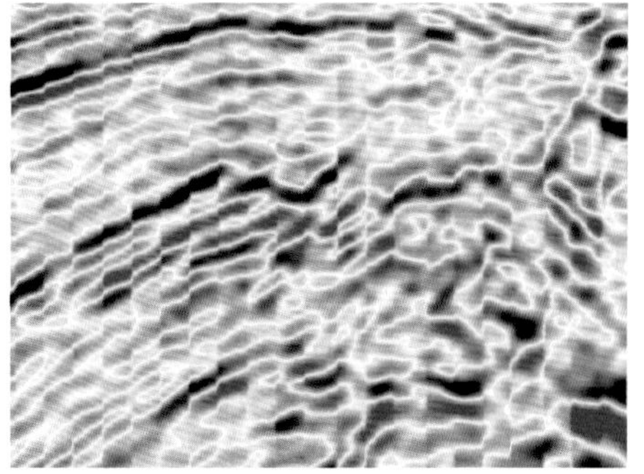
(b) 原始地震剖面

图 2-58　50Hz 分频地震剖面和原始地震剖面对比图

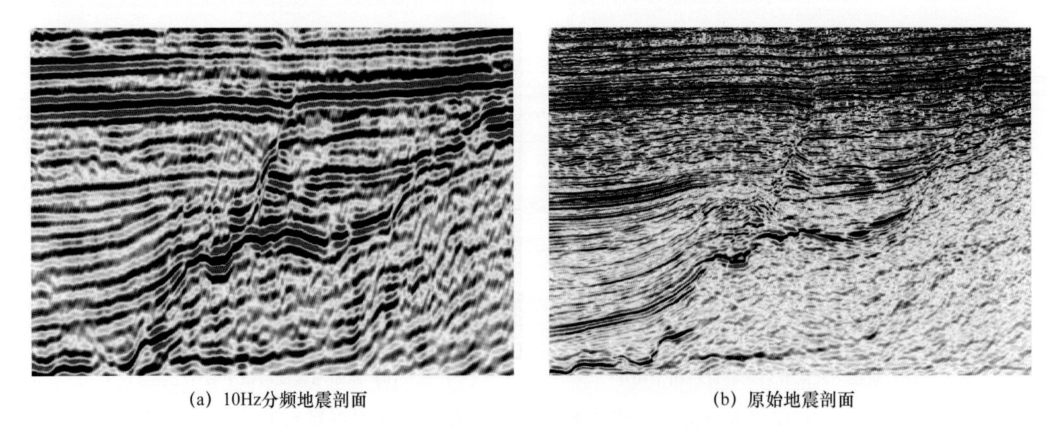

(a) 10Hz分频地震剖面　　(b) 原始地震剖面

图 2-59　10Hz 分频地震剖面和原始地震剖面对比图

断层增强滤波技术在涠洲 12-A 油田的整体调整中取得了较好的应用效果。涠洲 12-A 油田断层发育，油田整体调整部署的开发井部分井过断层，如 B28H 井，水平井要钻遇三个断块。为了降低钻探风险，提高油田开发效果，需要对断层进行精细研究。应用断层增强滤波技术对涠洲 12-A 油田的地震资料进行了叠后解释性处理，从图 2-60 中可以看出，在断层增强滤波后的地震资料上 $F_{31}$ 断层断面清晰、断点归位更准确，$F_{82}$ 断层断点不清晰、无法识别断面，地震同相轴连续（图 2-61）。并对该油田的断裂结构重新进行了落实，从涠二段Ⅳ油组的新老深度构造图对比（图 2-62）中可看到断层组合发生了变化，同时 $F_{31}$ 断层向南偏移。

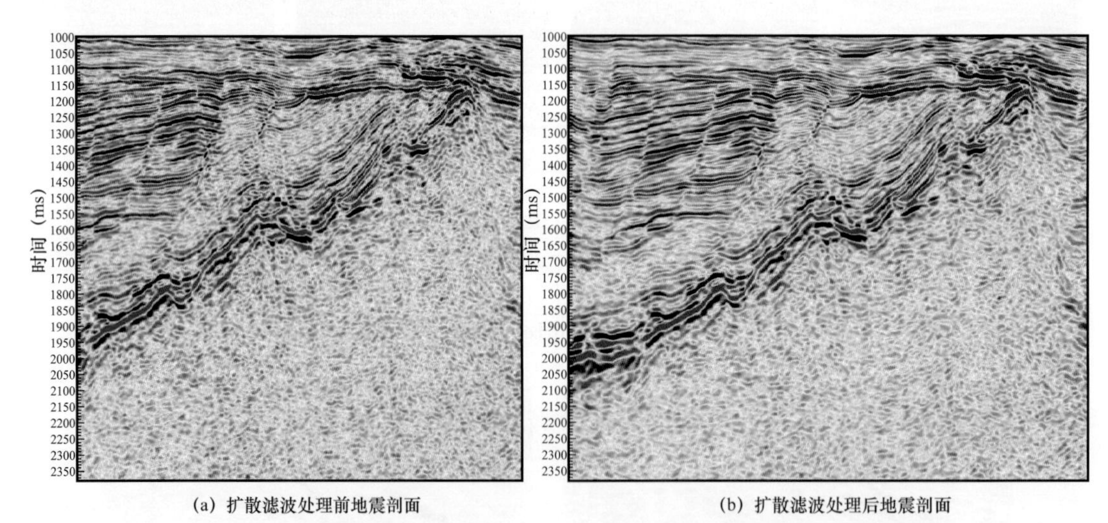


(a) 扩散滤波处理前地震剖面　　(b) 扩散滤波处理后地震剖面

图 2-60　涠洲 12-A 油田扩散滤波处理地震剖面对比

基于上述认识，对 B28H 井进行了井位优化，为规避断层风险，将第一靶点南移。优化前后在地震剖面上的显示如图 2-63 所示。B28H 井实钻在测深 2814m 钻遇 $F_{31}$ 断层上升盘涠二段Ⅳ油层组，测深 2830m 钻遇 $F_{31}$ 断层，穿过 $F_{31}$ 断层在测深 2895m 钻遇下降盘涠二段Ⅳ油层组，实钻情况与钻前优化认识一致。

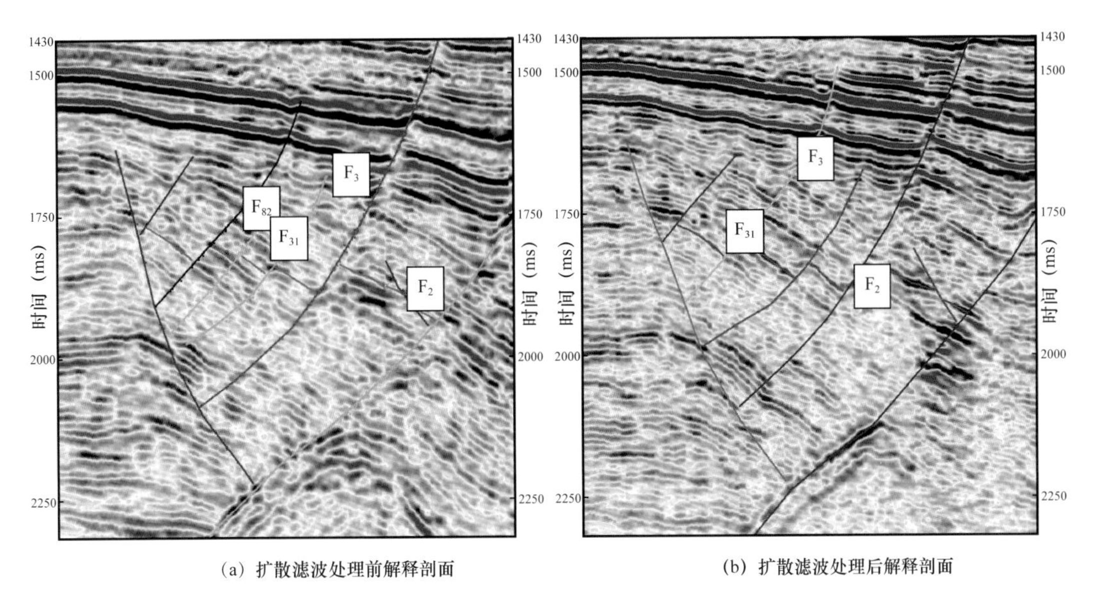


（a）扩散滤波处理前解释剖面

（b）扩散滤波处理后解释剖面

图 2–61 涠洲 12–A 油田断层解释剖面对比

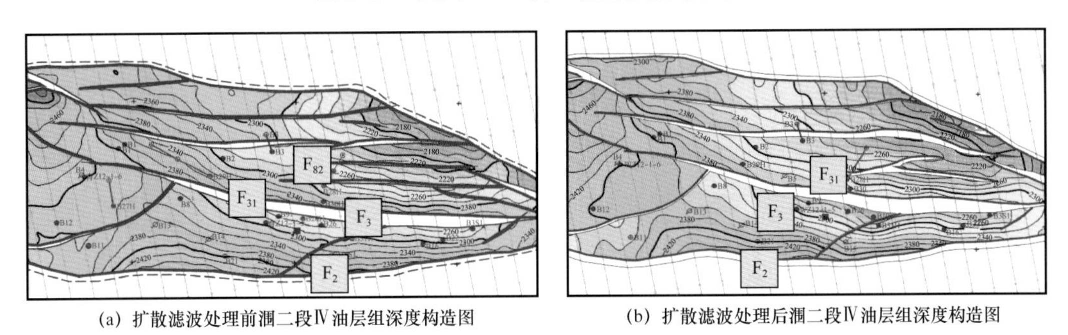


（a）扩散滤波处理前涠二段Ⅳ油层组深度构造图

（b）扩散滤波处理后涠二段Ⅳ油层组深度构造图

图 2–62 涠洲 12–A 油田涠二段Ⅳ油层组深度构造图对比

## 三、断层刻画技术推广应用

涠洲 6–B 油田 ODP 实施实钻结果证实，主控断层较钻前基于常规地震资料的认识差异很大，发生较大偏移。为了更好地解决断层解释难度大的问题，进行了断层增强滤波处理，通过处理后的地震资料来实现断层的精细刻画。

从图 2–64 可以很清晰地看到，经过断层增强处理后，不同频率对断层成像明显变好，对断层的识别能力更强，而同相轴没有明显变化。

基于变频增强断层识别技术处理后的地震资料进行构造重新落实，涠洲 6–B 油田南块的构造较钻前变化较大（图 2–65），主控断层明显向南偏移，A3 井、A6 井实钻在涠三段 $\mathrm{I}_{上}$油组，未钻遇到储层，采用变频增强断层识别技术得到的解释结果与实钻更吻合（图 2–66）。

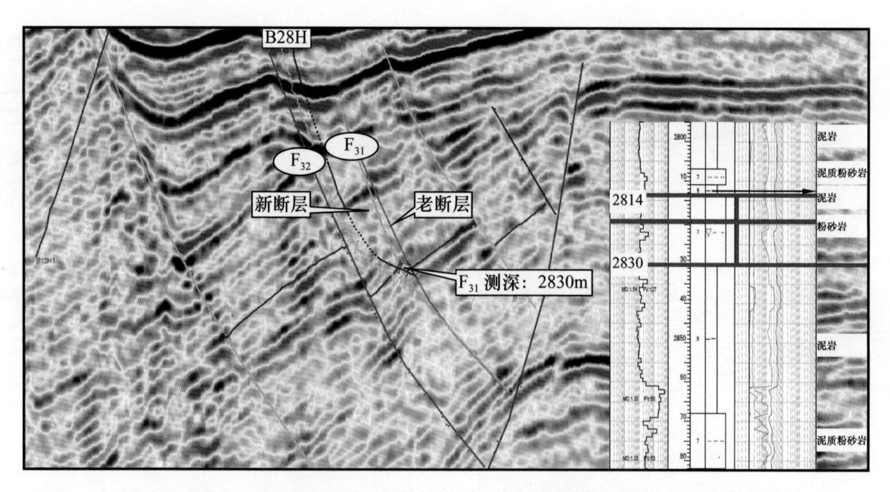


图 2-63 涠洲 12-A 油田过 B28H 井扩散滤波处理后地震剖面

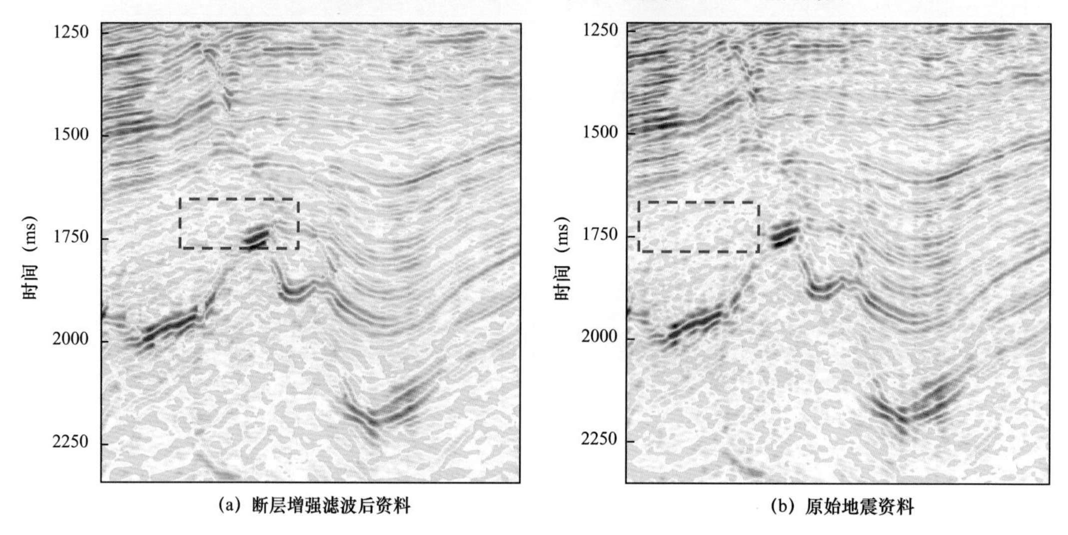


图 2-64 涠洲 6-B 油田断层增强前后剖面对比

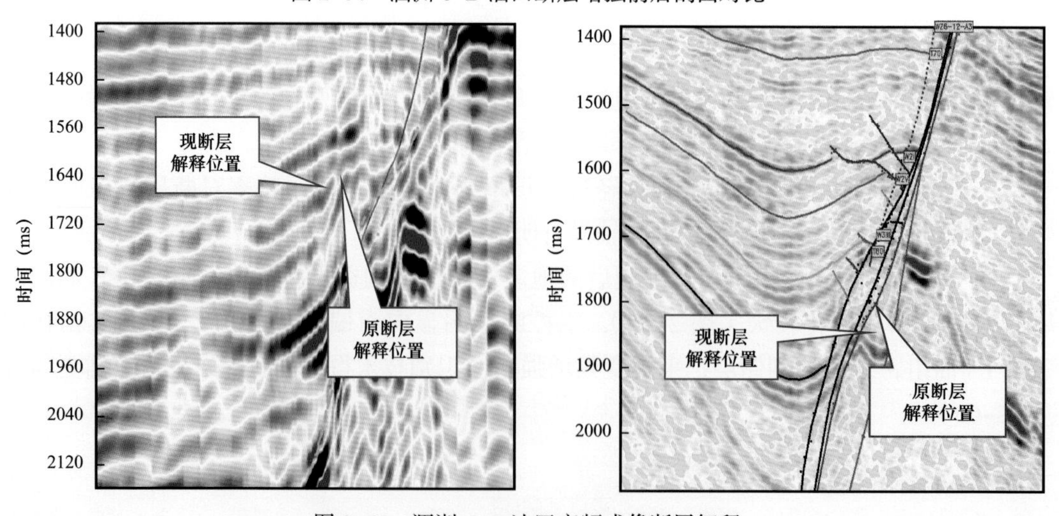


图 2-65 涠洲 6-B 油田变频成像断层解释

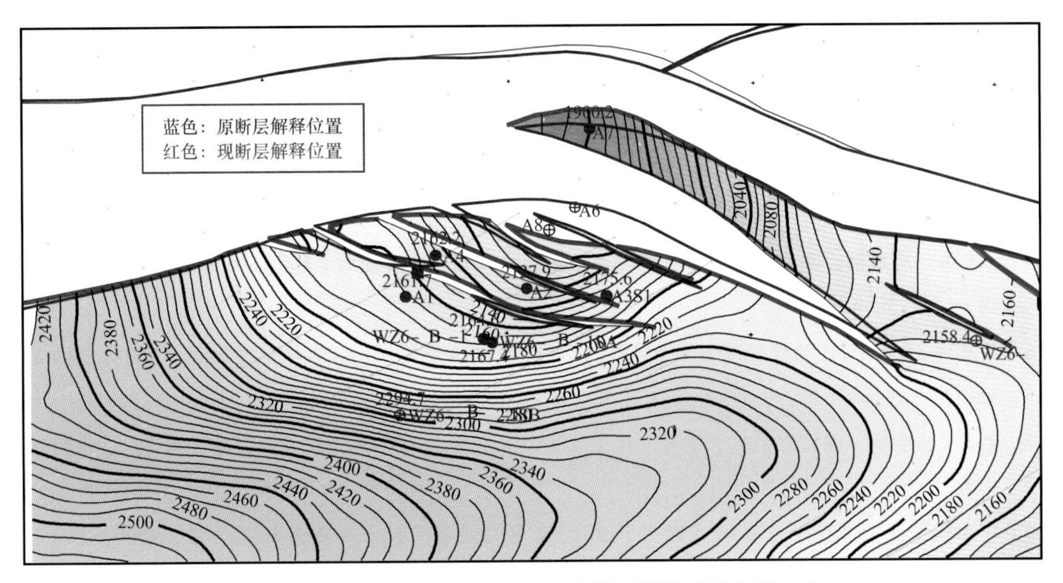


图 2-66 涠洲 6-B 油田 W3I 上油层组断层解释方案对比

## 参考文献

[1] 李欣，尹成，葛子健，等．海上地震采集观测系统研究现状与发展［J］．西南石油大学学报（自然科学版），2014，36（5）：67–80.

[2] 王哲，杨志国，龚旭东，等．海底电缆地震资料采集观测系统对比［J］．中国石油勘探，2014，19（4）：56–61.

[3] 安有利，姜瑞林．海底电缆地震采集系统的施工方法及优势［J］．石油物探，1998，37（3）：92–99.

[4] 谢里夫．勘探地震学［M］．北京：石油工业出版社，1999.

[5] 薛东川，王尚旭．波动方程有限元叠前逆时偏移［J］．石油地球物理勘探，2008，43（1）：17–21.

[6] 张军华，吕宁，田连玉，等．地震资料去噪方法综合评述［J］．地球物理学进展，2006，21（2）：546–553.

[7] Whitmore N D. Iterative depth migration by backward time propation［C］. Expanded abstratcats of 53rd annual Inernat SEG Mtg，1983，382–385.

[8] Mulder W，Plessix R. One–way and two–way wave equation migratin［C］.Expanded abstracts of 73 rd annual Inernat SEG Mtg，2003，881–884.

[9] 程超，杨洪伟，周大勇，等．蚂蚁追踪技术在任丘潜山油藏的应用［J］．西南石油大学学报（自然科学版），2010，32（2）：48–52.

[10] 朱刚，马良，高岩．元胞蚂蚁算法的收敛性分析［J］．系统仿真学报，2007，19（17）：1442–1444.

[11] 史军．蚂蚁追踪技术在低级序断层解释中的应用［J］．石油天然气学报（江汉石油学院学报），2009，31（20）：257–258.

[12] 张欣．蚂蚁追踪在断层自动解释中的应用——以平湖油田放鹤亭构造为例［J］．石油地球物理勘探，

2010，45（2）：278–281.

[13] Pedersen S I，Randen T，Sonneland L，et al.Automatic 3D fault interpretation by artificial ants [C]. In Extended Abstracts of EAGE Annual Meeting，2002，G037.

[14] 黄捍东，张如伟，于茜.基于蚂蚁群算法的层速度反演方法[J].石油地球物理勘探，2008，43（4）：422–424.

[15] 董志华，周家雄，隋波，等.基于扩散滤波方法的小断层识别技术[J].石油地球物理勘探，2013，48（5）：758–462.

[16] 赵丽娅.OpendTect软件倾角控制模块在地震解释中的应用[J]. 海洋地质动态，2008，24（4）：33–37.

[17] 聂爱兰，智敏，张宪旭.基于倾角中值滤波法的浅层反射地震叠前信噪比分离技术[J].中国煤炭地质，2012，24（2）：56–60.

[18] 赵永斌，王延斌.分频技术在改善地震成像中的应用[J].石油天然气学报，2009，31（4）：83–85.

# 第三章　储层精细表征与建模

涠西南油田流沙港组和涠洲组储层以扇三角洲、辫状河三角洲、浅水湖泊三角洲沉积为主，砂体叠置关系及连通性复杂，非均质性强。由于天然能量不足，大都采用注水补充能量开发。经过多年的开发，现已进入开发中后期和中高含水期，层间层内矛盾突出，地下油水分布复杂，注水前缘不明，剩余油分布难以准确预测，给油田中后期调整挖潜带来了巨大困难。要解决上述矛盾，首先要从储层非均质性的角度开展深入研究，应用储层构型研究的方法对陆相强非均质性储层进行精细表征，并在此基础上进行精细的地质建模，从而为进一步剖析油水驱替动态、精准描述剩余油分布提供可靠的基础，进而满足油田开发中后期的挖潜需求。

本章首先对该区域典型油田储层沉积微相特征进行了简单概括介绍，然后着重描述了在海上少井条件下如何充分应用地震资料、沉积微相及储层构型研究等相关地质成果，结合基于生产动态的储层连通性认识，开展三角洲前缘储层构型表征，最后采用 Petrel 和 RMS 软件协同建模，实现从三维角度精细表征储层非均质性，提出适合本区的复杂断层快速构造建模技术。

## 第一节　储层沉积微相特征

涠西南凹陷古近系流沙港组和涠洲组主要发育各种类型的三角洲沉积体系，少量的冲积扇、湖底扇沉积。宏观上，凹陷长轴方向以辫状河三角洲和曲流河三角洲沉积为主，短轴方向主要发育扇三角洲沉积。

### 一、浅水三角洲沉积

#### （一）沉积模式

辫状河三角洲是涠西南凹陷长轴方向常见的沉积类型之一，主要沿凹陷中央二号断裂带东西两翼分布。涠三段沉积时期，凹陷的东西两侧均发育大型浅水长流程辫状河三角洲，如凹陷东部涠洲 12-A 油田、凹陷西侧的涠洲 11-A、涠洲 11-C 油田涠三段。

其中，涠洲 12-A 油田涠三段为典型的长流程浅水辫状河三角洲沉积（图 3-1），具有以下宏观特征：

（1）沉积水体较浅。涠三段广泛发育灰色、杂色湖相泥岩，其中可见生物扰动构造和遗迹化石，常含有藻类化石，并以粒面球藻为主，可见盘星藻属，反映出浅水湖相的沉积环境。

（2）储层段砂地比较高。涠三段为中厚层的中细砂岩夹泥岩沉积，砂地比40%以上，复合砂体厚度大、分布广泛、连续性好。

（3）具有明显、频繁的水道沉积特征。岩心中各砂层底部常见冲刷、充填构造，向上粒度变细，并具河流相典型的槽状、板状交错层理，层理纹层常含炭屑；砂岩粒度粗，成分成熟度偏低，结构成熟度中偏差，沉积水动力强，表现出砂质底负载水道沉积的特点。

（4）湖平面升降频繁，形成多旋回沉积特点，垂向上相序不连续、缺乏传统三角洲三层式结构特征。

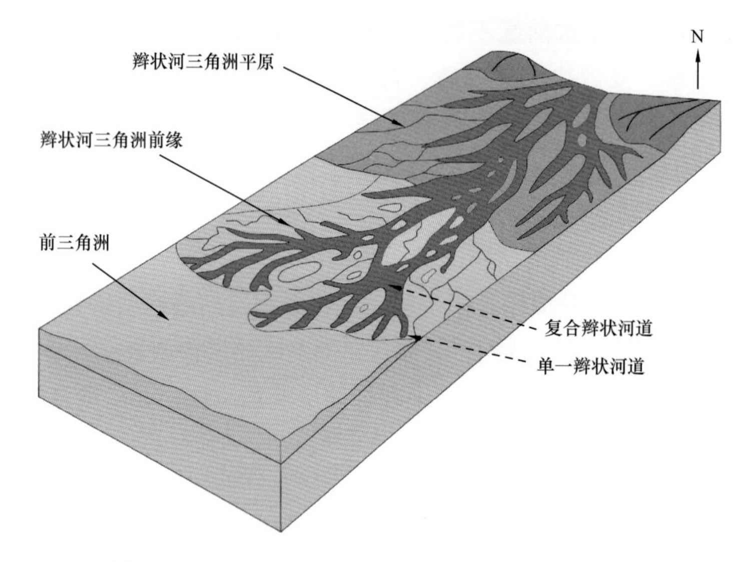


图3-1 涠洲12-A油田涠三段辫状河三角洲沉积模式

## （二）沉积微相特征

油气主要储集于浅水辫状河三角洲前缘储层中，三角洲前缘主要由辫状分流河道、水下分流河道、河口坝、远沙坝、前缘席状砂、分流间湾等微相类型组成。

（1）辫状分流河道：为辫状三角洲内前缘主要的沉积微相，以褐灰色、灰色含砾粗砂岩、中砂岩、细砂岩等厚层粗碎屑沉积为主，成分复杂，分选磨圆差，结构成熟度和成分成熟度均较差；由多个正韵律叠置组成，底部多见冲刷面（图3-2）；发育大型槽状交错层理、板状交错层理、平行层理及少量递变层理；概率粒度曲线为两段式、三段式，滚动总体占较大比例。GR曲线以高幅箱形、钟形为主，底部突变、顶部渐变或突变，曲线光滑或微齿化。其总体特征是砂包泥，在平面上形成宽阔的带状砂体。

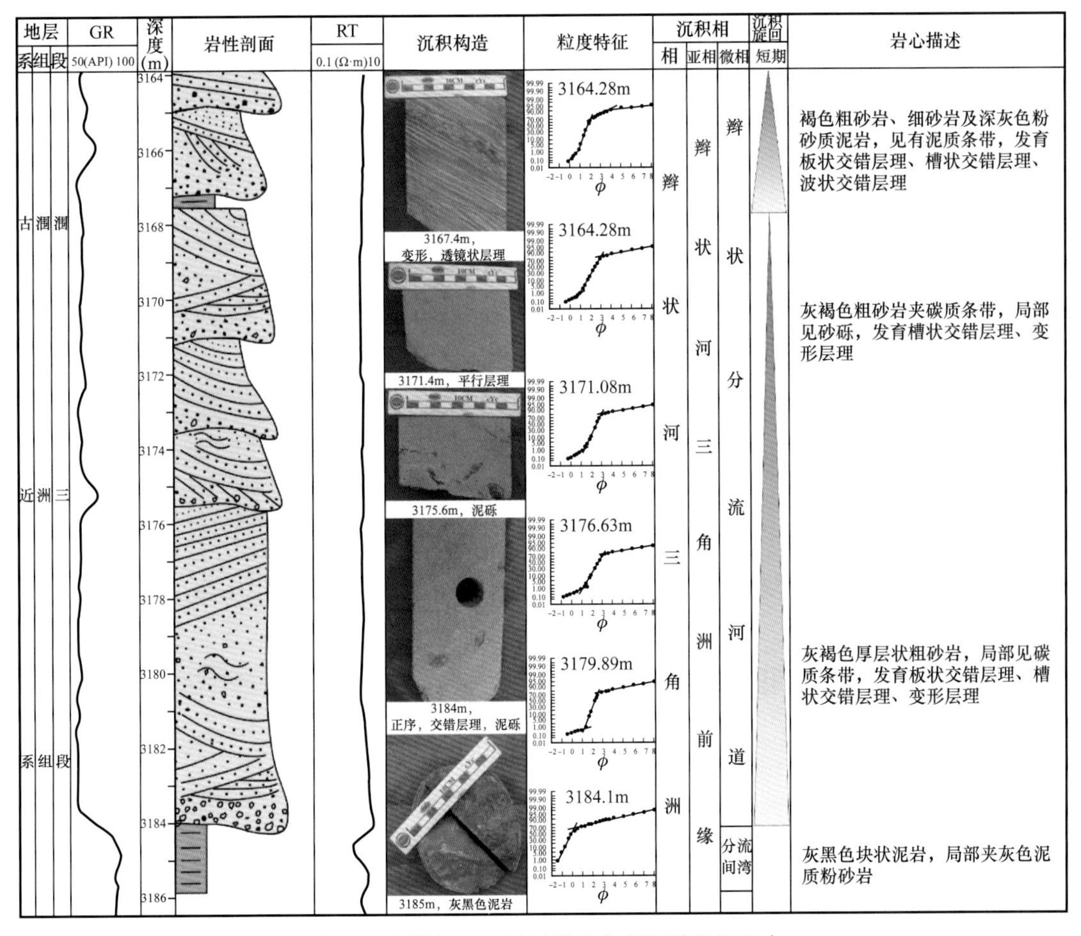


图 3–2 涠洲 12–A 油田辫状分流河道岩相组合

（2）水下分流河道：发育于辫状河三角洲前缘，与辫状分流河道相比岩性偏细，由中薄层的含砾砂岩、中细砂岩、泥质细砂岩组成，底部与下伏泥岩呈冲刷面突变接触，顶部渐变接触，垂向上具正韵律特征；下部发育大型槽状交错层理、块状层理、板状交错层理、平行层理，向上粒度变细，可见沙纹层理（图 3–3）。概率粒度曲线以两段式为主，可见三段式，分选较好。GR 曲线为高幅钟形或箱形。

（3）前缘席状砂：水道携带的细粒砂质粉砂质沉积物直接越过河岸沉积而成，或砂质、粉砂质沉积物经波浪再改造发生侧向迁移呈大片分布延伸较远的席状薄层砂，厚 0.5～1.5m，一般由薄层细砂岩、粉砂岩组成，可见爬升波痕层理和小型波状交错层理。粒度概率曲线为二段式，GR 曲线形态为中—低幅对称齿形。

（4）远沙坝：由薄层灰色细砂、粉砂组成，一般发育有块状层理、波状层理、变形层理和复合层理，局部发育有滑塌变形沉积，可见生物扰动和虫孔构造。GR 曲线形态为低幅漏斗形、齿形。

（5）分流间湾：以灰色、褐灰色泥岩、粉砂质泥岩为主，含炭屑纹层和薄层的粉砂岩；发育有块状层理、波状层理和复合层理，虫孔构造较发育。GR 曲线形态为低幅直线。

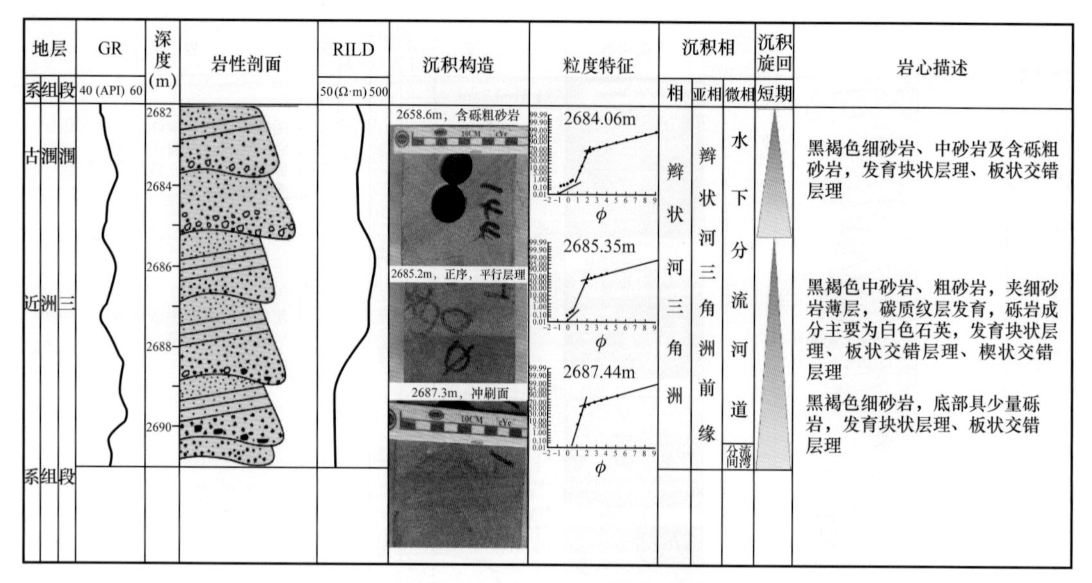


图 3–3　涠洲 12–A 油田水下分流河道岩相组合

## 二、扇三角洲沉积

### （一）沉积模式

扇三角洲是由冲积扇直接提供物源，在盆地边缘的水上和水下部分所形成的碎屑沉积体，水上部分为扇三角洲平原，水下部分为扇三角洲前缘。扇三角洲形成的重要条件是坡陡、地形高差大、近物源且碎屑物供应充足。

扇三角洲沉积的一般特点：（1）向陆方向通常以断层为界；（2）沉积物粒度粗，成分成熟度较低，砂、砾粗碎屑比例较大，砂砾混杂，泥质含量高，分选性和磨圆度较差；（3）具有递变层理砂砾混杂的泥石流与河道化牵引流条件下形成的交错层理砂砾岩交互并存，兼有重力流和牵引流的特征；（4）纵向上楔形，平面扇形，向盆地方向变薄、细；（5）垂向沉积序列总体为向上变粗的反旋回（进积型），也可是正旋回（退积型）；（6）规模常较小，成群出现。

扇三角洲包括扇三角洲平原、扇三角洲前缘、前扇三角洲三个亚相。其中，扇三角洲平原为扇的陆上部分，多表现为近源的砾质辫状河沉积，以水道和沉积物重力流的粗粒沉积物为特征。扇三角洲前缘是最主要的沉积相带和砂体发育区，发育水下分流河道、河口坝、席状砂等微相。前扇三角洲位于浪基面以下，以泥岩夹粉砂岩沉积为主。

扇三角洲沉积体系在涠西南凹陷短轴方向（近南北向）十分常见，一号断裂带下降盘（图 3–4）和南部斜坡带均是扇三角洲发育的有利场所。如涠洲 11–B 油田和涠洲 11–D 油田流一段、涠洲 10–3 油田和涠洲 11–D 油田流三段等都发育扇三角洲沉积。

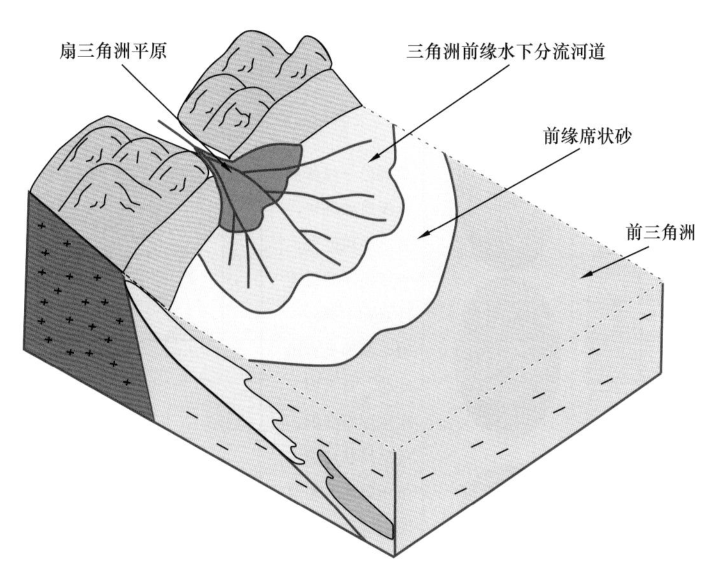


图 3-4 涠西南凹陷一号断层陡坡带流一段扇三角洲沉积模式

## （二）沉积微相特征

扇三角洲储层以扇三角洲前缘沉积为主，主要发育水下分流河道、河口坝、前缘席状砂、水下分流间湾、水下碎屑流、滑塌沉积等微相。

（1）水下分流河道：主要由砂砾岩、含砾砂岩、中—粗砂岩、不等粒砂岩等组成，粒度较粗，纵向上多个旋回切割、叠加；砂砾岩成分和结构成熟度低，其中可见递变层理，细砾漂浮在中粗砂岩中；含砾砂岩具块状构造、平行层理及槽状交错层理，砾石具弱定向排列，底部具有冲刷充填构造。粒度概率曲线主要为上凸的弧线或三段式，包括滚动和跳跃组分，少量悬浮组分，分选较差，反映水动力条件很强，兼具牵引流和重力流的特征。GR 形态为钟形及齿化箱形（图 3–5）。

（2）河口坝：主要由中—细砂岩组成，顶部见少量含砾砂岩，略显冲刷构造；具小型板状交错层理、（微）波状层理，普遍见炭屑纹层。粒度概率曲线主要为二段式，包括跳跃组分和悬浮组分，反映了水动力条件中等，一定程度上受波浪作用的影响。GR 形态为漏斗形（图 3–6）。

（3）前缘席状砂：水下分流河道末端细粒沉积物在湖泊波浪作用改造下形成的薄层沉积；岩性主要由薄层粉、细砂岩与泥岩薄互层，砂岩成分成熟度高；发育波状层理和小型交错层理。粒度概率曲线图为细二段式，跳跃组分比重较大，并多具混合带。由于波浪作用的改造，分选较好，反映出水流作用、波浪作用都强的水动力环境。GR 曲线形态表现为漏斗形，为泥包砂的特征（图 3–7）。

（4）水下分流间湾：分布于水下分流河道之间的暗色细粒沉积，岩性以暗色泥岩、粉砂质泥岩和泥质粉砂岩为主；常构成韵律性薄互层沉积，发育水平纹层理。GR 曲线形态为低幅平直型，微齿状。

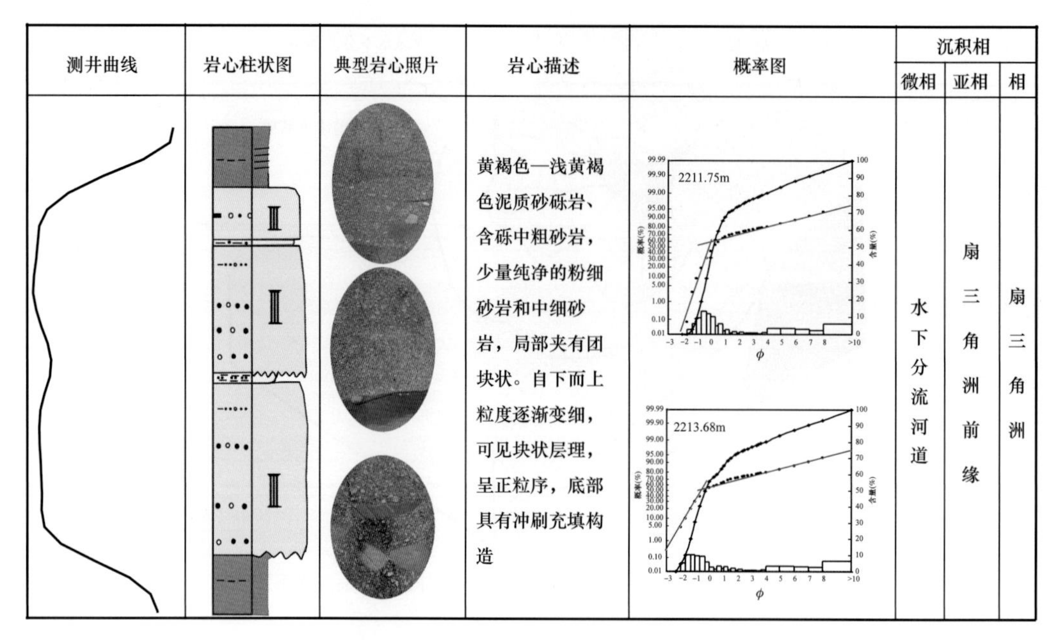


图 3–5　涠洲 11–D 油田流一段水下分流河道微相特征

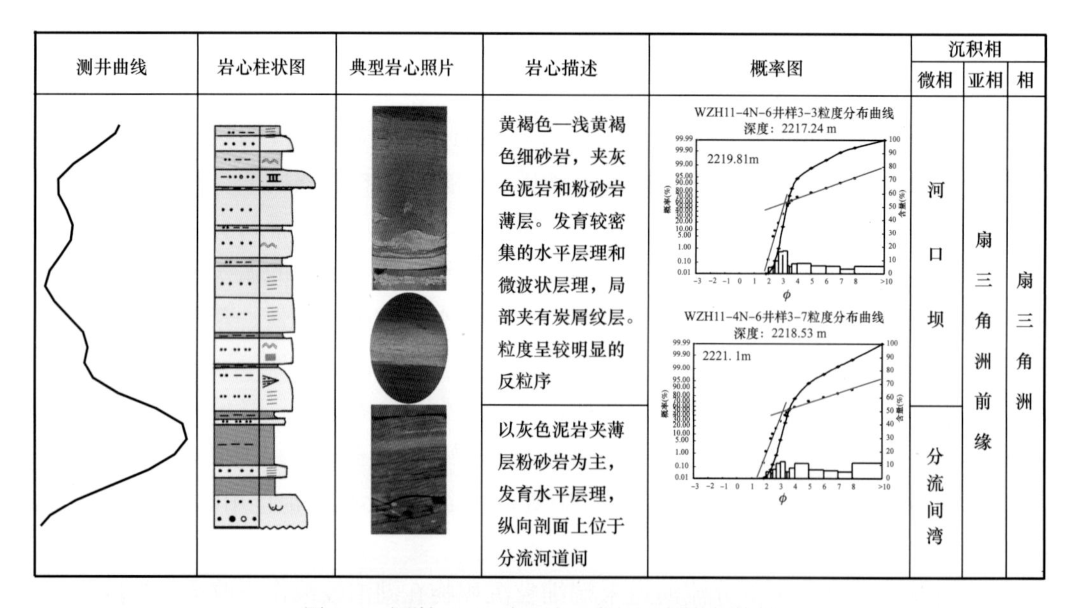


图 3–6　涠洲 11–D 油田流一段河口坝微相特征

（5）水下碎屑流：属于洪水型水下重力流沉积，由陆上碎屑流直接快速入湖形成。进一步细分为近物源水下碎屑流和远物源水下碎屑流两类。

① 近物源水下碎屑流：有截然的顶底接触面（底部冲刷面）；主要由泥质含砾不等粒砂岩组成，粒度较粗，杂基支撑；多呈块状构造，无粒序；有时纵向上具有由粗变细的特征；粒度概率曲线主要为一段式，各粒级组分都有，分选和圆度很差，反映水流条件很强，具重力流沉积的特征。CM 图类似浊流。GR 形态为齿状箱形（图 3–8）。

② 远物源水下碎屑流：主要由泥质含砾不等粒砂岩、砂质泥岩等组成，粒度较细，泥质含量较高，砾石大小不均，泥砾、细砾等漂浮在泥质不等粒砂岩中，具块状构造；富泥基质支撑；与顶底突变接触。粒度概率曲线主要为一段式，各类组分分选很差，反映水流条件很强，具重力流沉积的特征。

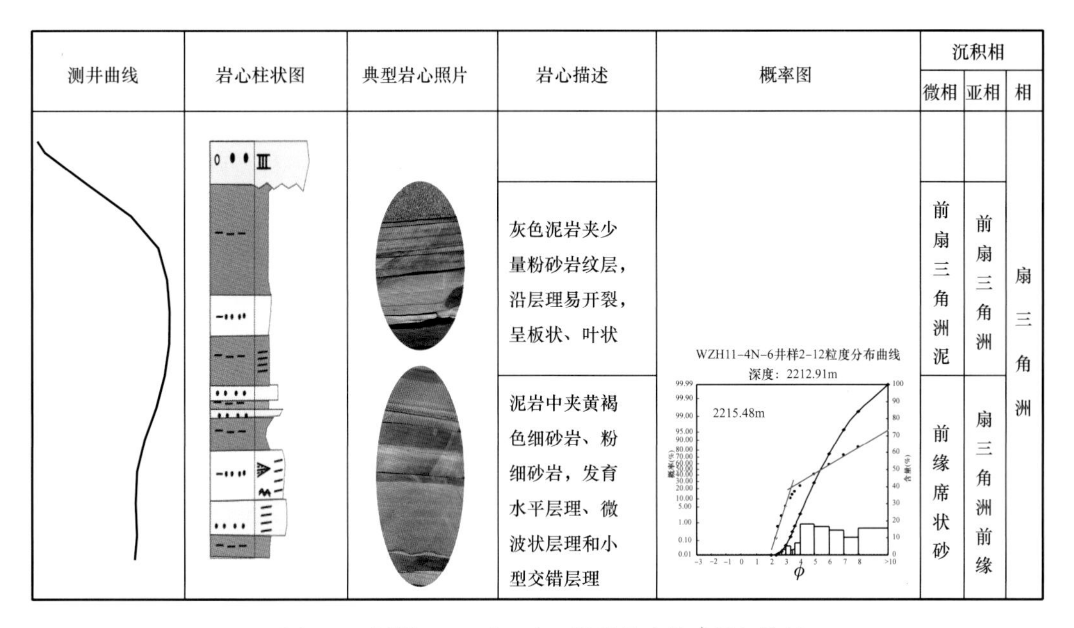


图 3-7　涠洲 11-D 油田流一段前缘席状砂微相特征

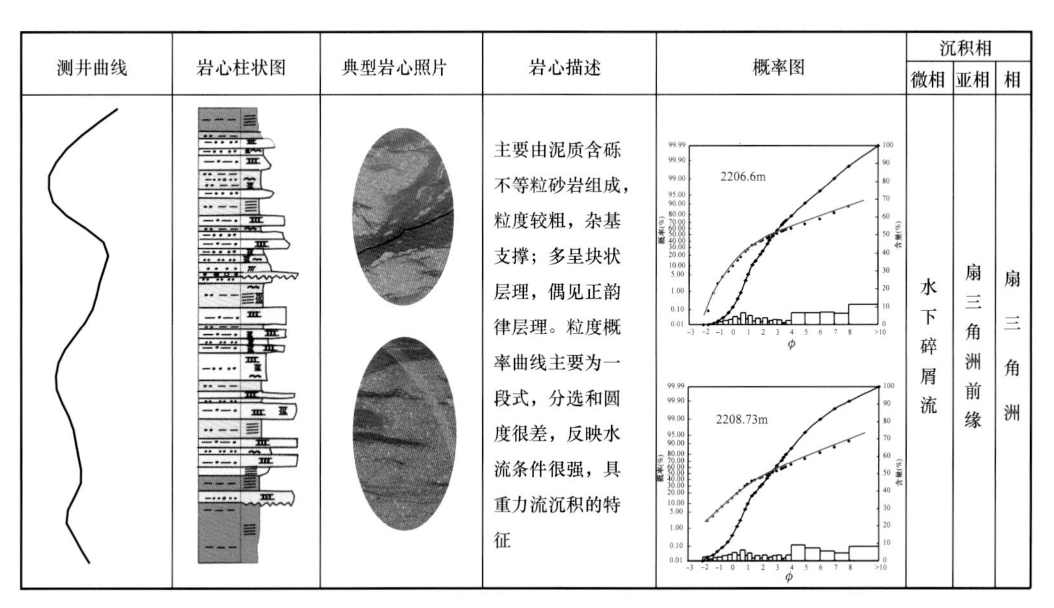


图 3-8　涠洲 11-D 油田流一段水下碎屑流特征

（6）滑塌沉积：由于地形、沉积物负载及盆缘断裂活动等因素而形成水下滑塌；半固结状态的粉细砂岩与暗色泥岩的互层沉积发生变形或揉皱作用形成，产于湖相泥岩背景中，呈夹层出现；主要由灰色泥质粉砂岩组成，粒度混杂，泥质含量较高，可见少量细砾、粗砂，不规则状泥砾；发育典型水下滑塌变形构造（滑塌褶皱、扭曲层理）。

## 三、辫状河三角洲沉积

### （一）沉积模式

辫状河三角洲是辫状河推进到盆地水体（海、湖）中形成的一种富含砂和砾石的粗碎屑三角洲，是一种粒度介于扇三角洲和正常河流三角洲之间的一种特殊类型。

辫状河三角洲形成条件：由单条或多条低负载辫状河提供物源。辫状河三角洲发育所需的沉积地形和坡度比扇三角洲缓，比正常三角洲陡，并受阵发性水流和盆内水体的控制。

其沉积相组成及特征如下。

（1）辫状河三角洲平原亚相：包括辫状河道和冲积平原，潮湿条件下可有河漫沼泽。辫状河道充填物宽厚比高，剖面呈透镜状，具大型板状和槽状交错层理、平行层理的砾岩、砂岩。

（2）辫状河三角洲前缘亚相：发育水下分流河道、河口坝、远沙坝、席状砂和水下分流河道间沉积。水下分流河道是辫状河在水下的延伸部分，沉积特征与辫状河道极为相似，粒度较细，单砂体厚度减薄。辫状河入水后，携带的砂质由于流速降低而在河口处沉积下来即形成河口坝。河口坝主要为砂岩，垂向上一般呈下细上粗的反韵律，可见平行层理和交错层理。远沙坝砂体厚度较薄，多为细砂岩和粉砂岩。席状砂为辫状河三角洲前缘连片分布的砂体，形成于波浪作用较强的沉积环境，粒度较细，粉砂岩与泥岩互层，分选性和磨圆度较好。

（3）前辫状河三角洲亚相：为泥岩和粉砂质泥岩，颜色较深，有时见水平层理。

辫状河三角洲具有两种垂向沉积序列：

（1）向上变细的退积型辫状河三角洲，剖面上表现为多个水流作用由强至弱向上变细的正韵律组合；

（2）向上变粗的进积型辫状河三角洲，由多个向上变粗的沉积旋回组成，自上而下为辫状河三角洲平原—辫状河三角洲前缘—前辫状河三角洲垂向层序。

流三段沉积时期凹陷西部发育近源的辫状河三角洲，沉积物粒度相对较粗，分选略差。如涠洲 11–A 油田流三段储层为物源来自西北部的辫状河三角洲前缘沉积（图 3–9）。

### （二）沉积微相特征

辫状河三角洲前缘储层主要由辫状分流河道、水下分流河道、河口坝、前缘席状砂、水下分流间湾等微相类型组成。

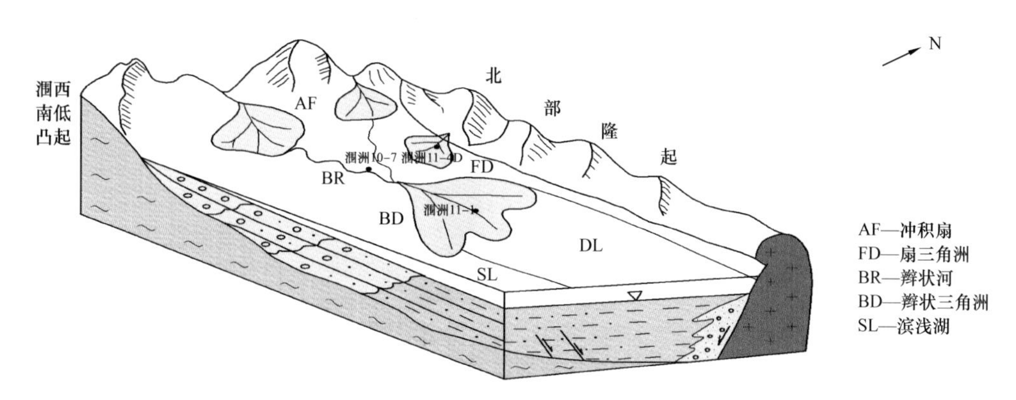


图 3-9 涠西南凹陷 2 号断裂带流三段扇三角洲沉积模式

1. 辫状分流河道

辫状分流河道为辫状三角洲内前缘主要的沉积微相，以灰色砂砾岩、含砾粗砂岩、中砂岩、细砂岩等厚层粗碎屑沉积为主，垂向上由多个正韵律叠置组成，底部多见冲刷面，发育大型槽状交错层理、板状交错层理、平行层理及少量递变层理（图 3-10）。概率粒度曲线为两段式、三段式，滚动总体占较大比例。GR 曲线以高幅箱形、钟形为主，底部突变、顶部渐变或突变，曲线光滑或微齿化。辫状分流河道主要发育于流三段 $Ⅲ_B$ 油组中。

2. 水下分流河道

水下分流河道与辫状分流河道相比岩性偏细，由中薄层的含砾中粗砂岩、中细砂岩、泥质细砂岩组成，底部与下伏泥岩呈冲刷面突变接触，偶见泥砾，顶部渐变接触；下部发育大型槽状交错层理、块状层理、板状交错层理、平行层理，向上粒度变细，可见沙纹层理。概率粒度曲线以两段式为主，可见三段式，分选较好。GR 曲线为高幅钟形，底部突变、顶部渐变。

3. 河口坝

河口坝位于水下分流河道河口的前方，主要由粉砂岩、细砂岩组成，垂向上具有明显的反韵律特征。GR 曲线为中高幅漏斗形。

4. 前缘席状砂

前缘席状砂以薄层粉砂岩和粉砂质泥岩为主，偶见薄层细砂岩和粉细砂岩，可见爬升波痕层理和小型波状交错层理。粒度概率曲线为二段式。GR 测井曲线为对称齿形或弱指形。

5. 水下分流间湾

水下分流间湾以灰色、褐灰色泥岩、粉砂质泥岩为主，含炭屑纹层和薄层的粉砂岩；发育有块状层理、波状层理和复合层理，虫孔构造较发育。GR 曲线形态为低幅直线。

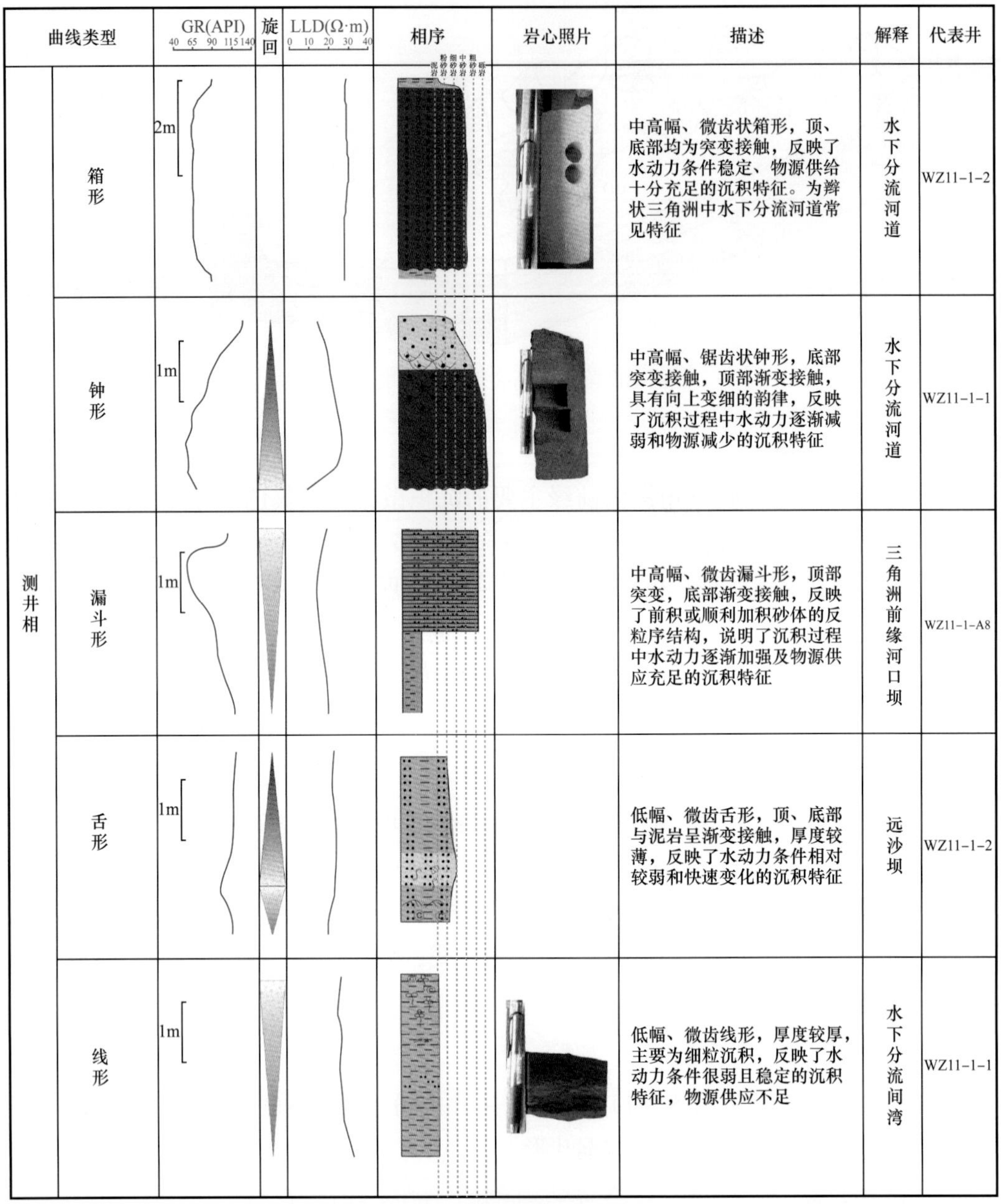

| 曲线类型 | | GR(API) 40 65 90 115 140 | 旋回 | LLD(Ω·m) 0 10 20 30 40 | 相序 | 岩心照片 | 描述 | 解释 | 代表井 |
|---|---|---|---|---|---|---|---|---|---|
| 测井相 | 箱形 | 2m | | | 泥岩 粉砂岩 细砂岩 中砂岩 粗砂岩 | | 中高幅、微齿状箱形，顶、底部均为突变接触，反映了水动力条件稳定、物源供给十分充足的沉积特征。为辫状三角洲中水下分流河道常见特征 | 水下分流河道 | WZ11-1-2 |
| | 钟形 | 1m | | | | | 中高幅、锯齿状钟形，底部突变接触，顶部渐变接触，具有向上变细的韵律，反映了沉积过程中水动力逐渐减弱和物源减少的沉积特征 | 水下分流河道 | WZ11-1-1 |
| | 漏斗形 | 1m | | | | | 中高幅、微齿漏斗形，顶部突变，底部渐变接触，反映了前积或顺利加积砂体的反粒序结构，说明了沉积过程中水动力逐渐加强及物源供应充足的沉积特征 | 三角洲前缘河口坝 | WZ11-1-A8 |
| | 舌形 | 1m | | | | | 低幅、微齿舌形，顶、底部与泥岩呈渐变接触，厚度较薄，反映了水动力条件相对较弱和快速变化的沉积特征 | 远沙坝 | WZ11-1-2 |
| | 线形 | 1m | | | | | 低幅、微齿线形，厚度较厚，主要为细粒沉积，反映了水动力条件很弱且稳定的沉积特征，物源供应不足 | 水下分流间湾 | WZ11-1-1 |

图 3-10　涠洲 11-A 油田流三段典型测井相模版

## 第二节　三角洲前缘储层构型表征

注水开发油田不仅要研究砂体之间连通程度，清楚刻画成因单元级别的砂体，在高含水阶段“稳油控水”，还要对油砂体内部的单砂体及其内部单元的叠置关系进行预测，以弄清储层内部的油水运动和剩余油分布规律。这就要求对储层的划分越来越细，对三角洲前缘储层进行砂体内部构型精细表征。

## 一、三角洲储层构型研究现状

储层构型是指不同级次储层构成单元的形态、规模、方向及其空间叠置关系[1, 2]。构型研究将储层描述由沉积微相发展到成因砂体内部的层次结构研究，将砂体形成过程、机制、内部层次结构、非均质性有机结合为一体，对剩余油挖潜、提高采收率具有重要意义。近十几年来，国内外学者为解决注水开发油田中后期剩余油分布预测问题，充分应用地震信息、密井网资料，井震结合进行地下储层构型分析，已取得不同程度的进展。河流相储层构型研究方法基本成熟，细到4、3级构型单元，已广泛应用于油田开发调整[4-7]，并推广应用到了冲积扇、三角洲、扇三角洲、浊流沉积及深水沉积等沉积体系的储层精细研究中，但储层构型单元组成及模式尚在探索中。

### （一）三角洲储层构型研究

三角洲沉积是我国陆相油藏常见的重要储层类型，基于一些成熟油区的密井网资料，三角洲储层的构型研究蓬勃开展，并取得了显著的进展。其骨架砂体主要为水道或河口坝，水道砂体与湖相泥岩沉积分异明显。国内学者借鉴河流相储层构型研究方法，主要从单一沉积相带（水下分流河道或河口坝）[8-15]的角度进行三角洲复合砂体内部构型分析。

赵翰卿[9, 10]总结了大庆油田河流—三角洲密井网精细储层描述方法。根据密井网资料反映的各种沉积特征和沉积界面，以及大型河流三角洲的沉积规律和模式，采用层次分析和模式预测描述法，由大到小、由粗到细分层次逐级解剖砂体几何形态和内部建筑结构，精细建立储层地质模型。吕晓光[11]总结了松辽浅水湖盆三角洲前缘的储层结构模型，认为浅水三角洲前缘相骨架砂体为水下分流河道，进一步细分为内前缘（水下河道和席状砂组合）和外前缘（以席状砂为主）。前缘相具有五种储层结构模型：孤立水道型、叠加水道型、不稳定互层型、稳定互层型、孤立薄层型。

张庆国[12]对扶余油田三角洲平原分流河道（或前缘水下分流河道）形成的复合河道砂体进行单砂体层次细分，总结出复合河道砂体的四种叠加模式：孤立式、对接式、切叠式、叠加式。封从军[13]对扶余油田泉四段三角洲平原复合分流河道进行单砂体精细解剖，依据单砂体垂向分期、平面分界的八种识别标志，应用密井网统计数据拟合的单砂体宽厚比定量模式，开展复合分流河道砂体内部单砂体识别，总结出六种叠置关系：多层式、叠加式、多边式、单边式、对接式、孤立式。

李志鹏[14]对河控三角洲水下分流河道砂体内部构型模式进行了研究，划分出六级构型界面、三种垂向叠加样式（相隔式、浅切式、深切式）、两种平面展布样式（条带式、连片式）。

### （二）扇三角洲储层构型研究

由于露头考察或地下密井网解剖不足，扇三角洲相砂砾岩储层构型研究甚少，储层构型单元组成及模式没有统一的认识，缺乏成熟的定量可预测模式。陡坡扇三角洲为砂泥分异不明显的厚层砂砾岩沉积体，牵引流和重力流沉积混杂，成因相众多，岩性呈渐变过渡，界面级别难以确定，其构型分析研究难度大，研究成果相对较少，仅部分油田基于露头或密井网资料开展了相关研究。

张昌民、尹太举[16]对双河油田扇三角洲储层构型研究，进行了六级界面划分，划分出七种构型单元（分流河道、河口坝、前缘席状砂、河道间、水下决口沉积、重力流和湖泥）、四种剖面构型模式（以分流河道为主、以席状砂为主、以分流河道和河口坝为主、递变模式）。陈程[17]对双河油田扇三角洲前缘厚油层进行了储层构型研究，划分出水下分流河道、河口坝、前缘席状砂、水下溢岸砂体、重力流砂体等微相单元，认为厚油层纵向上可细分多个单一成因的微相单元，平面上由多个成因类型的微相单元拼合而成，总结出扇三角洲前缘三种相结构模式：分流河道型、过渡型和席状砂型。

林煜[18]对辽河曙光油田杜家台油层扇三角洲前缘储层构型精细解剖，划分为辫状河道、河口坝、溢岸等构型单元，认为扇三角洲前缘复合砂体平面上具有连片状、交织条带状、窄条带状三种平面分布组合样式，单一砂体具有四种构型单元拼接组合样式。

## 二、海上三角洲储层构型表征方法

以涠西南凹陷在生产的主力油田涠洲 12–A、涠洲 11–A、涠洲 11–B 油田涠洲组、流沙港组油藏为靶区，在涠西南凹陷复杂断块油田大量三维地震和现有的钻井资料的基础上，参考国内外储层构型研究的思路和方法，以解决油田开发中后期的调整挖潜面临的单砂体分布及连通性问题为研究目的，提出井震结合、动静结合的复杂储层分级构型表征研究思路，开展海上少井条件下的陆相复杂储层构型研究，其研究流程如图 3–11 所示。

### （一）基于高分辨率层序地层格架的构型分级

高分辨率层序地层学是应用地层基准面原理、体积分配原理、相分异原理和旋回等时对比法则进行成因地层分析的层序地层学方法，强调对不同时间尺度的层序进行高精度等时对比[11]。基于岩心、录井、测井、地震资料进行不同级次基准面旋回识别与对比，纵向上细分到中期基准面旋回（油组）、短期基准面旋回（小层）甚至超短期基准面旋回（单砂体），建立油藏规模精细的等时地层对比格架，为三角洲、扇三角洲前缘厚储层复合砂体内部分隔单元细分对比、分级构型表征奠定基础。

#### 1. 单井基准面旋回的识别

首先通过岩心观察和描述，根据垂向相序及其在纵向上的相分异特征确定地层的叠加样式，并划分短期基准面旋回；然后依据岩电关系确定的测井响应，在测井曲线上识别短期基准面旋回；根据短期基准面旋回的叠加样式，将短期基准面旋回合并、组合成中期、较长期基准面旋回；在井震标定基础上，在地震反射剖面上识别较长期的基准面旋回。经过岩心—测井—地震相互标定和验证，准确识别出多级次的基准面旋回（图 3-12）。

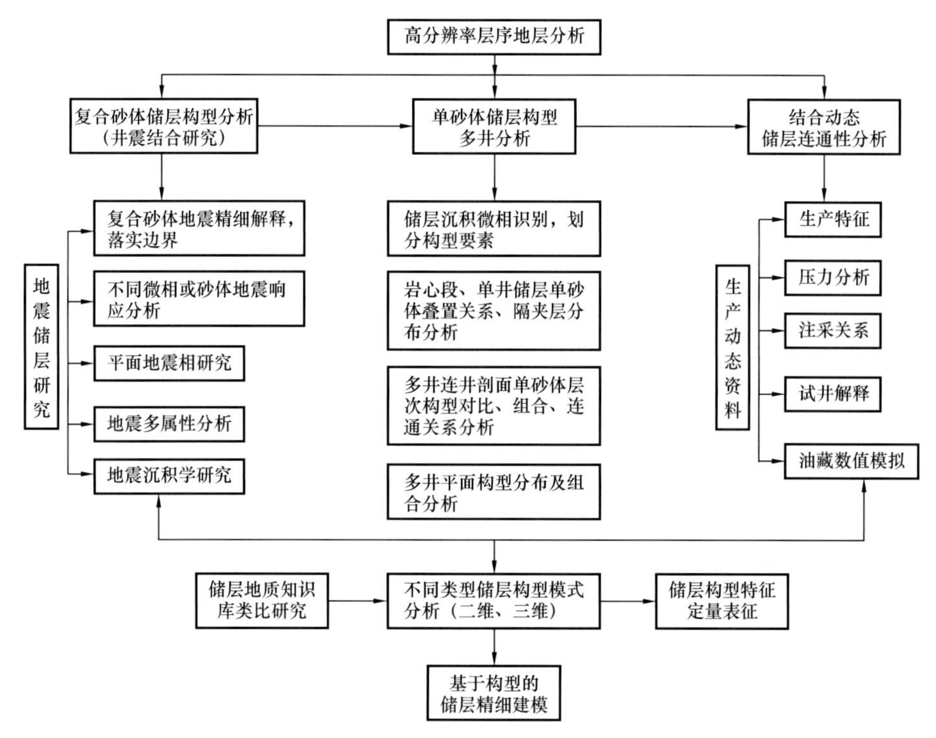


图 3-11　海上少井条件下复杂储层构型研究流程

2. 连井中、短期基准面旋回对比

根据单井旋回划分结果，井震结合，依据地层叠加样式在连井剖面中对比中、长期基准面旋回。然后在叠加样式对比的框架内，结合短期旋回所处的位置，决定各短期旋回之间的对应关系，完成短期旋回的对比。基准面由下降到上升或由上升到下降的转换位置作为时间地层对比的优选位置。

基于上述方法对涠洲 11-B 油田流一段中层序进行精细地层划分与对比，将其划分为 4 个中期基准面旋回，分别对应于 $L_1$Ⅰ、$L_1$Ⅱ、$L_1$Ⅳ$_{上}$、$L_1$Ⅳ$_{下}$油层组，为单独的油水系统；进而在其内部划分出 9 个短期基准面旋回（图 3-13），相当于小层，为地震上可识别的最小尺度复合砂体（图 3-14）；25 个超短期基准面旋回，对应单砂体，由此建立流一段精细的等时地层格架。

3. 基于不同级次的基准面旋回进行构型分级

基准面旋回级次划分与沉积构型分级都是对地层的层次划分，在相同的尺度下两者可以统一起来，建立一定的对应关系，因此可以基于高分辨率层序地层划分结果进行构型界面分级。参考 Miall（1988）对河流相沉积构型界面的划分原则，用层次分析方法识别三角洲、扇三角洲储层不同级别的构型界面，划分为七级层次：地层段、油层组、砂层组或小层、单层或单砂体、成因体地层增量、交错层系组、交错层系（表 3–1）。

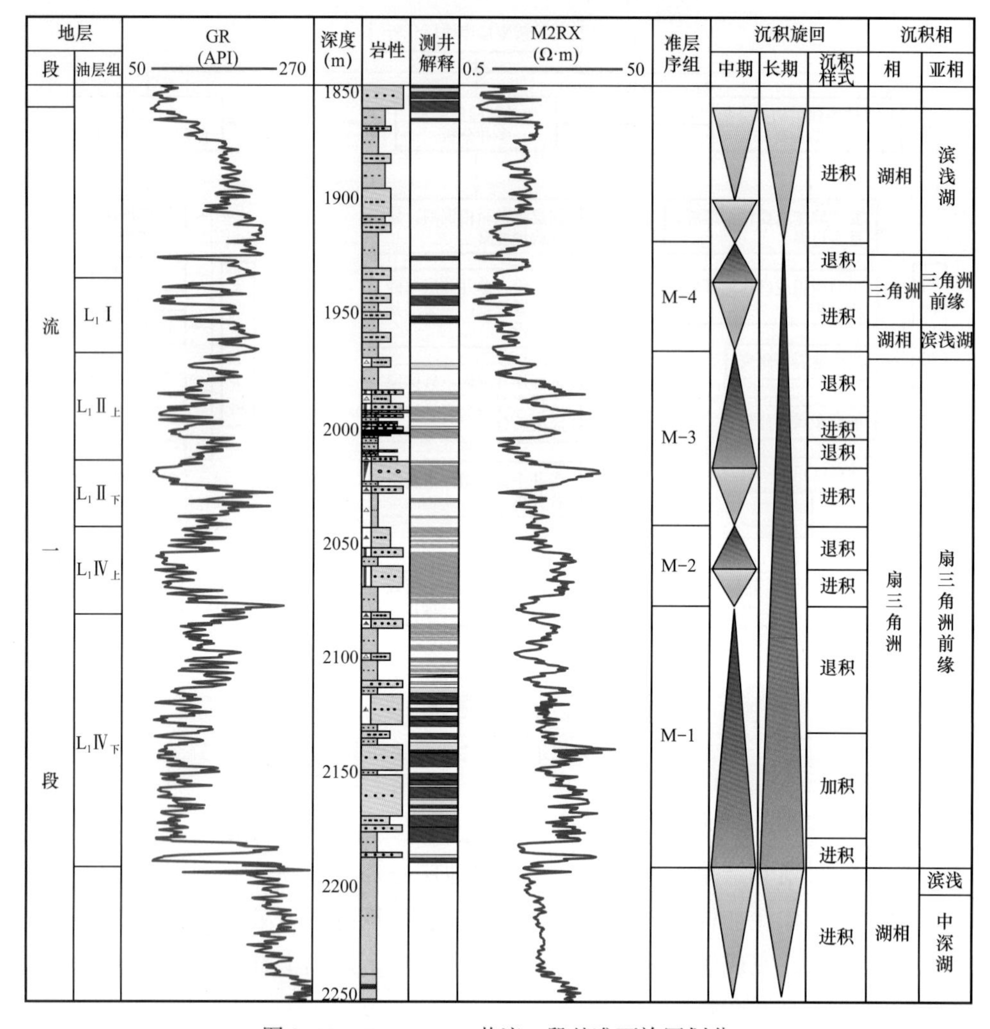

图 3–12　WZ11–B–4 井流一段基准面旋回划分

其中 5 级构型界面为水下分流河道复合体的顶界面，限定的构型单元为油组或小层级的多期水道复合体，相当于沉积微相组合，对应于短期基准面旋回；4 级构型界面为单一水下分流河道的分界面，限定的构型单元为单一微相成因单期水道，对应于超短期基准面旋回（图 3–15）。

## （二）基于沉积微相分析的单井储层构型单元划分

根据涠西南凹陷复杂断块油田井网密度和生产需求，确定研究区主要表征 5 级、4 级构型单元。在沉积微相研究基础上，结合构型分级，进行 4～5 级界面所限定的不同级次储层构型单元划分和特征描述。

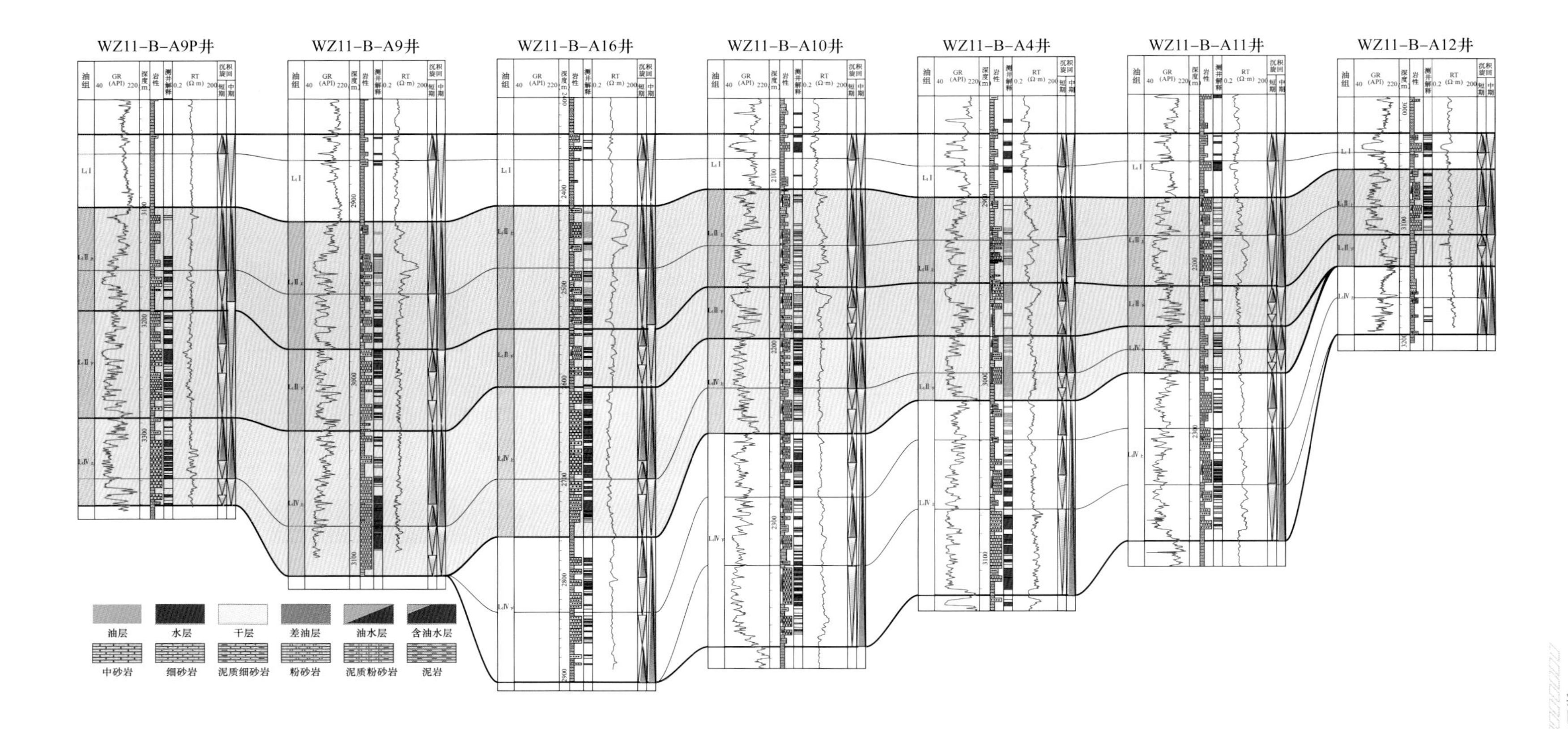


图 3-13 涠洲 11-B 油田流一段近东西向 A9P 井—A12 井高分辨率地层对比剖面

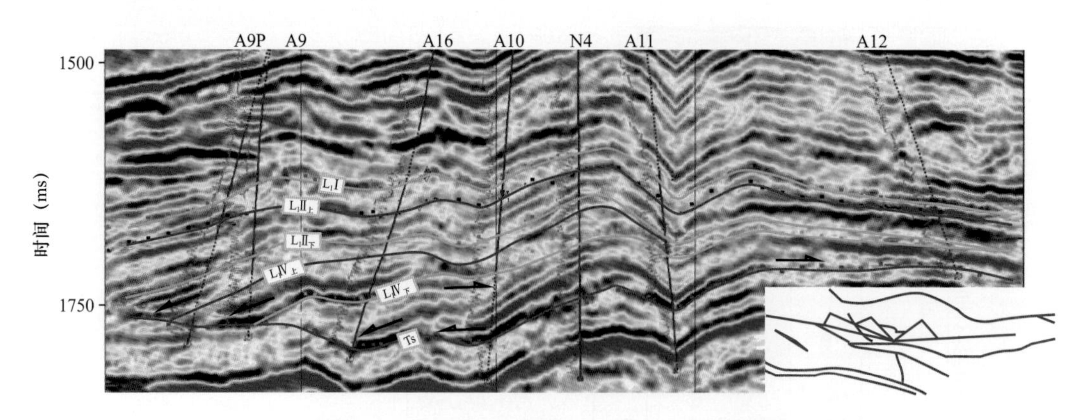


图 3-14 涠洲 11-B 油田 W—E 向 A9P 井—A12 井偏移地震剖面

**表 3-1 基准面旋回级别与构型分级对应表**

| 层序级次 | 三级层序 | 四级层序 | 准层序组 | 准层序 |
|---|---|---|---|---|
| 基准面旋回 | 长期基准面旋回 | 中期基准面旋回 | 短期基准面旋回 | 超短期基准面旋回 |
| 构型单元 | 7 级构型 | 6 级构型 | 5 级构型 | 4 级构型 |
| 构型界面 | 不整合间断面或与之相应的整合面 | 水道底部冲刷面、分布稳定的湖泛面及其对应的界面 | 水道底部冲刷面、小型湖泛面及其对应的界面 | 水道底部冲刷面 |
| 沉积单元 | （扇）三角洲沉积体系 | 一期（扇）三角洲朵叶体 | 多期水道砂体复合体 | 单期水道砂体单一成因单元 |
| 地层单元 | 段 | 油层组 | 砂层组或小层 | 单砂层 |
| 识别方法 | 测井、地震上识别 | 测井、地震上识别 | 测井、地震上识别 | 测井、岩心上识别 |

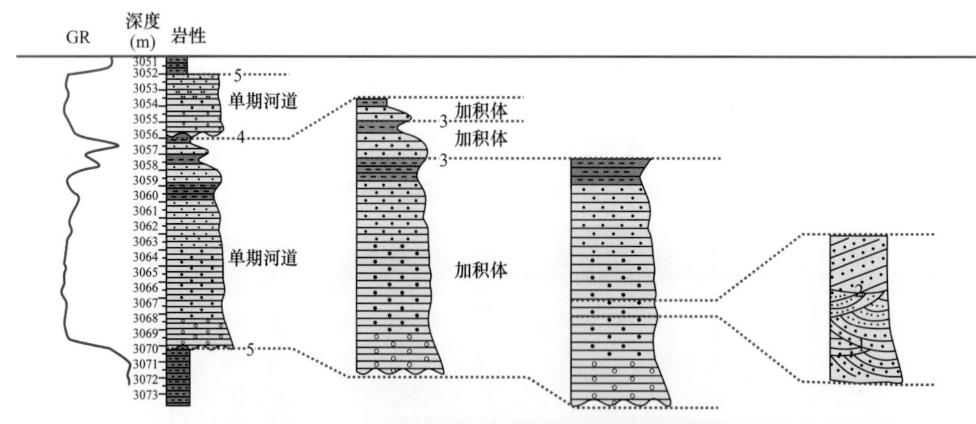


图 3-15 涠洲 12-A 油田涠三段储层构型界面分级

以涠洲 11-B 油田流一段为例，根据五口取心井岩心沉积微相分析，扇三角洲前缘识别出水下分流河道、河口坝、前缘席状砂、水下碎屑流和水下分流间湾五类沉积微相。

在单井沉积微相分析基础上，进行不同级次构型单元的划分（表 3–2）。流一段扇三角洲前缘发育的 5 级构型单元包括内前缘的多期水下分流河道复合砂体、水下分流河道与河口坝复合砂体，外前缘的远沙坝和席状砂、水下碎屑流沉积的复合砂体等；4 级构型单元为单期、单一成因的水下分流河道或河口坝、席状砂。

**表 3–2 扇三角洲前缘储层 3～5 级构型单元划分**

<table>
<tr><th>沉积相</th><th>沉积亚相</th><th>沉积微相</th><th>5 级构型单元</th><th>4 级构型单元</th><th>3 级构型单元</th><th>识别方法</th></tr>
<tr><td rowspan="6">（扇）三角洲</td><td rowspan="6">（扇）三角洲前缘</td><td>水下分流河道</td><td>多期水下分流河道复合砂体</td><td>单期水下分流河道</td><td>水道增生体或岩相单元</td><td rowspan="6">综合地震、测井、岩心资料识别</td></tr>
<tr><td>水下分流间湾</td><td></td><td></td><td></td></tr>
<tr><td>河口坝</td><td>水下分流河道与河口坝复合砂体</td><td>单期水下分流河道、河口坝</td><td>水道或河口坝增生体</td></tr>
<tr><td>远沙坝</td><td></td><td></td><td></td></tr>
<tr><td>席状砂</td><td>远沙坝和席状砂、水下碎屑流沉积的复合砂体</td><td>单一远沙坝、席状砂、水下碎屑流</td><td></td></tr>
<tr><td>水下碎屑流</td><td></td><td></td><td></td></tr>
</table>

对涠洲 12–A 油田涠三段、涠四段储层进行构型单元识别，各油层组分别识别出 5 级构型单元为水下分流河道复合砂体、4 级构型单元为单一水下分流河道砂体（图 3–16）。

### （三）地震可识别尺度的复合砂体构型表征（5 级构型）

研究区钻井较少，但有较高分辨率的三维地震资料，因此充分应用地震资料，通过精细地震解释、地震属性分析、储层预测等多种手段，井震结合进行地震可识别尺度的复合砂体空间叠置关系描述。复合砂体主要是 5 级构型界面控制的构型单元，相当于油层组或小层级的复合水下分流河道砂体。

1. 地震砂体精细解释

在偏移地震剖面上对地震可识别尺度的复合砂体进行精细解释，落实不同砂体的边界。在油田开发初期，前人地震解释主要落实构造形态，对于在沉积时间上基本相近的砂体往往作为一个“大砂体”按包络面进行粗化解释。实际上这样的“大砂体”在剖面上可以看到多个小砂体的叠置现象，但又无法判断其连通情况。到了油田开发中后期，井相对较多，可以结合动态数据对“大砂体”进行精细解释，将其细分成若干个小砂体。通过井震标定，落实储层段砂体的地震响应，根据偏移地震剖面上地震同相轴的振幅强弱变化、连续性、相互关系等特征，对砂体顶面进行精细解释，落实砂体尖灭点和不同砂体的边界及叠置关系。涠洲 11–B 油田流一段Ⅱ$_{上}$油层组扇三角洲前缘水下分流河道砂体的侧向迁移、拼接非常频繁，在地震剖面上可精细解释、落实同一小层不同复合砂体的边界（图 3–17）。

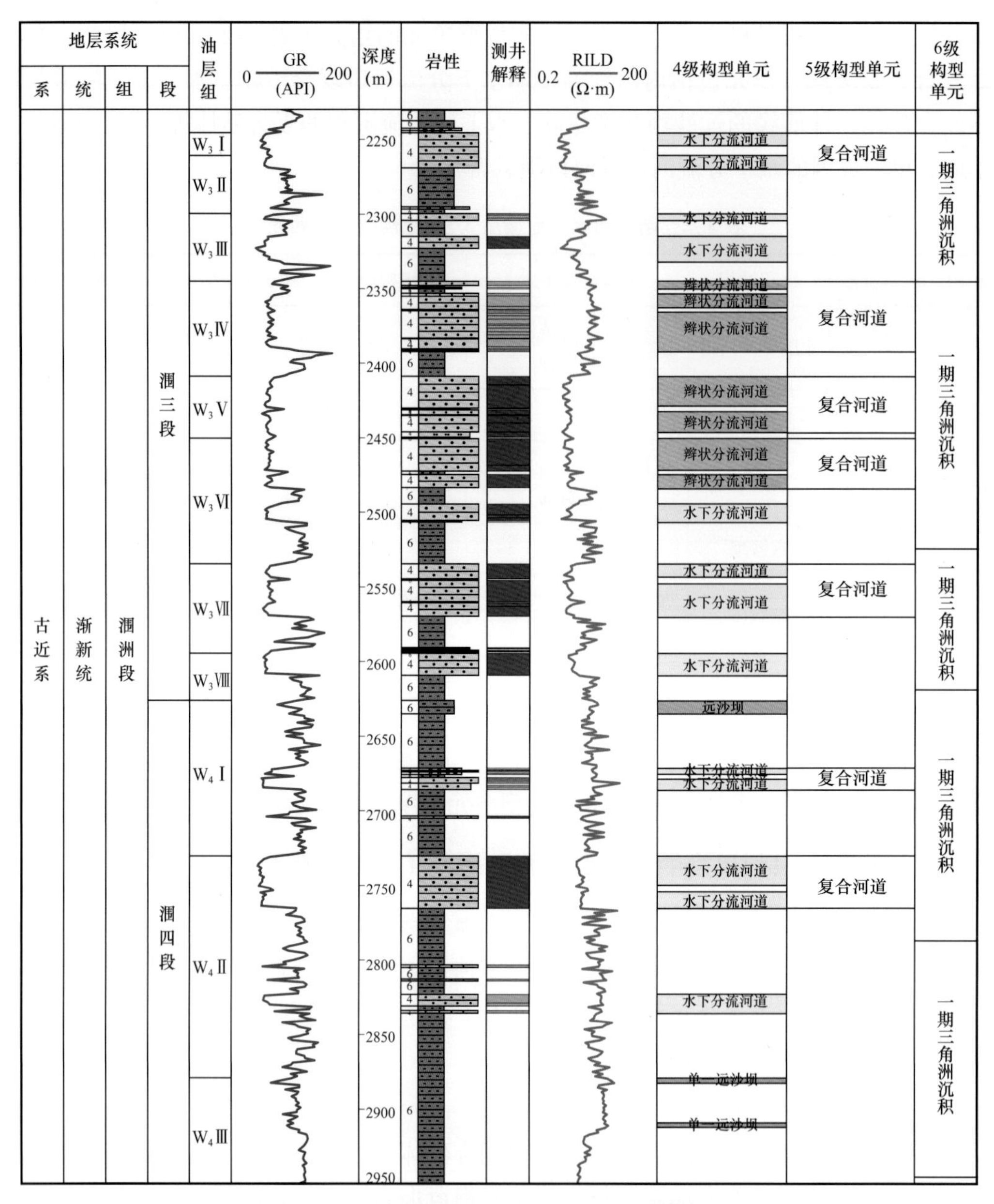


图 3-16　WZ12-A-2 井涠三段、涠四段构型单元分析

2. 地震属性分析

地震属性是从原始地震数据中提取的与振幅、频率、相位等相关的属性，可用来表征地震波参数的变化特征。储层参数（如岩性、物性等）和波的动力学与运动学特征的变化具有一定的内在关联，当储层参数发生变化时，地震属性也会相应地产生一些差异。

在砂体精细解释基础上，对顶底面进行网格化，然后选取一定的时窗沿层提取反映砂体分布的敏感地震属性，通过各种单属性地层切片或多属性聚类分析进行地质解释，刻画地震可识别的小层级复合砂体分布及边界。

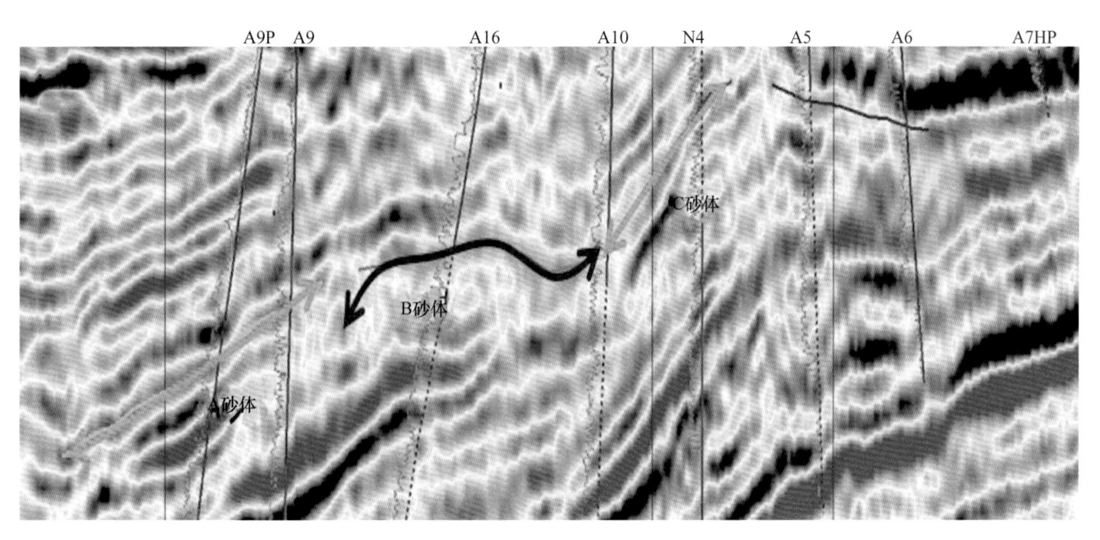


图 3–17　涠洲 11–B 油田流一段Ⅱ$_{上}$油层组 2 小层复合砂体地震精细解释

在涠洲 12–A 油田中块涠四段Ⅲ油组 D 砂体储层预测中，首先对多种地震属性进行优选（图 3–18），优选出对砂体厚度比较敏感的最大振幅和弧长属性；然后采用非线性概率神经网络方法进行地震属性与砂岩厚度的相关分析，构建多属性与井点砂厚之间定量关系，进行砂体平面分布的刻画。多属性融合与砂层厚度的相关性为 0.79，由此得出多属性预测砂体厚度图（图 3–19），其中红色区域为砂岩厚度较大，为优势砂岩相分布区；黄色和绿色区域为砂岩厚度中等，属砂泥混合岩相分布区；蓝色区域砂岩厚度较小，应为偏泥岩相。可见涠四段Ⅲ油层组 D 砂体在东部与西部砂岩厚度均较大，中部厚度则较薄。

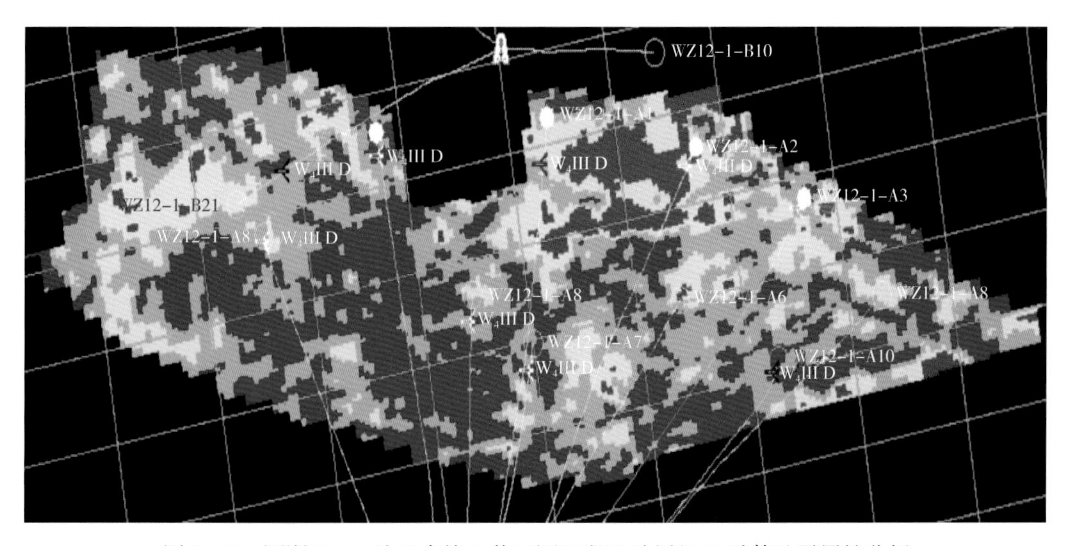


图 3–18　涠洲 12–A 油田中块 3 井区涠四段Ⅲ油层组 D 砂体地震属性分析

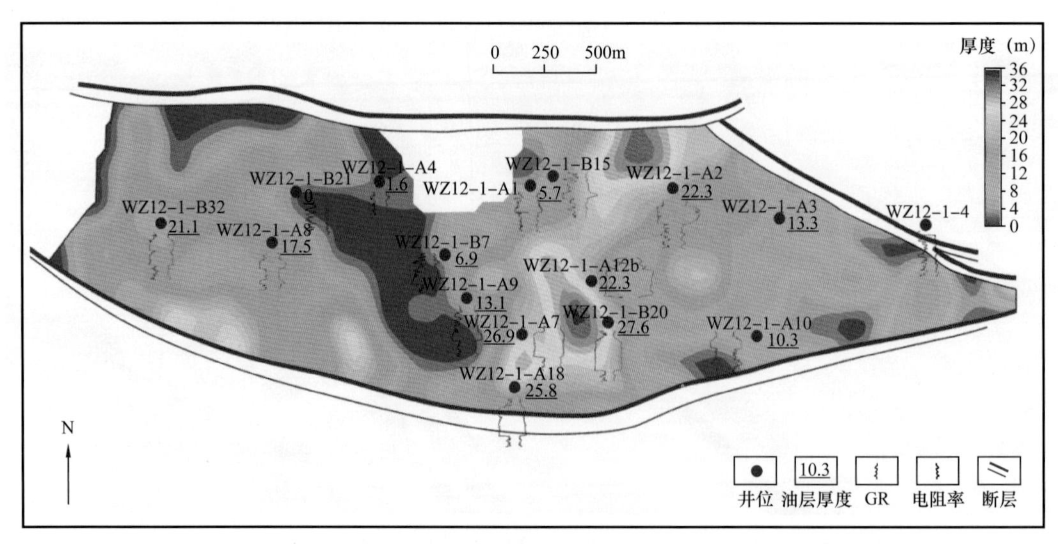


图 3-19 涠洲 12-A 油田中块 3 井区涠四段Ⅱ油层组 D 砂体厚度平面分布预测

结合地震剖面与生产动态分析，井震结合可以落实该油组水下分流河道复合砂体构型单元的平面分布、侧向叠置关系与连续性（图 3-20）。

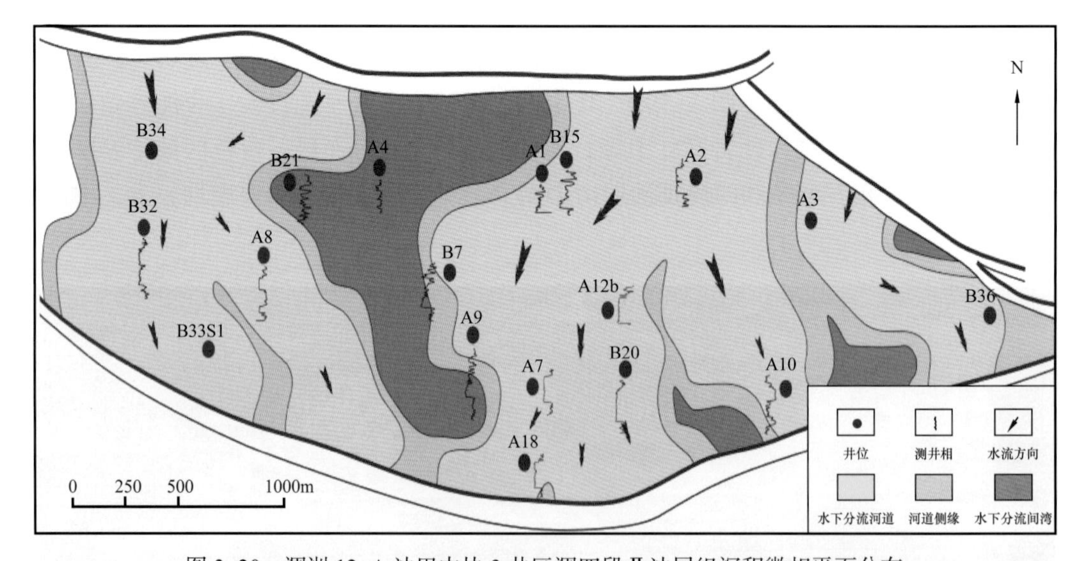


图 3-20 涠洲 12-A 油田中块 3 井区涠四段Ⅱ油层组沉积微相平面分布

3. 复合砂体平面构型分析

井震结合编制各小层复合砂体构型单元的平面分布图。涠洲 11-B 油田流一段沉积早期为限制性朵叶状充填水道复合体，中期为侧向叠置的朵叶状水道复合体，晚期演化为侧向迁移广泛分布的条带状水道复合体（图 3-21）。各小层复合砂体的沉积解释更合理、精细，符合基准面垂向变化规律，很好地解释了砂体连续性与连通性、部分井区油水界面不同的矛盾。

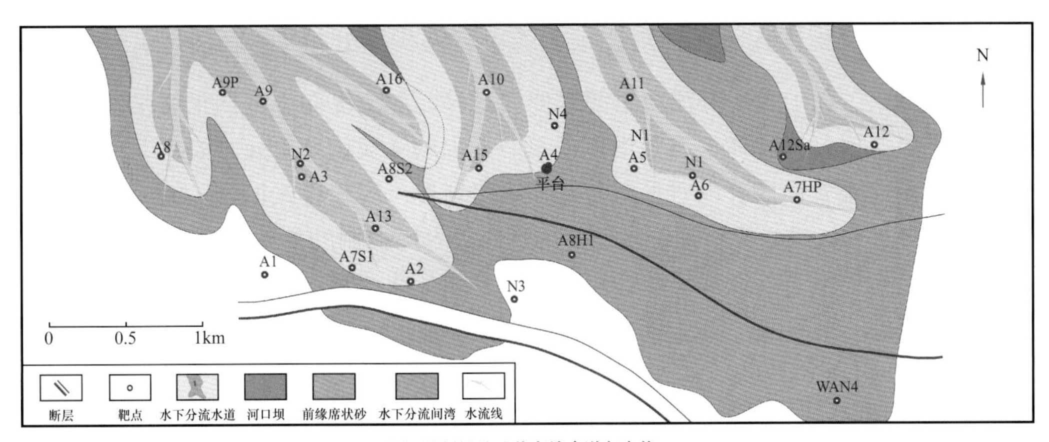


(a) 限制性朵叶状充填水道复合体

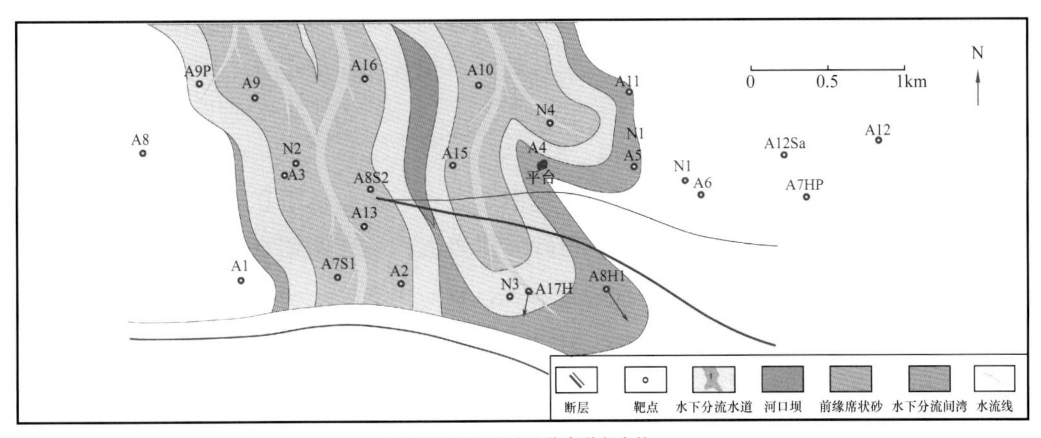


(b) 侧向叠置的朵叶状水道复合体

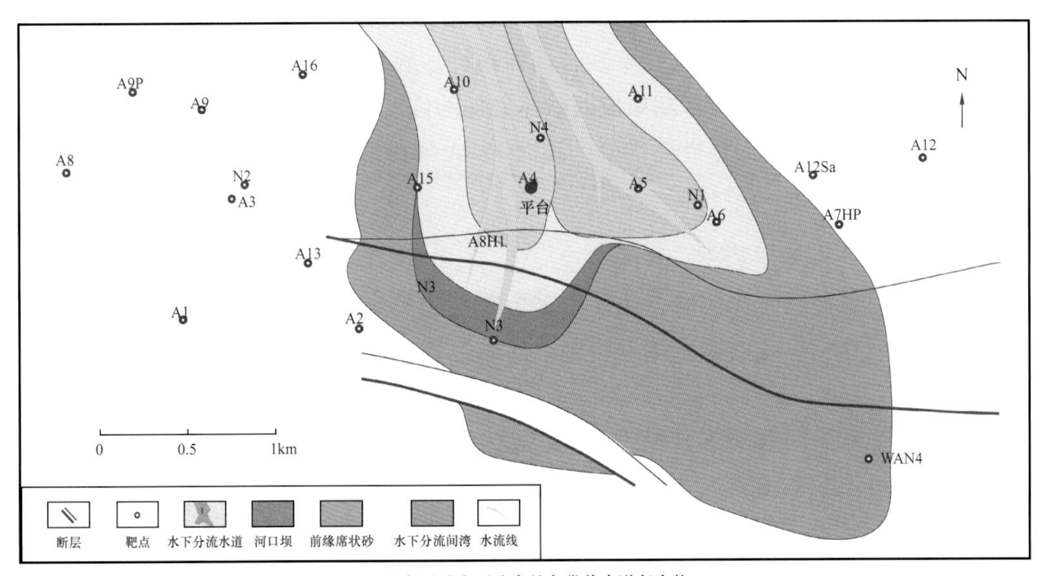


(c) 侧向迁移广泛分布的条带状水道复合体

图 3-21　涠洲 11-B 油田各主力小层构型单元平面分布图

### （四）基于沉积模式、多井对比预测的单砂体构型分析（4级构型）

三角洲形成过程中水下分流河道频繁侧向迁移，形成纵向上多期正韵律砂体叠置。油组或小层级厚层复合砂体往往是由多期单一成因的4级构型单元（如水下分流河道）垂向加积或侧向叠置而成。以“垂向分期、侧向划界、沉积模式拟合”的思路为指导，通过多井划分对比，进一步表征复合砂体内部4级界面控制的单砂体构型单元，查明单砂体之间的接触关系、连通性。综合岩心观察、测井曲线形态分析、生产动态资料等，在沉积微相分析的指导下，在复合砂体内部垂向上细分低级别的基准面旋回，识别单期单一成因类型的4级构型单元。

1. 垂向上单砂体划分

在复合砂体内部垂向上细分低级别的基准面旋回，识别单期单一成因类型的4级构型单元。这些单期的构型单元，纵向上相对独立，具有一定的厚度，侧向上可以较好对比。单一构型单元之间发育的泥质夹层、含砾砂岩层（或冲刷面）、钙质夹层等沉积间断面是纵向叠置砂体垂向分期的主要依据。

（1）泥质夹层：主要是介于上期砂体沉积结束到下期砂体沉积开始之间，由于水动力作用减弱、湖泛作用而形成的泥岩、粉砂质泥岩沉积。在两期水道砂体之间形成的泥质构型界面，在GR和RT曲线上回返特征明显，容易识别。

（2）含砾砂岩层：主要是冲刷—充填作用形成，位于水道底部冲刷面上的一套滞留沉积，粒度较粗，分选和物性均相对较差。RT曲线回返程度较低。要综合岩性、测井曲线及物性解释识别，据此对叠加型厚砂岩进行单砂体劈分。

（3）钙质层：正韵律水下分流河道储层下部物性较好，是孔隙水的优势渗流部位，也是钙质优先沉积场所，易形成钙质砂岩，如顶钙、底钙等。厚砂岩内部钙质层指示了单成因砂体的顶底面，可作为多期单成因砂体叠加的佐证。

根据上述标志进行垂向单砂体细分，涠洲12-A油田涠三段各油组复合砂体纵向上识别出2～5期纵向叠置的单砂体。

2. 侧向单砂体边界的识别

同一期次的复合砂体在侧向上往往由多个单砂体拼合叠置而成。在垂向分期的基础上，在井间单一分隔单元内识别单一构型单元的边界，并将边界进行合理连接。侧向上单一构型单元（如水下分流河道）边界的识别具体方法有六种。

（1）地震解释识别的砂体边界：地震信息为井间砂体连续性提供了有效的信息，通过地震反射同相轴振幅强弱的变化、连续性、相互关系等，在连井地震剖面上进行井间构型单元的关系分析。如地震同相轴中断或不连续，反映砂体特征横向上发生显著变化。

（2）不连续的分流间沉积：水下分流间泥岩或不连续分布的分流间薄层砂体的出现代表两条不同水下分流河道的边界。

（3）同期水下分流河道砂体顶底面高程差异：不同期次水道发育的时间不同，其顶部距某一等时标准层（如区域湖泛面）的相对高程会存在差异，这种顶面高程差异是识别单一河道砂体的重要标志。

（4）测井曲线特征差异：同期不同沉积微相类型的砂体形成时水动力强度往往不同，造成测井曲线特征有明显的差异，这种差异可用来识别单一构型单元砂体边界。

（5）水下分流河道砂体厚度差异：不同水道由于分流能力等多种因素的影响出现差异，会通过砂体厚度差异表现出来。如同一小层砂岩厚度平面制图中，如果砂体厚度相对邻井显著变薄，呈现两端厚中间薄的特征，可能是由于两个不同水道的侧向拼接（图 3–22）。

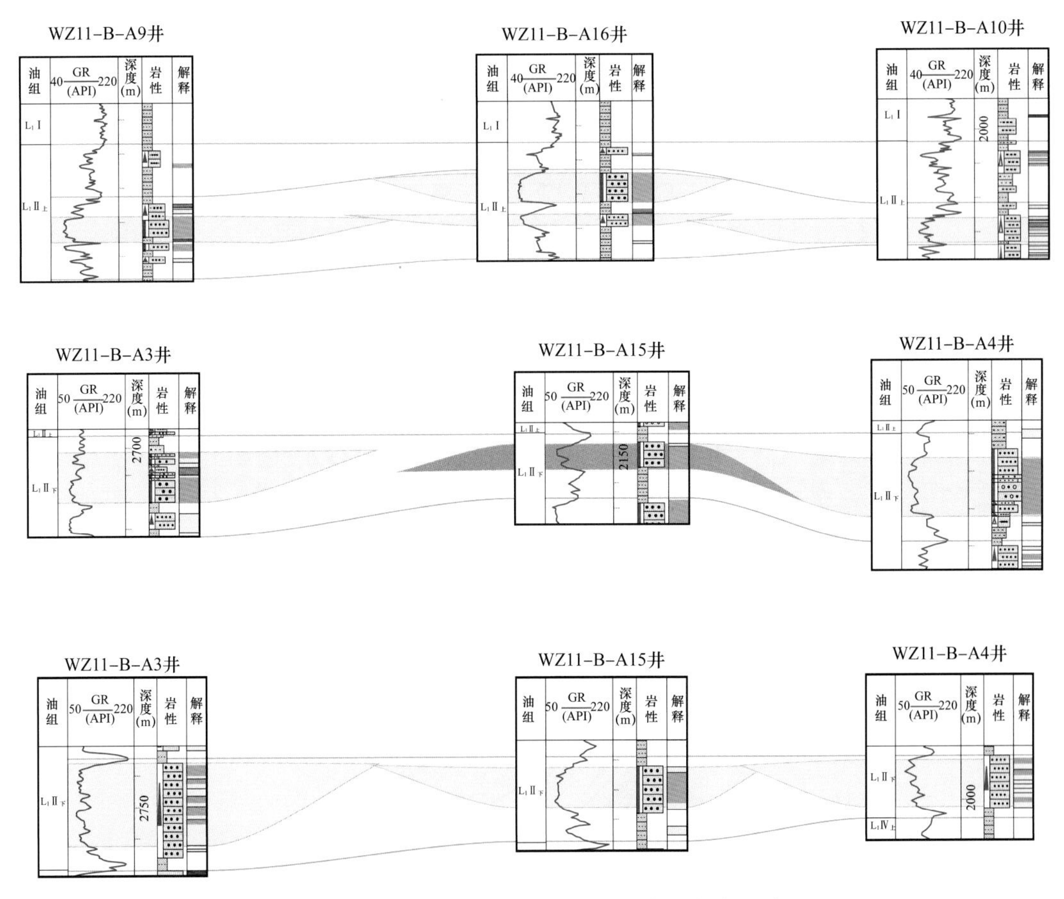


图 3–22 涠洲 11–B 油田流一段单一水道识别

（6）生产动态资料（如水淹特征、地层压力）的差异反映的连通关系。

上述单一构型单元边界的识别方法要综合运用，并以沉积模式和规律为指导，平面与剖面联动相互验证，反复拟合井间储层砂体的空间分布，从而得到正确的井间单砂体的边界、叠置关系。

如图 3–23 所示为综合地震、测井、沉积模式等多种信息确定的涠洲 11–B 油田流一段过 A8 井—A7HP 井的连井剖面单砂体构型单元分布，可见扇三角洲前缘各小层厚层

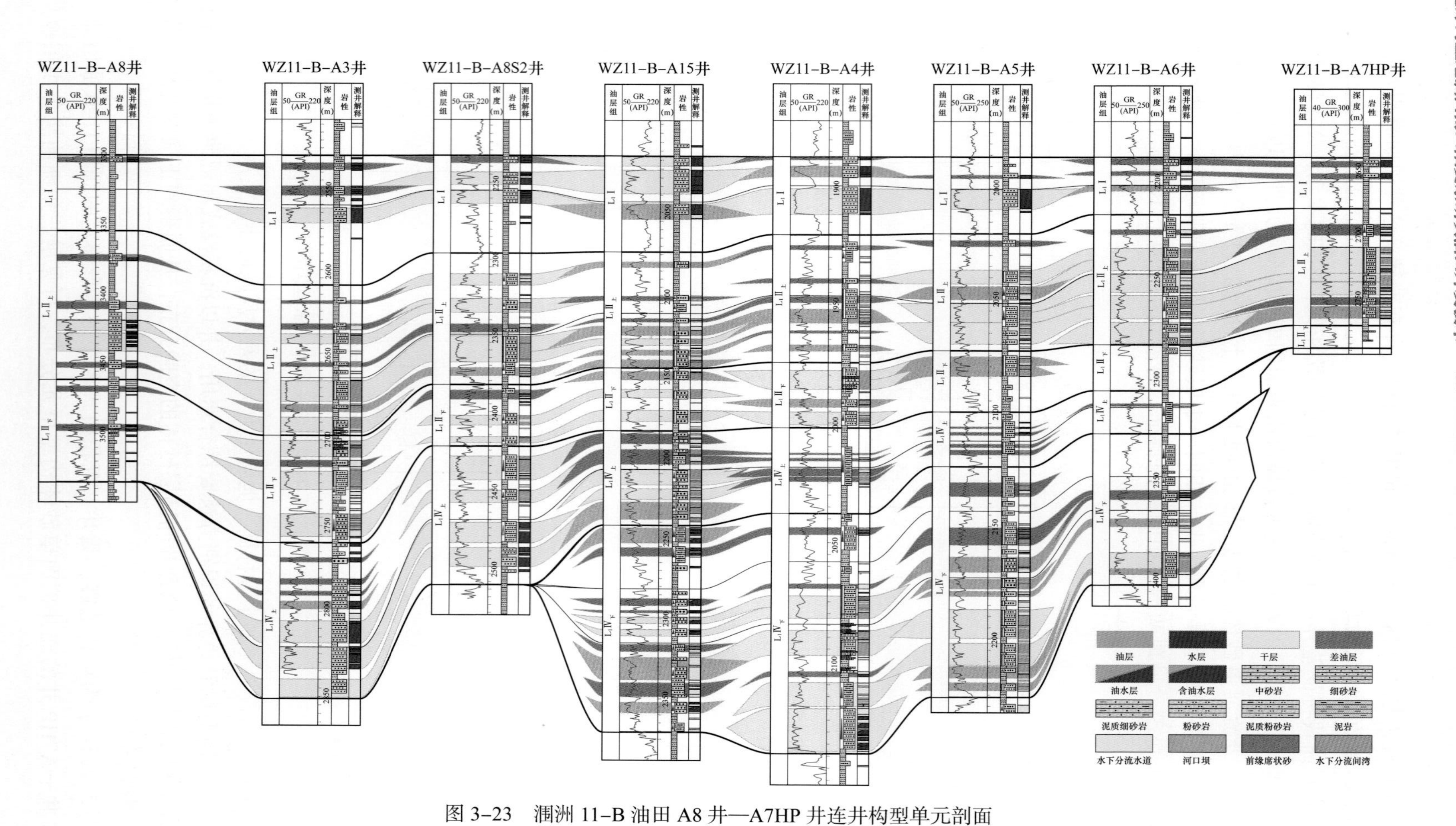


图 3-23　涠洲 11-B 油田 A8 井—A7HP 井连井构型单元剖面

复合砂体主要由多期单一水下分流河道和少量河口坝垂向切割叠置形成。下部为扇三角洲进积阶段，以发育前缘席状砂向河口坝、水下分流河道转化；加积阶段以发育水下分流河道为主；上部为扇三角洲退积阶段，由水下分流河道向河口坝、前缘席状砂发育转化。垂直水流方向上单砂体侧向迁移、拼接，横向连续性不同。

3. 单砂体叠置关系及连通性分析

单砂体构型单元的组合可以是同期复合，也可以不同期复合。同期复合构型单元为同一沉积时间不同位置的构型单元侧向连接。不同期复合构型单元情况比较复杂，可分为 3 类。

（1）切叠型：不同沉积时间构型单元之间垂向切割、叠置。

（2）侧叠型：不同时间单元构型单元的侧向切割、交错叠置。

（3）孤立型：不同沉积时间构型单元垂向或侧向孤立分布，存在薄泥质隔层。

单砂体构型单元的复合既有同相复合，如水道—水道型复合体、河口坝—河口坝型复合体；也包括异相复合，如水道—河口坝型复合体、水道—席状砂型复合体、河口坝—席状砂型复体（图 3–24）。

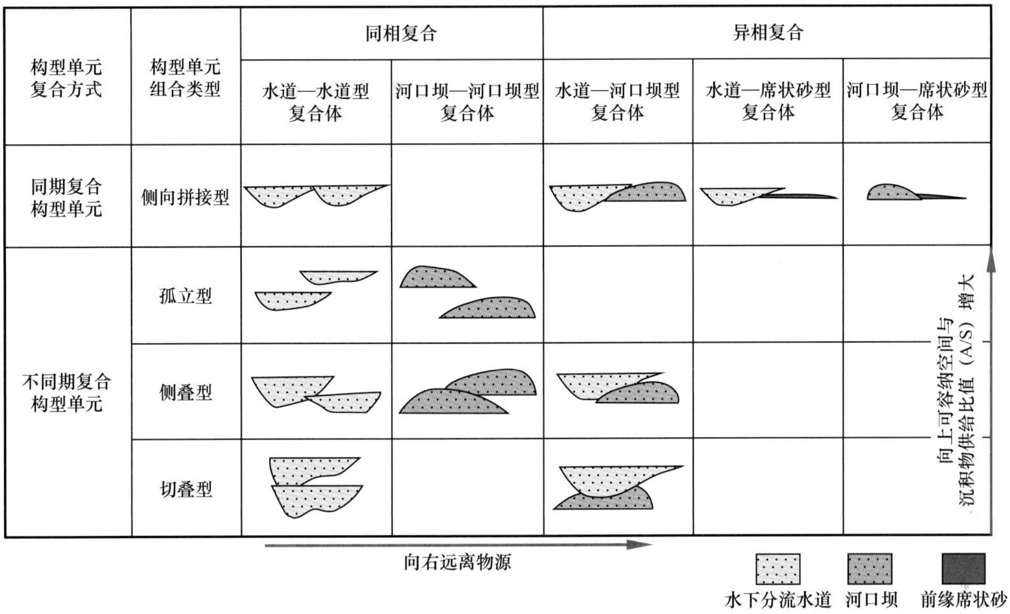

| 构型单元复合方式 | 构型单元组合类型 | 同相复合 | | 异相复合 | | |
|---|---|---|---|---|---|---|
| | | 水道—水道型复合体 | 河口坝—河口坝型复合体 | 水道—河口坝型复合体 | 水道—席状砂型复合体 | 河口坝—席状砂型复合体 |
| 同期复合构型单元 | 侧向拼接型 | | | | | |
| 不同期复合构型单元 | 孤立型 | | | | | |
| | 侧叠型 | | | | | |
| | 切叠型 | | | | | |

向上可容纳空间与沉积物供给比值（A/S）增大

向右远离物源

水下分流水道　河口坝　前缘席状砂

图 3–24　单砂体构型单元垂向或侧向拼接样式

由于沉积类型的差异，不同油田单砂体构型垂向或侧向拼接样式或类型明显不同，涠洲 12–A 油田涠三段浅水三角洲前缘主要为水道型砂体的多层、多分支水道复合，涠洲 11–B 油田流一段扇三角洲前缘为水道型与河口坝型、席状砂型的复杂拼合，涠洲 11–A 油田流三段辫状河三角洲前缘主要为水道型、席状砂型复合。

侧叠型或侧向拼接型构型单元连通性与接触样式有关。连片侧叠型水道由于多个水道侧向交错叠置，侧向连续且连通性好；交切条带状侧叠型水道尽管水道侧向叠置，但存在渗流屏障，相互不连通。水道末端与河口坝相变式侧向连续过渡接触，相互连通；侧向拼接型的水道末端—河口坝侧向突变接触，砂体不连续、不连通（图 3-25）。

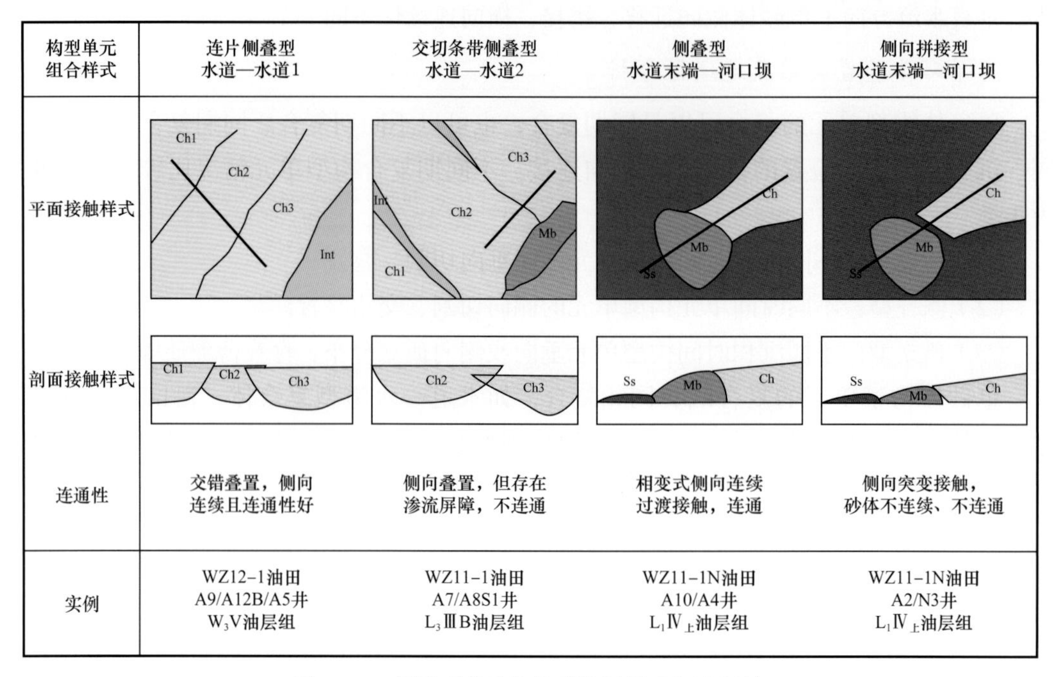


图 3-25 侧叠型单砂体构型接触样式与连通性

4. 构型特征控制因素

单砂体构型单元的几何形态、纵向和侧向的接触样式及连通性受沉积相类型、可容纳空间与沉积物供给比值（A/S）、离物源远近等因素的控制[4]，随着 A/S 值增加，砂体叠置样式由堆叠型向侧叠型、孤立型演化；随着远离物源，由水道型向水道—河口坝、席状砂型变化。水下分流河道在不同可容纳空间条件下发生显著的相分异作用（图 3-26）。

（1）低可容纳空间下（A/S＜1），三角洲处于过补偿状态，河流作用影响强，垂向上发育不同期次的连续切割叠置的水道砂体，复合砂体表现出堆叠型特征，厚度大、宽厚比小，平面上以连片状为主。

（2）中等可容纳空间下（A/S=1），三角洲处于补偿状态，河道切割能力有限，砂体垂向上叠置样式以侧叠型为主，反映水道的侧向迁移摆动特征，砂体粒度变细，宽厚比增大，平面上为交切条带状。

（3）高可容纳空间下（A/S＞1），发育大套泥岩夹砂岩，河道没有切割能力，砂体粒度细，宽厚比最大，砂体垂向上为孤立型，平面上呈孤立条带状。

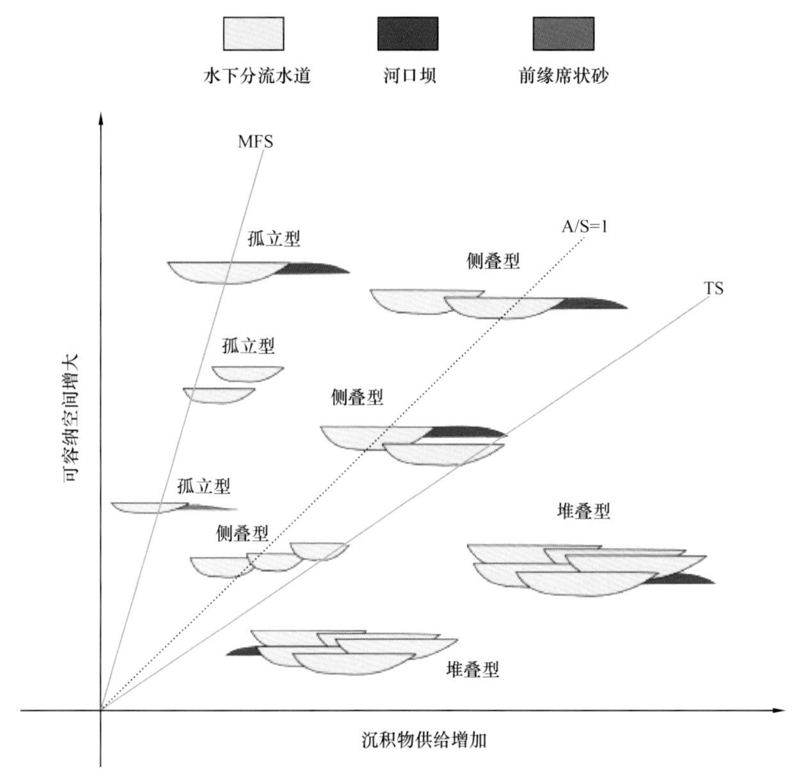


(a) 不同A/S值条件下的砂体叠置样式

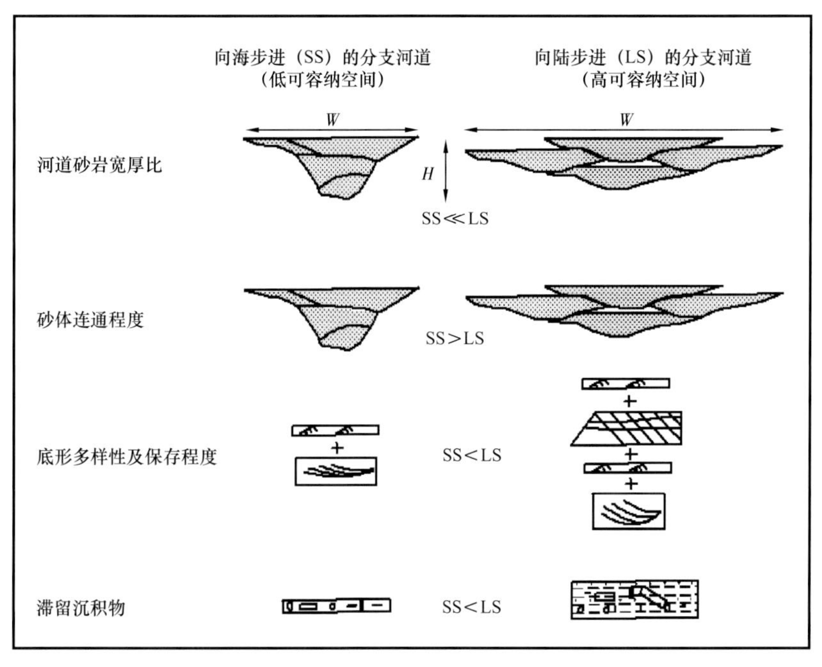


(b) 不同可容纳空间条件下水下分流河道的相分异作用（据Cross，1993）

图 3-26 构型单元接触样式及连通性控制因素

## 三、不同类型三角洲前缘储层构型模式

按照上述研究技术、方法，总结出涠西南凹陷三类三角洲储层的二维、三维构型模式。

### （一）长流程浅水三角洲储层构型模式

涠洲 12-A 油田主要储层为古近系涠三段、涠四段长流程浅水湖泊三角洲前缘沉积。虽然浅水三角洲前缘包括多种成因相，但骨架砂体主要为辫状分流河道或水下分流河道，储层构型研究的重点为复合水道砂体。根据这一地质特点，对涠洲 12-A 油田浅水湖泊三角洲前缘砂体进行分级构型解剖。

1. 复合水道砂体级次的构型解剖

在沉积模式指导下，以单井构型解释为基础，通过砂体厚度预分析，结合地震砂体精细解释、平面地震属性分析，对涠三段、涠四段复合水道砂体分布进行表征，总结出以下两种平面构型样式。

（1）连片状辫状分流河道复合体：在低可容纳空间下，物源供给充足，由于同一水下分流河道的频繁侧向迁移或同期不同水道的侧向切叠，形成整个工区连片状分布水道复合砂体，侧向延伸达数千米，分流间湾分布局限或不发育。此类水下分流河道砂体规模较大，河道较为宽阔，砂体厚度较大，分流河道多具有分叉、交汇特征，河道间相互切割叠置，各河道之间及河道内部的细粒沉积物多被冲蚀掉，形成一种砂体互为连通的“泛连通体”特征。此类储层有涠三段 D，E，F，G，K 等砂体（图 3-27）。

（2）交织条带状水下分流河道复合体：此类分流河道砂体规模相对较小，孤立分布或有分叉，砂体外缘一般有较窄的席状砂沿河道外缘分布，河道砂体内部一般是连通的，但水道之间多发育分流间湾，砂体侧向连续性相对较差。此类砂体主要有涠三段 I，J 及涠四段 C 砂体。如中块 3 井区涠四段Ⅱ油层组 C 砂体发育两条主河道，东部水下分流河道发育规模较大，西部水下分流河道的发育规模稍小，水道均呈交织条带状分布（图 3-20）。

2. 单一水道砂体级次构型解剖

根据前述单砂体研究方法，在各油层组厚层水下分流河道复合砂体内部进行 4 级界面控制下的单一成因水道砂体的识别，查明单砂体之间的接触关系，解剖复合砂体的内部结构。

1）单砂体剖面构型特征

（1）顺水流方向剖面：单砂体类型以水下分流河道、辫状分流河道为主，外前缘发育与水道分隔的远沙坝。顺水流方向，依此发育水下分流河道、远沙坝等构型单元，砂体逐渐尖灭。纵向上，涠三段中部 M4 中期基准面旋回水下分流河道砂体最为发育，砂体厚度大、延伸远，砂体连续性、连通性好。其次是 M2、M3 中期旋回发育的水下分流河道砂体，厚度相对较大，也有一定的纵向延伸范围，但前端发生相变。底部 M1、顶部

M5 中期旋回，砂体整体上不发育，仅发育少量厚度较小、透镜状小型水下分流河道或远沙坝砂体孤立分布（图 3-28）。

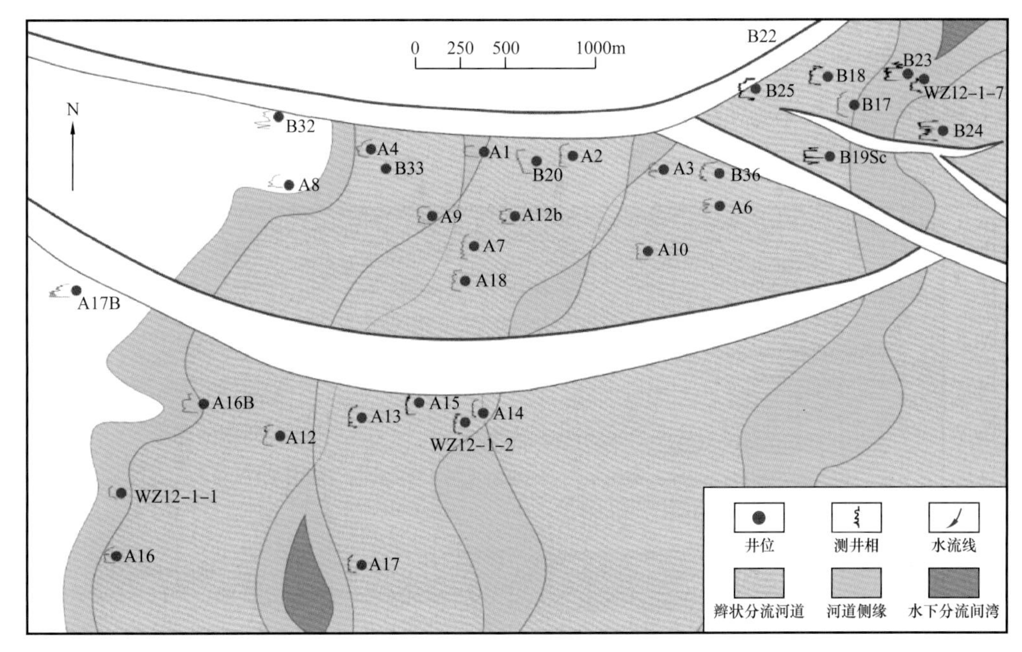


图 3-27　涠洲 12-A 油田中南块涠三段Ⅳ油层组 D 砂层平面沉积微相图

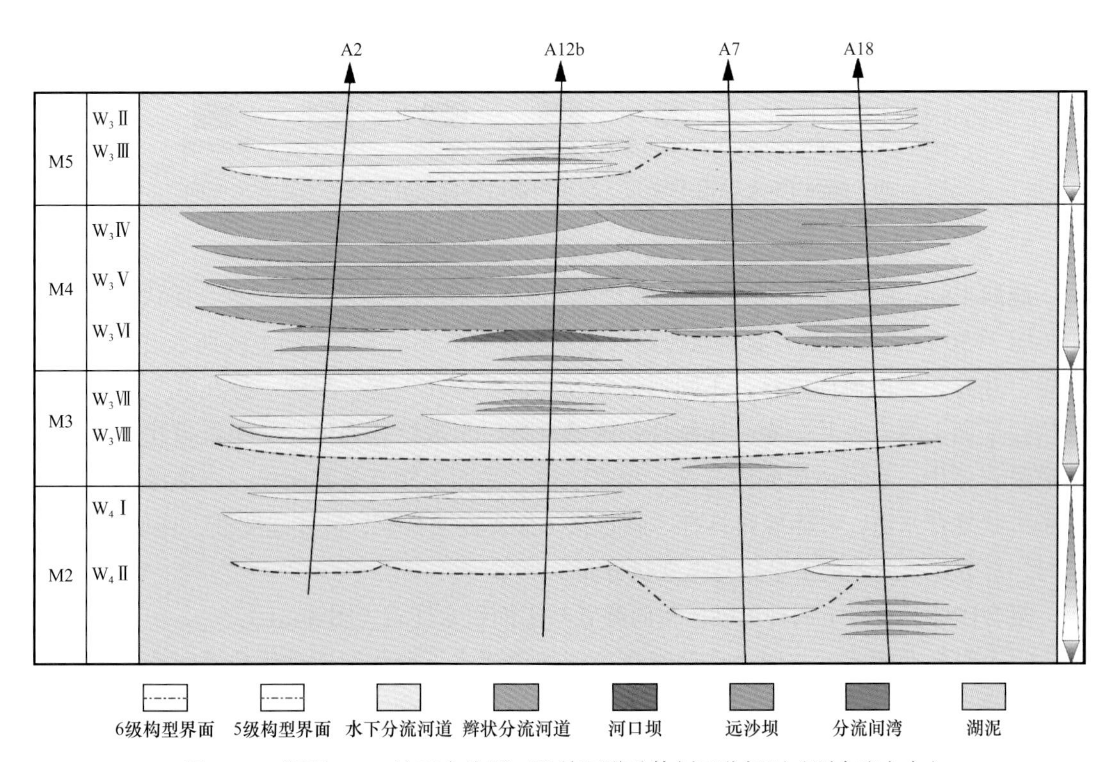


图 3-28　涠洲 12-A 油田中块涠三段单河道砂体剖面分析图（顺水流方向）

（2）垂直水流方向剖面：由于同一时期多个不同水下分流河道侧向迁移、分叉、叠置，形成非常复杂的空间叠置和连通关系。纵向上，各中期基准面旋回或油组的构型单元剖面分布规律不同，M4旋回辫状分流河道砂体垂向上多期切割叠置，侧向上迁移叠置，砂体之间相互连通，连片分布，呈“泛连通体”；M2、M3、M5旋回水下分流河道也有部分侧向叠置，但更多是水下分流间分隔，河道相互孤立，砂体之间连通性较差（图3-29）。

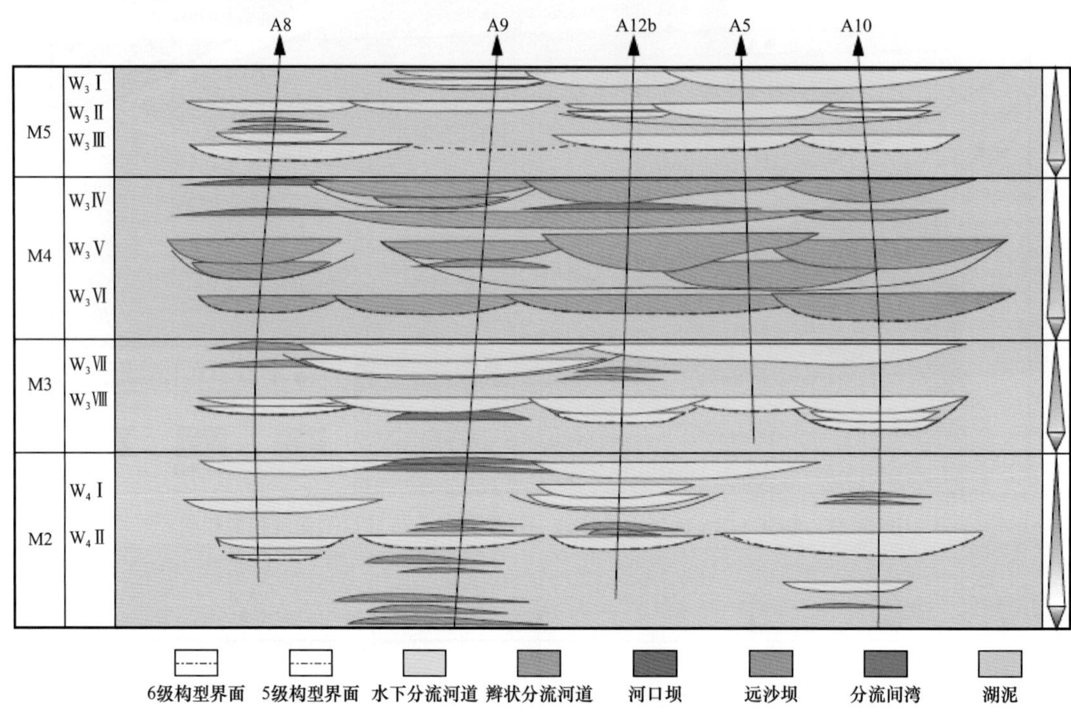


图3-29　涠洲12-A油田中块涠三段单河道砂体剖面分析图（垂直水流方向）

2）浅水三角洲前缘储层构型模式

涠洲12-A油田浅水三角洲前缘水下分流河道砂体形成多层楼式、拼合板状的储层构型（图3-30）。其中，连片状辫状分流河道复合体砂岩厚度大，垂向上多期水道砂体切割叠置，并有一定的侧向迁移，不同河道相互横向叠置在一起，呈现“叠瓦状”拼合储层结构；平面上复合连片分布，连续性、连通性好，形成泛连通体。交织条带状水下分流河道复合体中，水道砂体侧向迁移、频繁改道，平面上相互叠置交织，主体区形成较宽的条带状复合水道，砂体展布具有“血脉状”分支连通特征，砂体连续性、连通性较好，同时一部分水下分流河道呈相对孤立状分布。

复合砂体具有以下四种单砂体垂向叠置与平面组合样式（图3-31）。

（1）纵向叠置式：垂向上多期辫状分流河道或水下分流河道砂体叠置，反映河道持续下切叠置，并有一定的侧向迁移，不同时期河道相互交织叠加在一起，河道砂岩厚度大，砂体垂向、侧向上连续性、连通性好，砂体连片分布，类似于泛连通体。

（2）侧向对接式：水下分流河道砂体侧向迁移、频繁改道，导致井间各砂体侧向相互叠置，呈现“叠瓦状”拼合储层结构，水道单元之间没有大的间距，平面上形成较宽的条带状复合水道，砂体空间展布具有“血脉状”分支连通特征，砂体连续性、连通性较好。

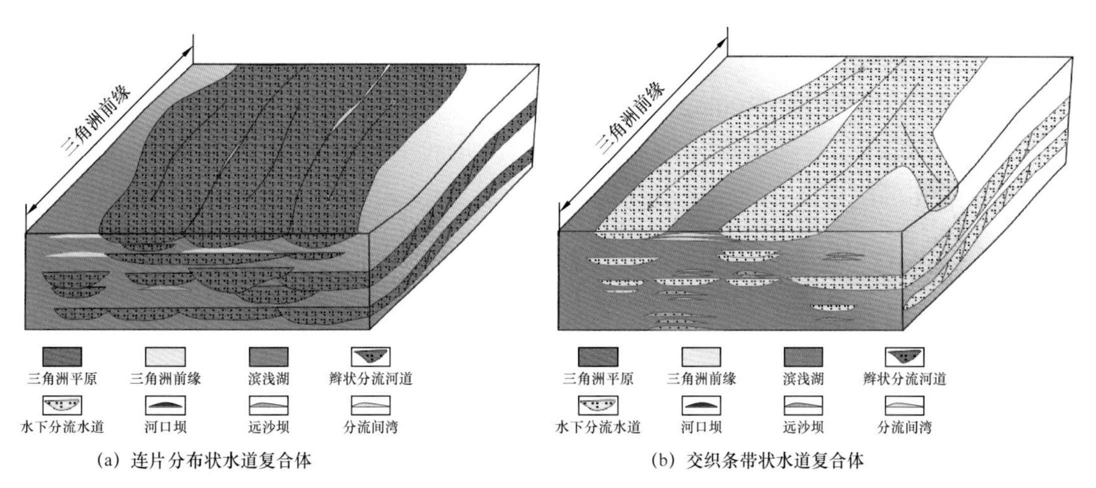


(a) 连片分布状水道复合体　　(b) 交织条带状水道复合体

图 3-30　涠洲 12-A 油田涠三段、涠四段浅水辫状河三角洲前缘构型模式

| 样式 | | A/S值 | 连通情况 | 河道宽厚比 | 发育层位 |
|---|---|---|---|---|---|
| 孤立式 | 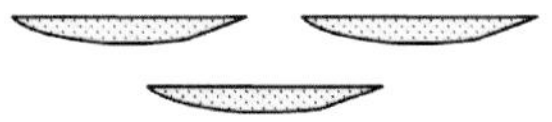 | 大 | 不连通 | 大 | $W_4$Ⅲ |
| 过渡式 | 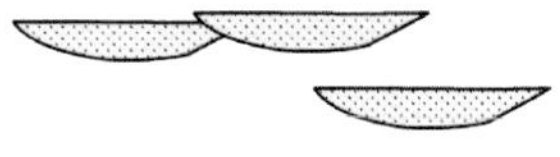 | | 部分连通 | | $W_3$Ⅰ、$W_3$Ⅱ<br>$W_3$Ⅲ |
| 对接式 | 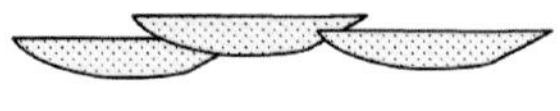 | | 连通 | | $W_3$Ⅶ<br>$W_3$Ⅷ |
| 叠置式 | 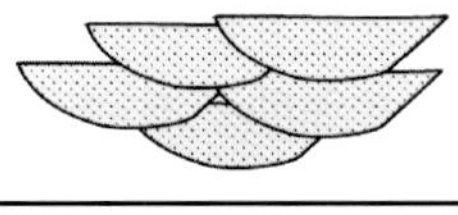 | 小 | 连通 | 小 | $W_3$Ⅳ、<br>$W_3$Ⅴ、<br>$W_3$Ⅵ |

图 3-31　涠洲 12-A 油田涠三段、涠四段单河道砂体空间组合样式

（3）过渡式：成因与侧向对接式类似，但侧向叠置连通的复合水道规模相对较小，一部分水下分流河道呈相对孤立状分布。

（4）孤立式：剖面上砂泥比低，为小型透镜状水下分流河道，河道间彼此孤立，砂体不连续连通；平面上呈孤立窄条带状河道分布，砂体分布局限。

随着可容纳空间 / 沉积物供给比值（A/S）不断增大，单砂体间叠置关系由叠置式、对接式转变为孤立式，砂体间连通性逐渐变差。

## （二）扇三角洲前缘储层构型模式

涠洲 11–B 油田流一段储层属于陡坡扇三角洲前缘沉积，储层构型单元众多，内部叠置关系复杂，对扇三角洲前缘储层分级进行构型解剖。

### 1. 小层级厚层复合砂体构型分析

扇三角洲前缘沉积体内以相对稳定的湖相泥岩为界，纵向上形成四套相互分隔的厚层复合砂体，厚度 50～100m，各自为相对独立的油水系统，分别为 $L_1$Ⅳ$_{下}$、$L_1$Ⅳ$_{上}$、$L_1$Ⅱ、$L_1$Ⅰ油层组。各油层组分别代表一期扇三角洲沉积体，为 6 级界面控制的多种类型沉积微相的组合体。应用地震资料对 $L_1$I、$L_1$Ⅱ$_{上}$–1、$L_1$Ⅱ$_{上}$–2、$L_1$Ⅱ$_{下}$、$L_1$Ⅳ$_{上}$–1、$L_1$Ⅳ$_{上}$–2、$L_1$Ⅳ$_{下}$–1、$L_1$Ⅳ$_{下}$–2、$L_1$Ⅳ$_{下}$–3 等 9 套地震可识别的小层级复合砂体顶面进行精细解释，刻画复合砂体边界。同时，在精细地震解释基础上，沿层提取多种敏感的地震属性，选用多属性交会的方式进行砂体分布特征的精细刻画。结合井点构型单元特征分析，对各小层复合砂体构型单元的剖面、平面分布特征、叠置和连通关系进行精细刻画。

1）复合砂体构型单元剖面特征

东西向垂直水流方向连井剖面（图 3–32）上，$L_1$Ⅳ$_{下}$油层组河道主体位于中部 A10 井区和 N4 井区，纵向上发育规模不等多期水下分流河道，底部为大套厚层箱形砂岩，向上复合河道砂体厚度减小，且由东向西迁移。$L_1$Ⅳ$_{上}$油层组河道主体位于中部 A16、A9 和 N4 井区，为两条复合河道侧向上相互叠置；河道砂体同样集中发育在油组的底部，向上岩性变细，单砂体厚度减小，反映水体缓慢上升的特征。$L_1$Ⅱ油层组砂体平面上分布最广，横向上发育多条侧向叠置的复合水道。$L_1$Ⅰ油层组沉积时期，以小型河口坝和前缘席状砂沉积为主。

2）复合砂体构型单元平面特征

（1）$L_1$Ⅳ$_{下}$油层组：为北部物源的第一期陡坡扇三角洲前缘沉积，主要以厚层水下分流河道和前缘席状砂两类构型单元为主。砂体很厚，向湖盆方向减薄。顺水流方向，A10—4—A5 井区为主河道，表现为砂岩厚度大，前端渐变为席状砂。垂直水流方向，侧向上由水下分流河道相变为侧缘、前缘砂。整体为向上变细的基准面上升旋回。

早期（$L_1$Ⅳ$_{下}$–3）复合砂体发育的规模较大，发育大套厚层砂岩，主要构型单元为厚层、纵向上多期叠置的水下分流河道复合砂体，南部 N3 井区发育规模较小的河口坝，反映此时期可容纳空间较低，沉积物供应充足，沉积速度快。平面上河道水下分流河道在 A4、A5 井区河道可能开始分叉，形成不同的分支（图 3–33）。GR 曲线形态为箱形或复合箱形。垂直水流方向地震剖面上为强振幅连续、中间厚两端薄的透镜状反射；侧向上砂体分布范围有限，连续性较好。

中期（$L_1$Ⅳ$_{下}$–2）随着基准面的上升，扇三角洲退积，砂体厚度和规模减小。主要为外前缘沉积，构型单元为河口坝、前缘席状砂，其中前缘席状砂分布面积最大。

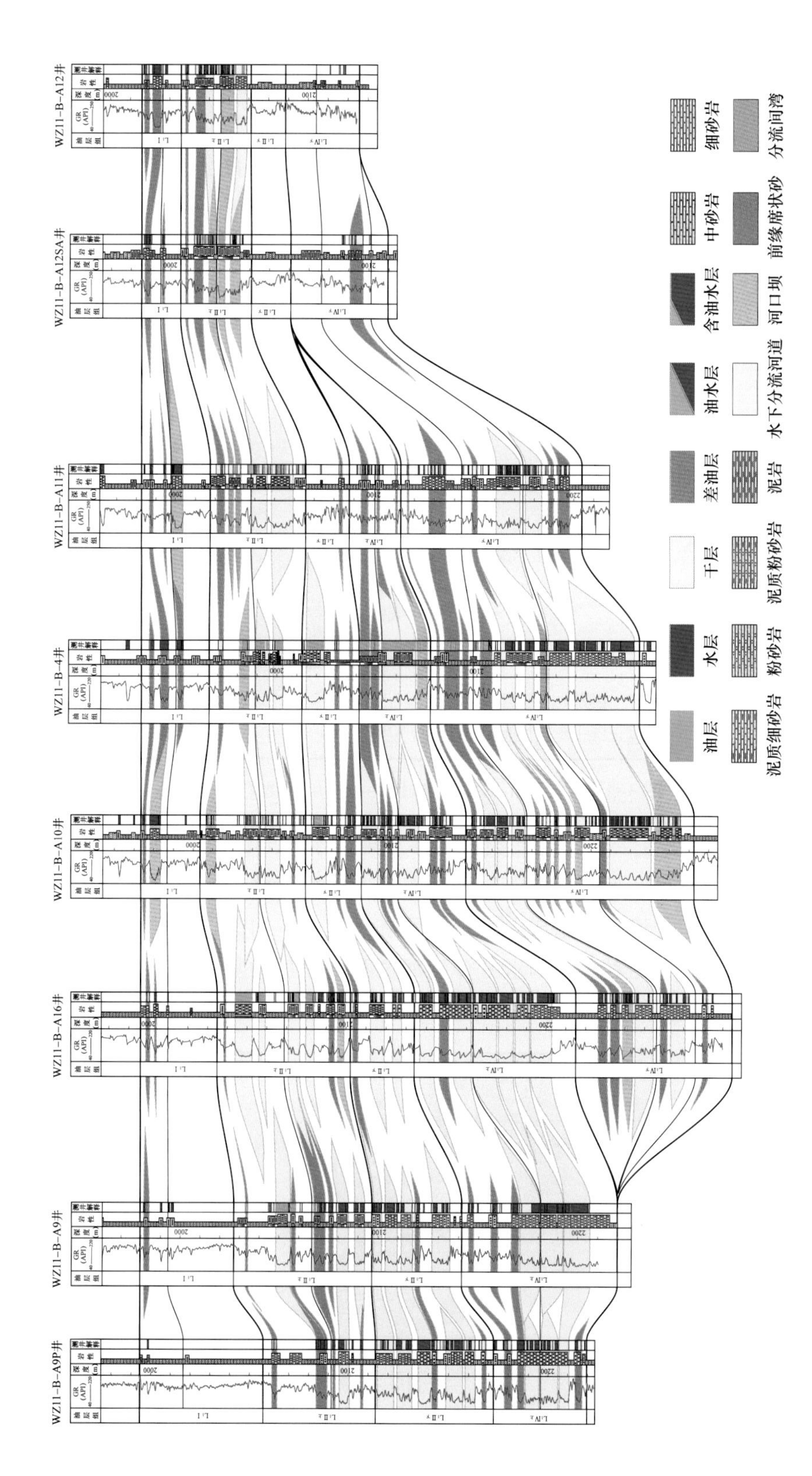


图 3-32　涠洲 11-B 油田 A9P 井—A12 井连井构型单元剖面

晚期（$L_1$Ⅳ$_下$-1）位于基准面下降半旋回，扇三角洲进积，主要构型单元为河口坝、前缘席状砂，以河口坝发育为主。侧向上两个独立的构型单元相互叠置，但连通性较差。砂体厚度中等、规模较小，泥岩夹层发育。

（2）$L_1$Ⅳ$_上$油层组：为第二期扇三角洲前缘沉积，仍发育水下分流河道和前缘席状砂两类主要微相。河口坝规模小，位于水道的前端呈舌状分布。平面上两条条带状水下分流河道复合砂体相互叠置，水道前端均出现不同程度的分叉。

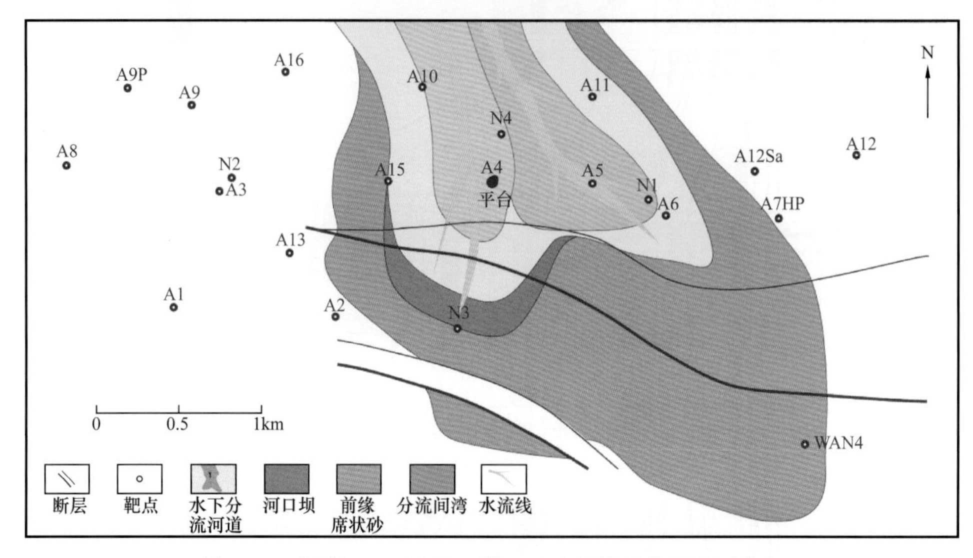


图 3-33　涠洲 11-B 油田 $L_1$Ⅳ$_下$-3 小层构型单元平面分布

$L_1$Ⅳ$_上$-2 小层：主要构型单元类型为厚层复合水下分流河道，砂岩厚度大；GR 曲线形态以箱形、齿状箱形为主；侧向上至少发育两条相互叠置的复合水道带，西部复合砂体主要由多期水下分流河道组成，砂岩厚度和规模大，向南延伸远，最远端相变为河口坝；东部复合砂体为相对小型的水下分流河道和河口坝的复合体，向远端变为前缘沙坝和席状砂，砂岩厚度和规模较小（图 3-34）。

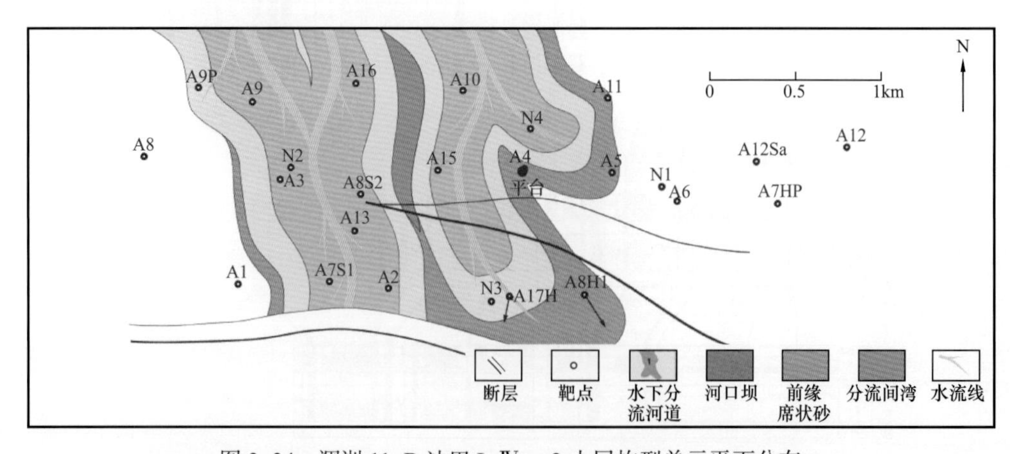


图 3-34　涠洲 11-B 油田 $L_1$Ⅳ$_上$-2 小层构型单元平面分布

$L_1$Ⅳ$_上$-1 小层：由于基准面的上升，扇三角洲退积，砂体厚度和规模减小；侧向上仍由两条复合水道相互叠置；西部复合砂体主要构型单元由水下分流河道、河口坝复合体向河口坝过渡，砂体连续性较好，GR 曲线形态由底部的箱形或齿状箱形向上逐渐像漏斗形；东部砂体主要由前缘席状砂组成，砂体厚度较小，GR 曲线为齿状漏斗形。

（3）$L_1$Ⅱ油层组：为第三期、最鼎盛的扇三角洲沉积时期，扇三角洲前缘砂体分布广泛，平面上发育五条主要复合河道，其中中西部的三条河道相互叠置，东部的两条河道为相对孤立式水道，部分河道前端发育舌状河口坝。

$L_1$Ⅱ$_下$小层：主要在基准面下降期形成，构型单元为水下分流河道和河口坝，砂岩 GR 曲线形态由箱形、钟形 + 箱形以及漏斗形组成。砂体的分布范围相对较小，横向上发育 3 条复合水道，水道之间相互侧向叠置。河口坝呈朵状分布在河道的前端，河道之间砂岩厚度预测较薄的区域推测发育小型分流间湾沉积。

$L_1$Ⅱ$_上$-2 小层沉积时期，砂岩最发育，平面上至少发育四条复合水道，部分复合水道侧向上相互叠置而连通。油田西部河道之间相互叠置，而东部河道相对孤立分布，河道之间以分流间湾分隔，相互之间连通性变差。主要构型单元类型为水下分流河道，少量为前缘席状砂（图 3-35）。GR 曲线形态以箱形、钟形为主。沿水流方向由水下分流河道渐变为前缘席状砂，厚度减薄明显。

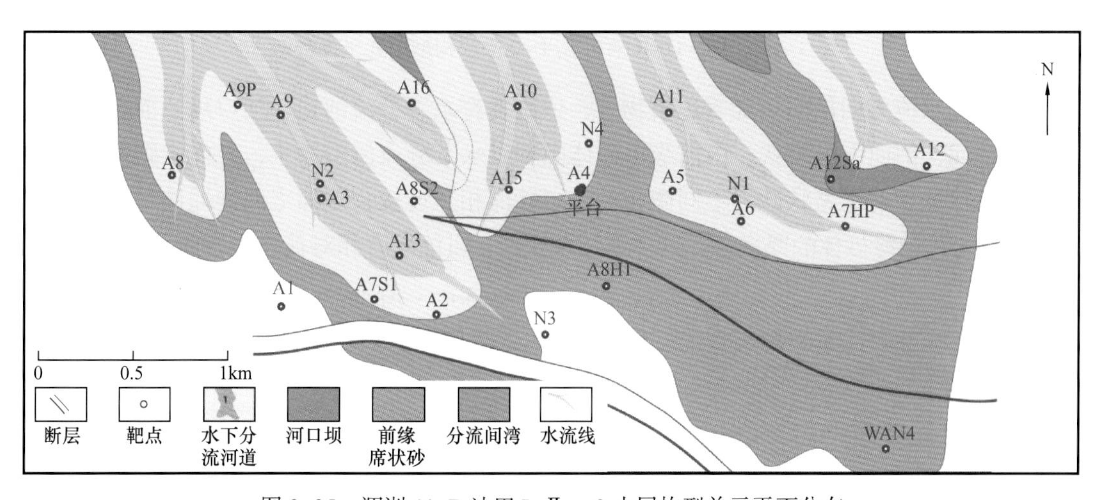


图 3-35 涠洲 11-B 油田 $L_1$Ⅱ$_上$-2 小层构型单元平面分布

$L_1$Ⅱ$_上$-1 小层：由于基准面的上升，扇三角洲退积，砂体厚度和规模减小；沉积物整体向北部收缩，河道的发育面积减小，分流间湾的面积扩大，主要构型单元类型为河口坝和前缘席状砂，局部发育水下分流河道。

（4）$L_1$Ⅰ油层组：为西物源的缓坡正常三角洲前缘沉积，水动力较弱；主要构型单元为细粒的水下分流水道和河口坝，远端发育前缘席状砂，砂体呈南西—北东向展布（图 3-36）。

综上所述，流一段各小层复合砂体在平面上的分布规律随基准面的变化而变化。基准面下降，沉积物供应量增加，砂体向沉积中心推进，砂体的厚度和发育规模增大，砂体之间相互叠置切割；反之，沉积物供应量减小，砂体向盆缘后退，砂体之间叠置程度减小，甚至相互孤立分布。

2. 单砂体构型分析

在各小层复合砂体内部进行单一成因砂体细分，表征其内部储层结构及非均质性。

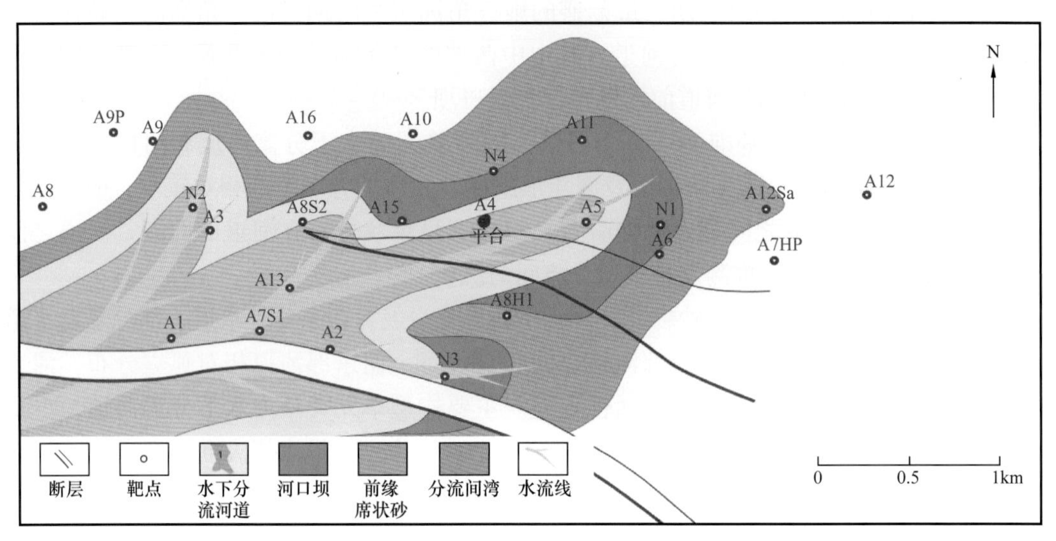


图 3-36 涠洲 11-B 油田 $L_1$ Ⅰ-2 小层构型单元平面分布

（1）顺水流方向剖面：随着远离物源，依次发育水下分流河道、河口坝、前缘席状砂等构型单元，剖面上呈楔状。内前缘单砂体类型以水下分流河道为主，外前缘则发育一定数量的河口坝和前缘席状砂。不同微相的储层砂体相互连接，砂体之间连通性较好；与内前缘相比，外前缘砂体的厚度薄，砂体连续性变差，可能发育相对孤立的砂体（图 3-37）。

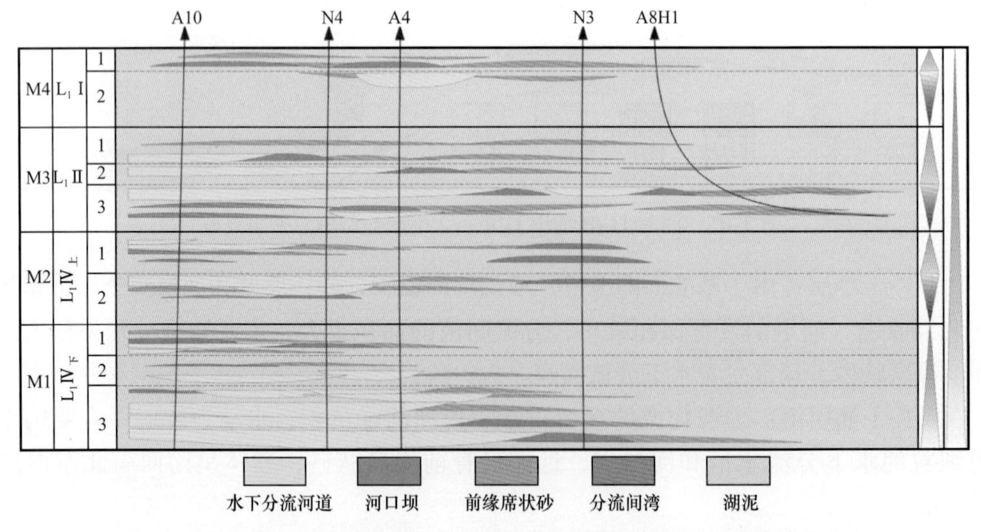


图 3-37 涠洲 11-B 油田流一段单河道砂体剖面分析图（垂直水流方向）

（2）垂直水流剖面：由于不同时期甚至同一时期水下分流河道侧向迁移，见到多个侧向上相互叠置或相互孤立分布的构型单元，空间叠置关系非常复杂。砂体可能侧向叠置、相互切割接触，砂体之间相互连通，呈泛连通体；也可能为分流间分隔，河道相对孤立，砂体之间连通性较差。单砂体的横向展布范围一般在1～2个井距左右。纵向上各油组、小层的构型单元剖面分布规律不同，早期（$L_1$Ⅳ油层组）砂体集中分布在油田的中部（A4井区），分布相对局限；中晚期砂体在整个油田广泛分布（图3-38）。

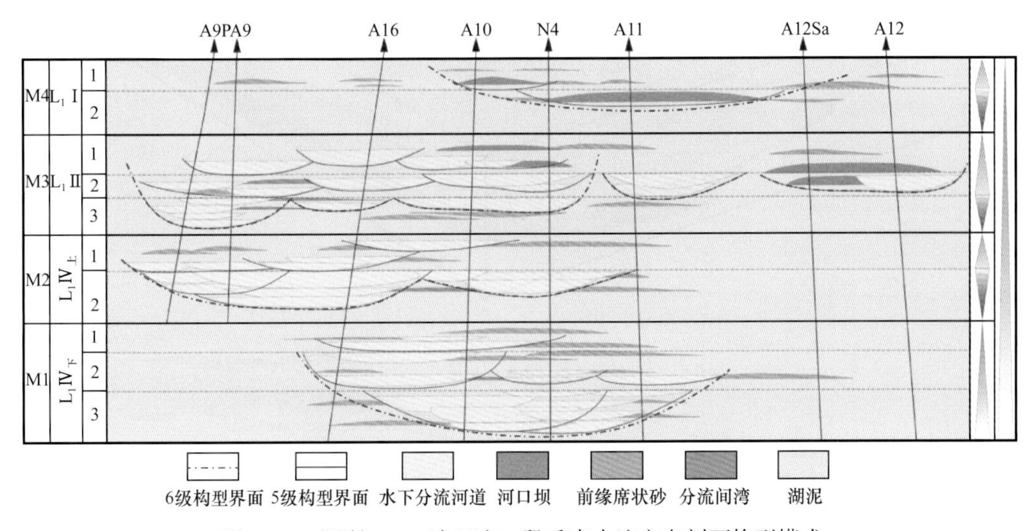


图3-38　涠洲11-B油田流一段垂直水流方向剖面构型模式

（3）厚层箱形砂岩往往是多期水道叠置成因砂体，表现为低可容纳空间沉积特征，早期沉积的砂体被晚期砂体切割改造，岩心上表现为各种形式的冲刷面。高可容纳空间条件下，水下分流河道单砂体之间趋向于侧向叠置甚至孤立分布，旋回界面保存相对完整。

3. 扇三角洲前缘单砂体构型模式

涠洲11-B油田流一段扇三角洲前缘构型单元类型多，垂直水流方向上可见纵向上多期水道复合体频繁摆动、迁移，单砂体构型单元侧向叠置或相互孤立分布，构型模式较复杂（图3-39）。各小层构型单元分布规律明显不同：$L_1$Ⅳ$_下$油层组为低可容纳空间下沉积的厚层限制性朵叶状充填水道复合体，砂体平面分布较局限，单砂体主要为切叠型组合；$L_1$Ⅳ$_上$油层组为两条水下分流河道侧向叠置形成的朵叶状水道复合体，西厚东薄；$L_1$Ⅱ$_上$油层组为较高可容纳空间下同期沉积的多条侧向叠置复合水道，砂体平面分布最广，水下分流河道单砂体侧向迁移、相互叠置，或者为分流间分隔，孤立分布，横向延伸距离有限、相变较快，展布范围一般在1～2个井距左右。顺水流方向随着远离物源，依次发育内前缘水下分流河道、外前缘河口坝、前缘席状砂等构型单元，不同微相的砂体呈楔状相互连接，砂体之间连通性较好。

扇三角洲前缘储层内部结构复杂，各类构型单元单砂体的组合样式主要有堆叠型、侧叠型和孤立型三种类型（图3-40）。

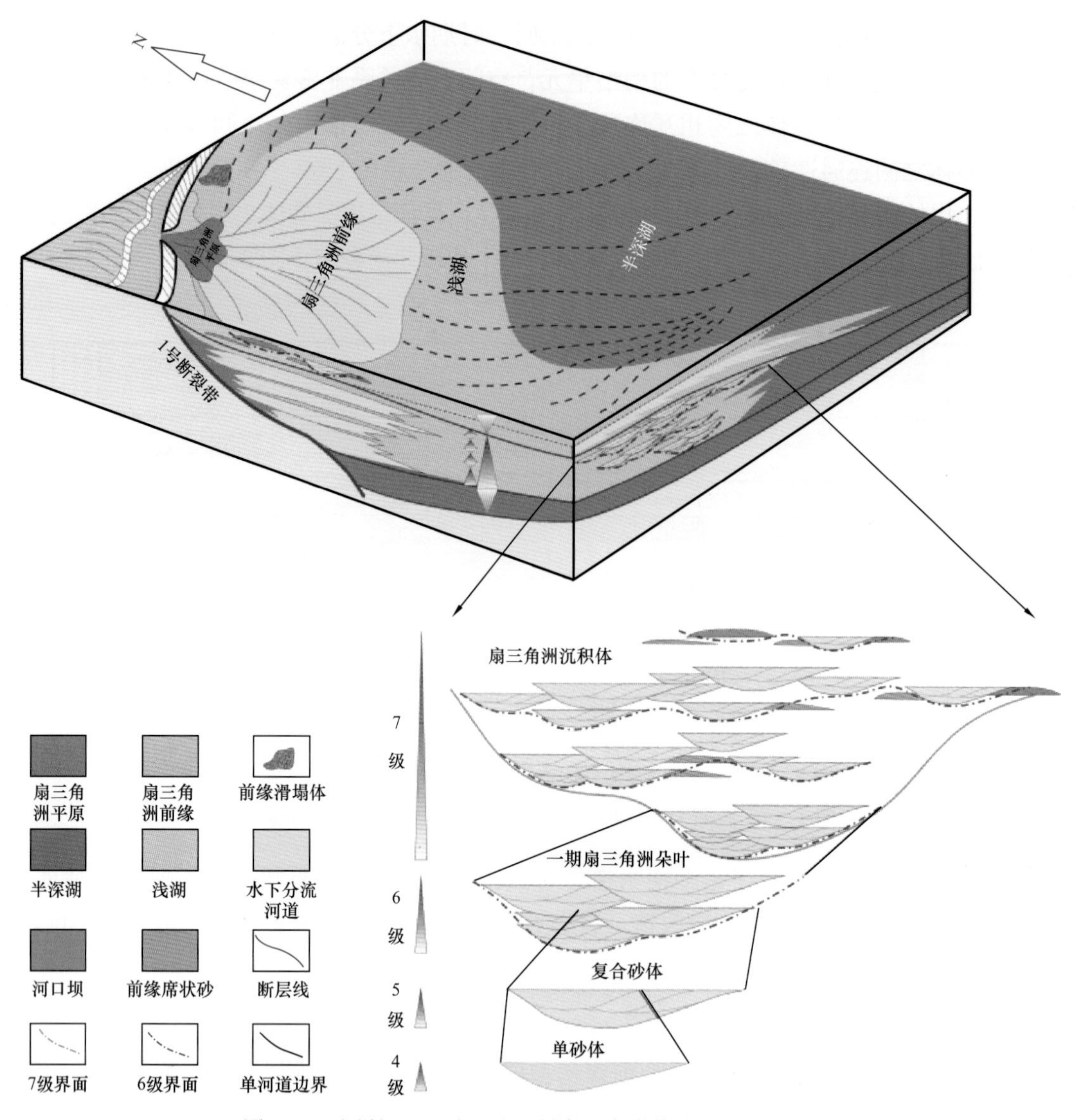


图 3-39　涠洲 11-B 油田流一段扇三角洲前缘三维构型模式

（1）堆叠型：多期水下分流河道砂体垂向上切割和叠置，形成堆叠式厚层复合水道，反映这一时期可容纳空间较小，A/S 值小，水下分流河道数量较少且发育稳定，下切作用明显，类似于限制性下切充填型水道。河道砂体内部残留少量泥质夹层和平行下凹形冲刷面。测井曲线表现为厚层微齿状箱形或箱—钟形特征，地震剖面上为强振幅，连续性较好。堆叠型砂体主要发育在 $L_1Ⅳ_{下}$油层组和 $L_1Ⅳ_{上}$油层组的底部早期扇三角洲沉积。

（2）侧叠型：多个水下分流河道砂体侧向相互搭接，反映这一时期可容纳空间较大，A/S 值较大，条带状水道砂体频繁侧向迁移、相互叠置，形成侧叠式非限制性复合水道。砂体以侧向增生为主要特征，砂体之间的搭接程度受 A/S 值的控制，A/S 值越小，砂体接触越紧密，砂体的连通性也就越好；反之，砂体表现为离散接触特征，砂体连通性变差。地震反射同相轴连续，但波形有所变化，不同水道砂体搭接处振幅变弱。此种砂体接触样式主要见于 $L_1$ Ⅱ$_上$油层组中。

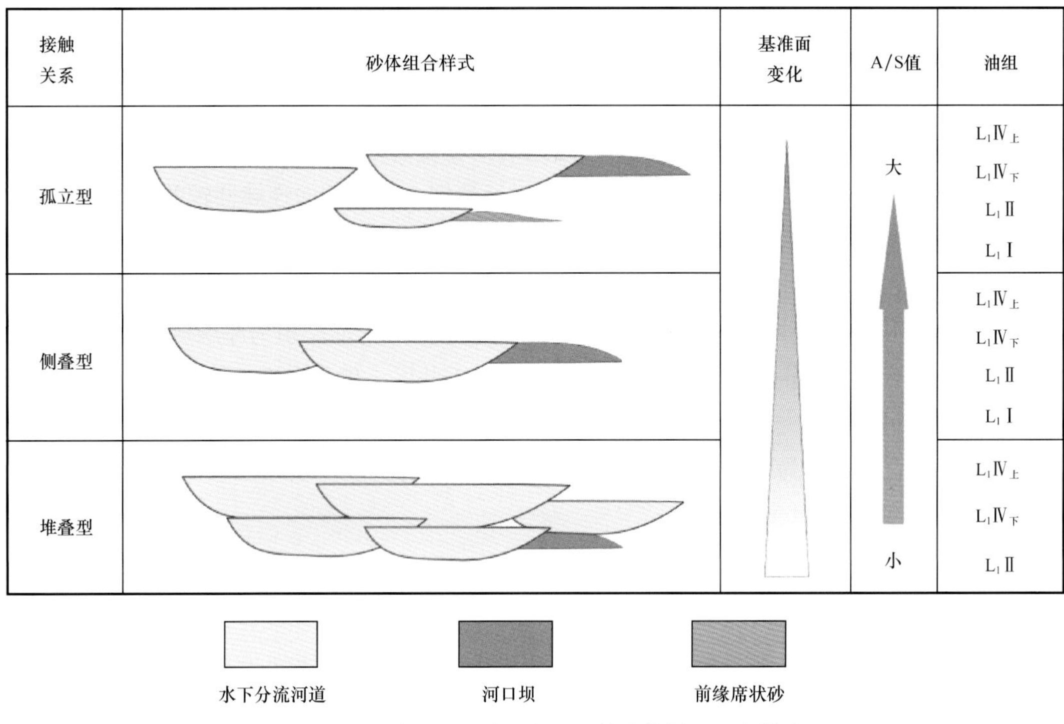


图 3–40 涠洲 11–B 油田流一段单砂体剖面组合样式

（3）孤立型：当可容纳空间、A/S 值偏大时，在剖面上水下分流河道砂体往往呈孤立透镜状分布，单砂体规模较小、厚度较薄。地震剖面上表现为弱反射特征。这种砂体接触样式一般出现在基准面上升旋回的末期和基准面下降旋回的初期，在工区内也比较常见。

## （三）辫状河三角洲前缘储层构型模式

涠洲 11–A 油田流三段储层为沿湖盆长轴方向展布的近源辫状三角洲前缘沉积，流三段自下而上划分出五个中期基准面旋回，为地震上可识别的复合砂体，分别对应于 $L_3$ Ⅰ、$L_3$ Ⅱ、$L_3$ Ⅲ$_A$、$L_3$ Ⅲ$_B$ 及 $L_3$ Ⅳ油层组。主力油层 $L_3$ Ⅲ$_B$ 油层组砂体厚度大，平面分布较稳定；$L_3$ Ⅰ、$L_3$ Ⅱ油层组为砂泥岩薄互层，砂层薄，连通性较差。在中期基准面旋回内部，进一步根据三角洲前缘多级次沉积旋回特征细分出全区可对比的 14 个短期基准面旋回（小层），每个短期基准面旋回对应一个相对独立的沉积微相或微相组合，各小层间泥岩隔层稳定分布。针对辫状河三角洲前缘储层，分级表征第 6 级（油层组级复合砂体）、第 5 级（小层级复合砂体）和第 4 级（单一成因砂体）构型单元的分布。

1. 油组级复合砂体构型表征（6 级）

（1）顺水流方向构型单元对比剖面。

该剖面为 2 井区一条北西—南东顺水流方向剖面。$L_3$ Ⅳ油层组为砂泥间互沉积，砂体连续性较差。往上水体变浅，$L_3$ Ⅲ $_B$ 油层组沉积了一套巨厚箱状砂体，为辫状河三角洲内前缘沉积，构造西北部近物源区 A9、A6 井区由多期辫状分流河道垂向叠置而成，向东南部砂体延伸广泛、连续，厚度逐渐减薄，向远物源方向 A2 井相变为相对较薄的前缘沙坝沉积。随着基准面上升，$L_3$ Ⅰ、$L_3$ Ⅱ油层组时期相变为辫状河三角洲外前缘砂泥薄互层沉积，局部发育薄层远源的水下分流河道砂体、远沙坝，砂体侧向连续性较差（图 3-41）。

（2）垂直水流方向构型单元对比剖面。

南西—北东向垂直水流方向剖面上，$L_3$Ⅳ油层组为砂泥间互沉积，其中发育薄层小型水下分流河道，不同水道砂体侧向连通性较差；主力油组 $L_3$Ⅲ$_B$ 油层组为厚层辫状分流河道砂体，剖面上见不同辫状分流河道的侧向叠置，如 A8S1 井区，单一水道内部砂体连通性较好，不同水道之间砂体不连通；向上水体加深，$L_3$ Ⅰ、$L_3$ Ⅱ油层组辫状河三角洲外前缘为多个砂泥薄互层组合，主要为薄层河口坝及席状砂沉积，侧向上砂体连续性较差（图 3–42）。

2. 沉积微相组合平面分布

在单井相、连井相分析基础上，结合偏移地震剖面砂体精细解释与属性分析，刻画各油组复合砂体的平面微相展布。

$L_3$Ⅲ$_B$ 油层组：为低水位时期辫状河三角洲内前缘沉积，主要发育厚层辫状分流河道微相。该油组顶面在地震剖面上为强振幅，相位连续性很好，在地震剖面上共追踪出四个独立的复合砂体。平面上自西北部物源方向发育三个条带状复合河道带：2 井区主河道、WAN4 井区和 WAN1 井区两条次河道。不同河道砂体侧向相互叠置，顺水流方向砂体较连续，分布稳定（图 3–43）。

其中，2 井区构造低部位（A9—A7—A10—A3 井区）为辫状分流河道主河道，岩性以砂砾岩、含砾砂岩为主，测井曲线呈箱形，砂体厚度大、多期垂向叠置，地震相表现为中频连续、平行强振幅。构造高部位（A1—A2 井区）相变为相对孤立的前缘砂坝砂体，岩性以细—粗砂岩为主，测井曲线以漏斗形为主，砂体厚度减薄，地震相表现为连续、断续、强振幅特征。不同部位前缘沙坝与低部位河道砂体侧向叠置，有的连通，有的不连通。WAN4 井区为次河道砂体，岩性以砂砾岩—中砂岩为主，测井曲线呈箱形，砂体厚度大、多期垂向叠置，侧向减薄；地震相表现为低频连续、平行、弱—中等振幅特征，河道砂体宽厚比小，侧向连通性较差。WAN4 井、A7 井分别钻遇不同的河道砂体，砂体侧向叠置，互不连通。

$L_3$ Ⅰ、$L_3$ Ⅱ油层组：为高水位期辫状河三角洲外前缘沉积，砂泥岩薄互层，单砂体厚度较薄，连续性、连通性较差；主要发育相互孤立分布的席状砂、远沙坝、河口坝沉积，呈小范围舌状分布，向北西方向物源区见少量小型水下分流河道的延伸（图 3–44）。

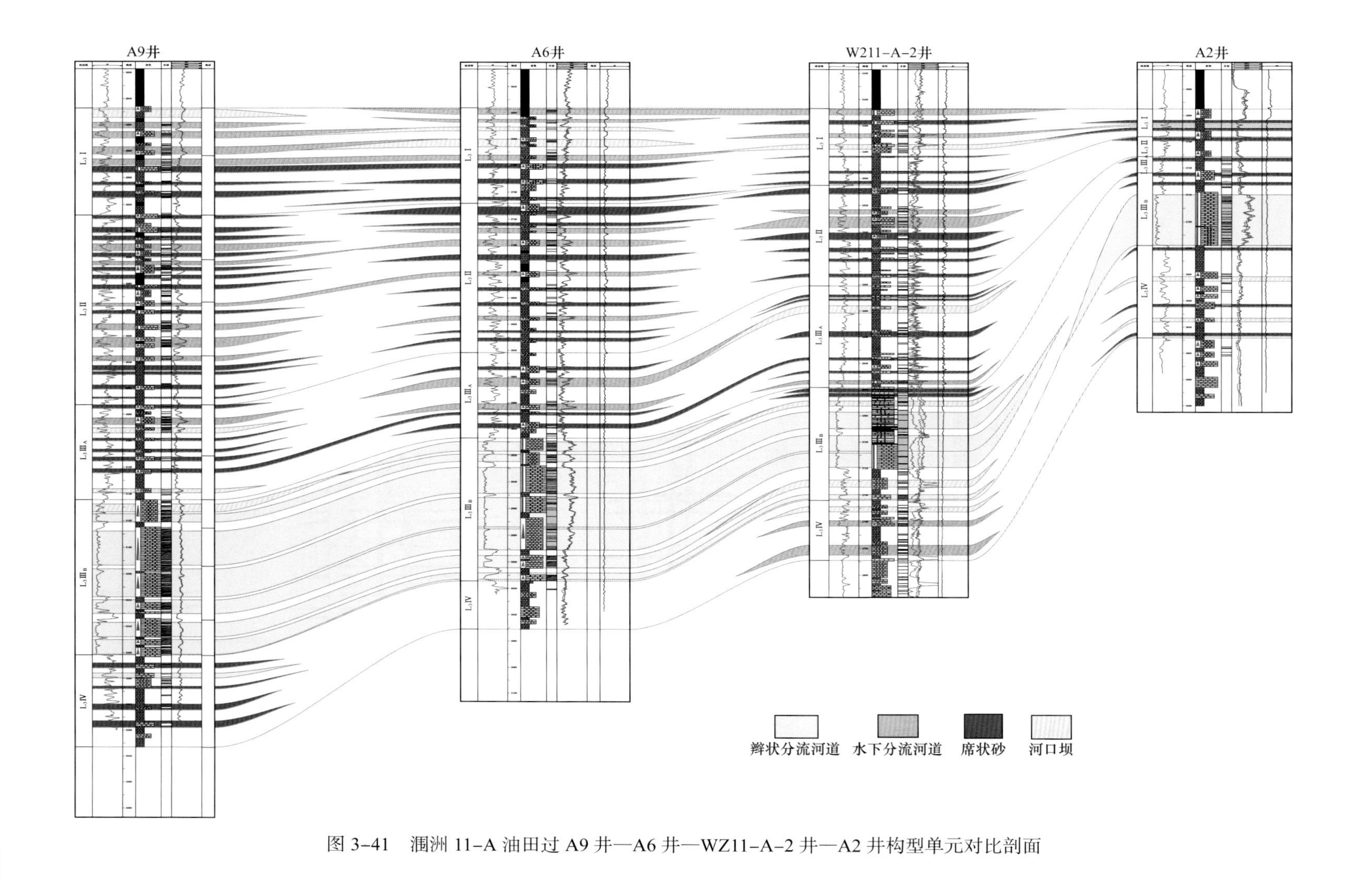


图 3-41 涠洲 11-A 油田过 A9 井—A6 井—WZ11-A-2 井—A2 井构型单元对比剖面

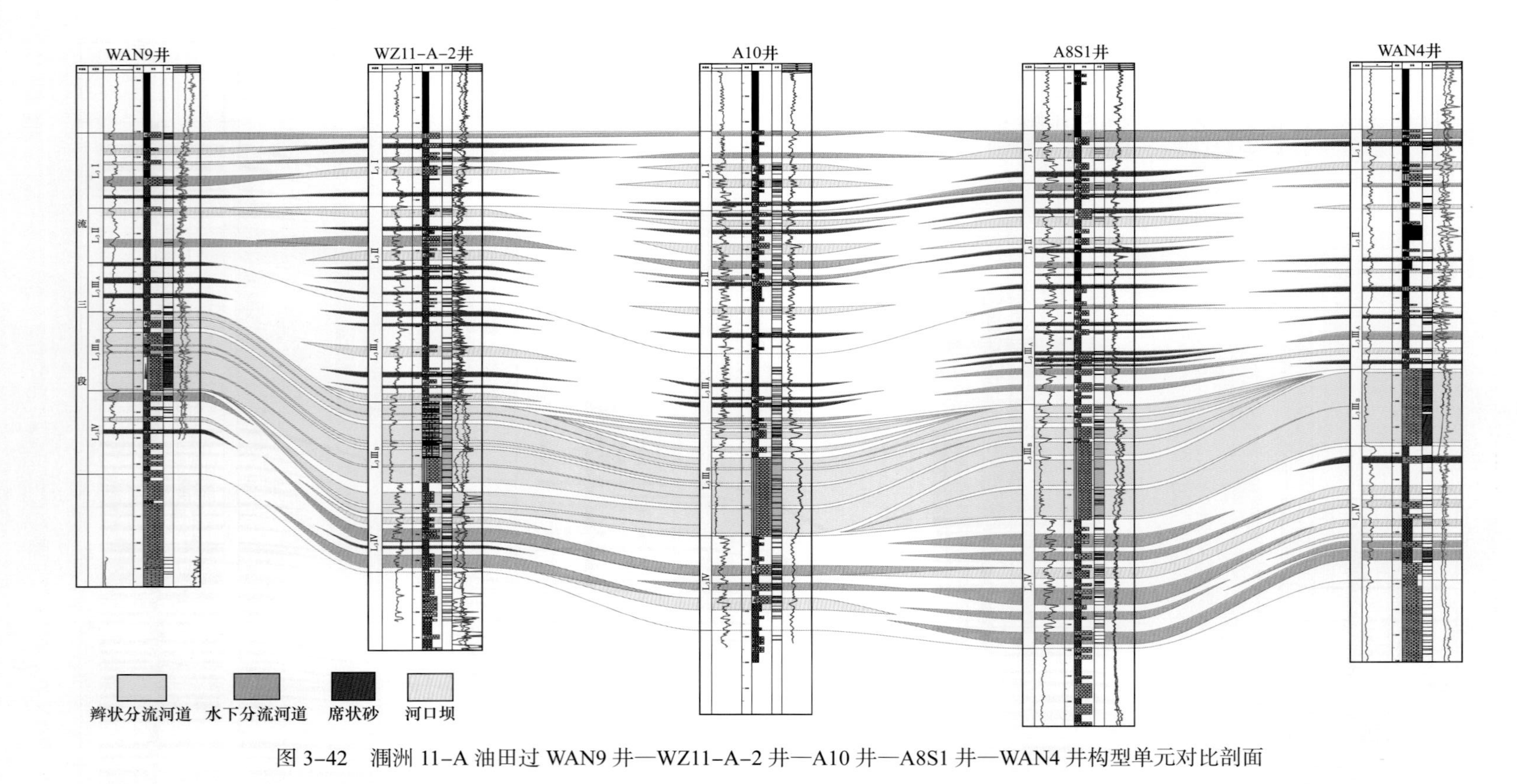


图 3-42　涠洲 11-A 油田过 WAN9 井—WZ11-A-2 井—A10 井—A8S1 井—WAN4 井构型单元对比剖面

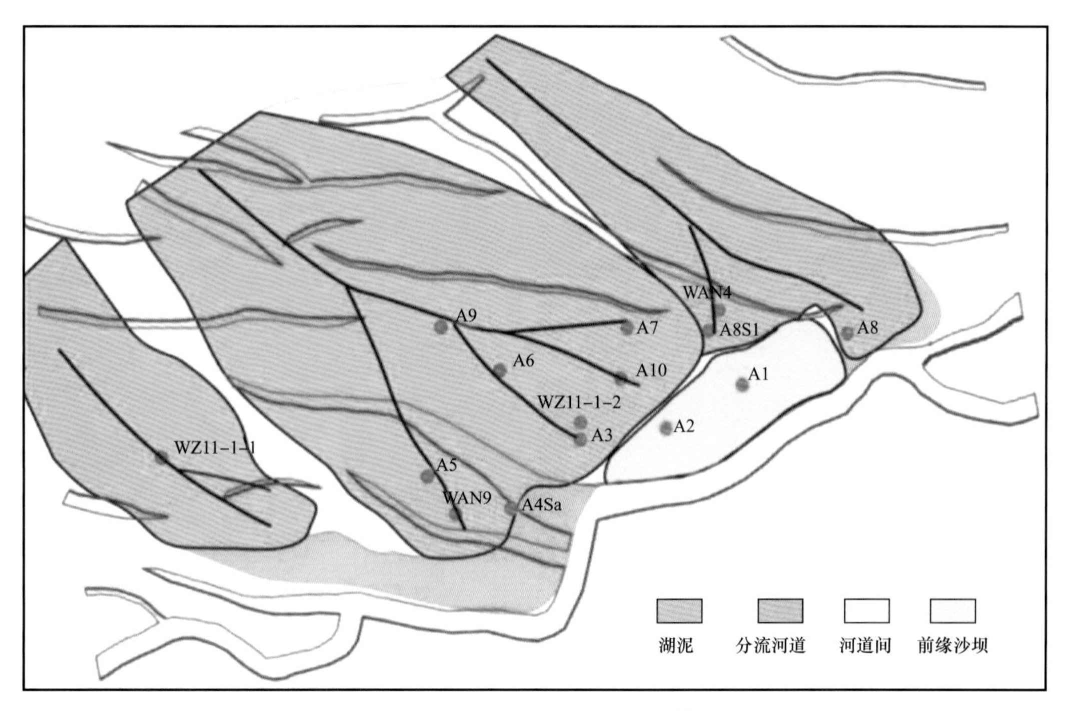


图 3-43 涠洲 11-A 油田 $L_3Ⅲ_B$ 油层组复合砂体沉积微相平面图

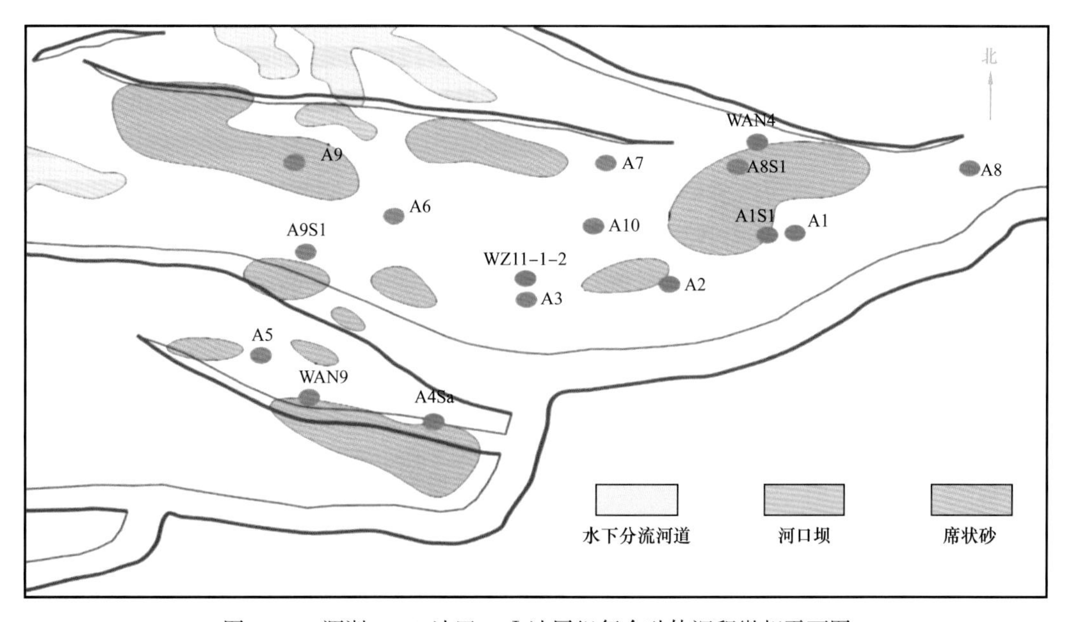


图 3-44 涠洲 11-A 油田 $L_3$ Ⅰ油层组复合砂体沉积微相平面图

3. 小层复合砂体内部单砂体构型模式（5—4 级）

在小层复合砂体内部进行单一成因砂体识别，在剖面上、平面上解剖复合砂体内部结构，建立流三段辫状三角洲前缘三维构型模式（图 3-45），可见其内、外前缘单砂体构型模式显著不同。

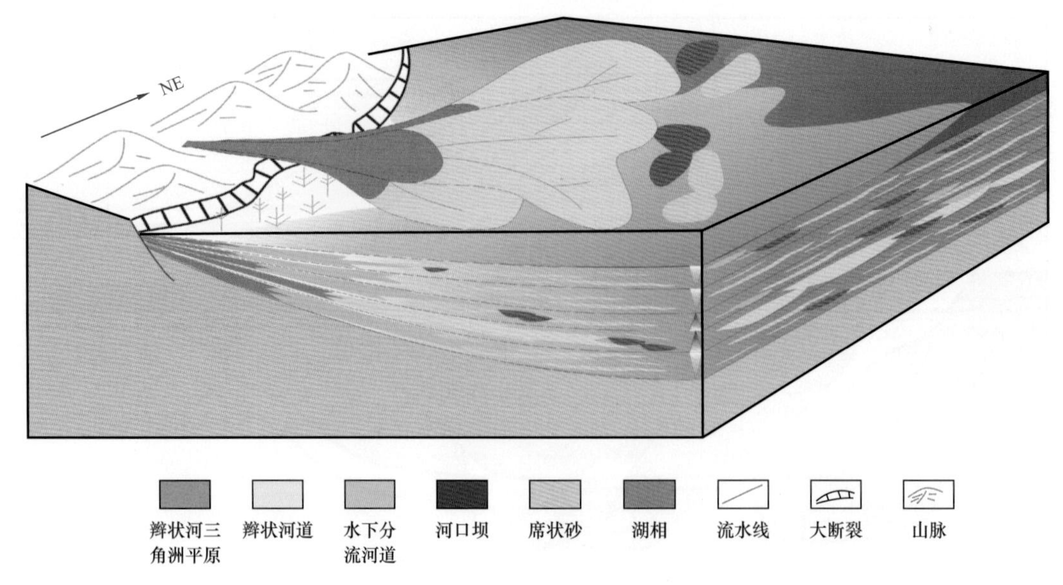


图 3-45 涠洲 11-A 油田流三段辫状三角洲前缘三维构型模式

1）内前缘构型模式

内前缘沉积主要发育于 $L_3Ⅲ_B$ 油层组沉积时期，以厚层辫状分流河道砂体为主。复合水道砂体是多个单成因水道砂体的复合体，垂向上由多个叠覆正韵律组成，可细分出至少三期单一成因的辫状分流河道砂体，多期单河道呈侵蚀切叠型或叠置型（有泥质夹层发育）接触。厚层复合砂体纵向上显示先加积、后退积的叠置模式，体现出形成于中期基准面持续上升的过程。

厚层叠加辫状分流河道砂体水动力强，分布范围较广。顺水流方向辫状分流河道延伸远，直至远端相变为中薄层前缘沙坝，并与之侧向叠置；垂直水流方向，同时发育多条不同的辫状分流河道，横向上迁移摆动并相互叠置，形成较宽的条带状复合河道带。

2）外前缘构型模式

外前缘沉积发育于 $L_3Ⅰ$、$L_3Ⅱ$、$L_3Ⅲ_A$ 油层组沉积时期，为“泥包砂”特征，随着湖平面的波动、沉积物供给的变化，在每个短期基准面旋回的上部形成薄层的细粒席状砂、远沙坝、河口坝砂体，甚至少量远源的水下分流河道砂体。纵向上多个短期基准面旋回往复变化，由于水动力条件总体较弱，形成垂向上多层楼式席状砂与远沙坝等不稳定互层、平面上断续分布的薄砂层复合体。

剖面上：顺水流方向远源水下分流河道有一定的延伸，可达两个开发井距，而远沙坝、席状砂延伸较短，不超过两个开发井距；垂直水流方向可见孤立分布的窄条带状水下分流河道，河道之间为泥岩分隔，或水下分流河道对薄层席状砂的切割。

平面上：薄层席状砂、远沙坝分布较局限，不规则状孤立分布；局部发育条带状水下分流河道、河口坝。

# 第三节　储层精细地质建模

涠西南凹陷复杂断块油田属于非均质性强的陆相复杂储层，地质建模面临两个难点：（1）海上油田钻井较少、录取资料有限，复杂断块的构造建模不确定性强；（2）由于常规建模方法的局限性，难以准确刻画储层构型特征，即砂体空间形态和相互间叠置关系。针对这两个问题，在 Petrel 与 RMS 建模软件算法对比、组合的基础上，充分应用地震资料、沉积微相及储层构型研究等相关地质成果，结合基于生产动态的储层连通性认识，采用 Petrel 和 RMS 软件协同建模，实现从三维角度精细表征储层非均质性，提出适合本区的复杂断层快速构造建模技术。以涠洲 11–B 油田流一段为例，在构型建模方法调研基础上，分析不同构型建模算法的建模效果，优选出适合研究区扇三角洲前缘沉积特点的构型建模方法。

## 一、复杂构造建模

构造模型是储层地质建模的基础，构造建模的目的是建立地层框架。当工区存在断层众多、断层接触关系复杂、地层超覆及岩性油气藏等情况时，正确按照地层接触关系搭建起地层框架，建立起能准确表征构造起伏、断裂体系及地层接触关系的网格体系，是构造建模的关键。在涠西南凹陷复杂断块油田地质建模过程中，利用了一系列技术，很好地解决了复杂构造建模的难题。

### （一）常规构造建模流程及局限性

1. Petrel 常规构造建模流程

在 Petrel 建模软件中常规构造建模一般包括断层建模（Fault Modeling）、平面网格化（Pillar Gridding）、层面建模（Make Horizon）、层面插值（Make Zone）和垂向网格化（Layering）五个步骤（图 3–46）。构造建模的具体方法是先综合地震解释获得的断层多边形或者深度域断层解释 fault stick 与地层对比获得的断点数据建立能够反映断层发育特征的断层模型。在断层模型的基础上进行平面网格化，再通过井震结合的方法将地震解释的关键层面添加进来。对没有进行地震解释的层位层面进行插值，生成小层层面。最后通过垂向网格化将整个三维地质空间划分为一个个三维网格，从而搭建起研究区域的地层格架。

2. 常规构造建模局限性

常规构造建模流程烦琐，人工处理工作量大，同时 Petrel 软件受 Pillar Gridding 算法影响，在处理复杂的断层接触关系时受到限制，多级“Y”形、“λ”形断层等复杂情况下，断层接触关系处理较为困难。上文提到的削截断层处理方法对于断层较为规则情况下尚能处理，但实际断层削截关系远比上文列举的简化情形更为复杂。对于断层接触关系复杂的断层，即使花费大量精力进行手工调整，其断层模型在网格化过程中仍可能出现无法完成网格化的情况。同时 Petrel 断层受 Pillar 节点数的控制，对于产状断层等情形难以很好地模拟，断层形态不能完全符合地质实际。另一方面，Petrel 断层的垂向切深不能自由控制，层间小断层等情况下，需将小断层上下延伸，贯穿建模层面顶底，这会将断层间接触关系复杂化。

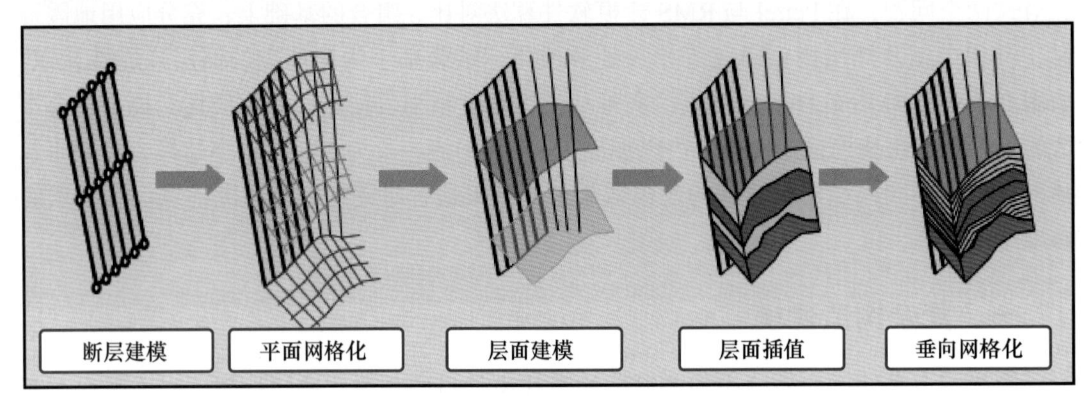


图 3–46　Petrel 常规构造建模流程图

## （二）基于深度域断层解释的复杂断层模型高效建立

对于断层发育较为复杂、断层垂向继承性差，或者断层空间形态较为不规则、断层间存在较多削截现象的建模区块，采用常规的由各油组断层 Polygon 组合进行断层建模的方法很难建立与真实断层产状相一致的断层模型，而且地球物理提供的时间域断层解释结果精度较粗，进行时深转换后易出现转换得到的深度与断层解释与深度域构造面不匹配等问题，直接用于断层模型建立较为困难（图 3–47）。

为解决复杂断块区断层模型快速准确建立的问题，对断层接触关系复杂、产状变化较大的断层，直接在剖面上参考深度域层位解释结果，在控制断层产状的关键节点位置进行深度域断层解释，进而转换成断层模型。该方法可快速完成接触关系复杂、产状变化较大断层框架模型的快速建立（图 3–48），断层复杂接触关系表征良好。

## （三）Petrel 与 RMS 协同快速构造建模

由于受软件算法影响，Petrel 常规构造建模模块在处理多级“Y”形、“λ”形断层时受到限制，模型网格扭曲变形严重。Petrel 软件复杂构造建模模块在建立框架模型时运行速度慢，并且断层面的垂向、横向延伸等难以完成。RMS 在复杂断层接触关系处理和规则网格模型生成等方面功能较强，能很好地模拟各种复杂断层接触关系。其网格阶梯化算法能很好地解决多级削截断层情况下的网格化问题。但其对生成断层模型的原始数据质量要求较高，断层模型一旦生成，断层只能进行垂向、横向的伸缩等修改操作，不能对断层面的空间位置做侧向移动，当局部断层面位置与构造面显示的断层上下盘位置不一致时，很难进行精细的调整。针对这一问题，可以利用 Petrel 常规断层建模能任意进行断层 Pillar 位置调整的优势，在基于深度域断层解释建立断层模型的基础上，对断层进行细致调整，使断层与构造面在各个层位上完全匹配。再将调整好的断层数据导入到 RMS 软件完成断层接触关系的快速编辑和模型网格化。充分结合 Petrel 在断层解释、人机交互和 RMS 在复杂构造建模方面的优势，将 Petrel 工区下调整好的断层模型导入 RMS，建立的断层模型与构造层面一致（图 3–49），在断层模型的基础上，结合构造层面数据，首先建立地层框架模型，并在框架模型的基础上结合井点小层划分方案，建立精细地层模型，最后采用网格阶梯化算法，建立“Y”形及“λ”形复杂断块区规则网格模型（图 3–50）。

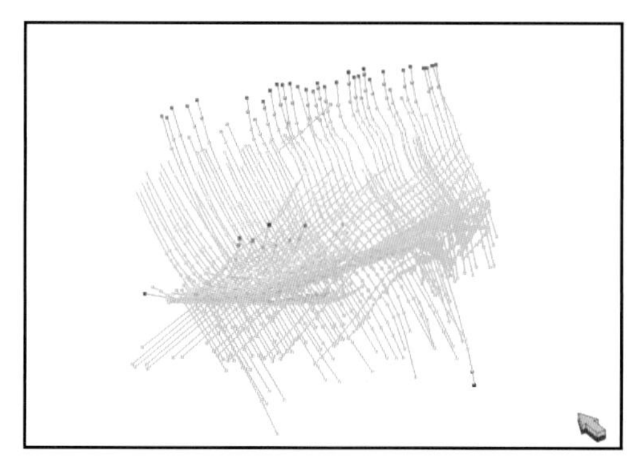

图 3–47　涠洲 6–3A 油田时间域断层解释图

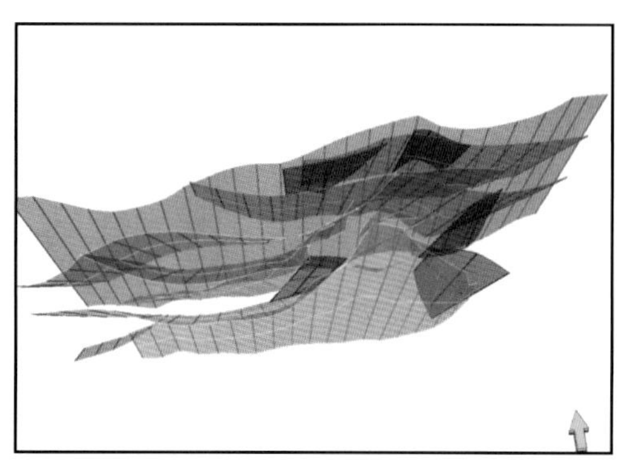

图 3–48　解释生成的涠洲 6–3A 断层模型

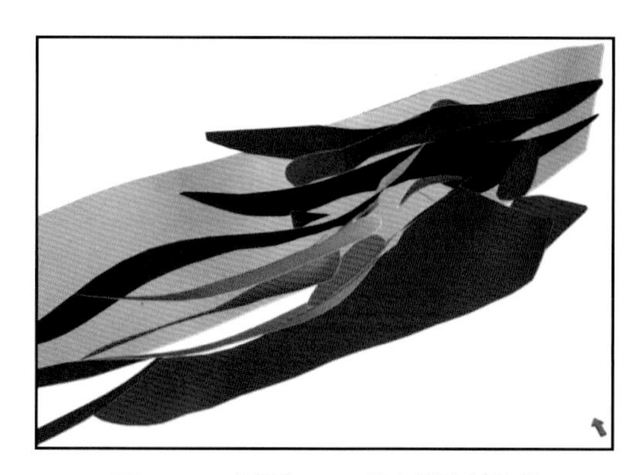

图 3–49　涠洲 6–3A 油田断层模型

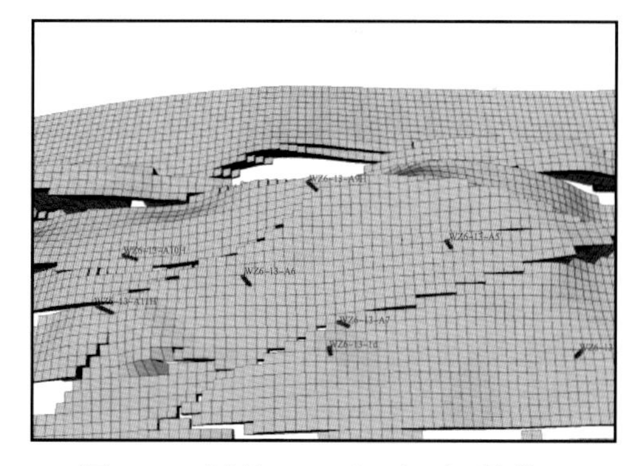

图 3–50　涠洲 6–3A 油田规则网格模型

## 二、储层构型建模

### （一）构型建模方法优选

构型建模常用的方法主要有序贯指示模拟、基于目标相建模、多点地质统计学相建模等方法。序贯指示模拟主要是基于随机函数理论，结合沉积相认识和垂向相比例等确定每种模拟相类型的概率分布。基于目标相建模则在平面相约束的基础上增加了砂体形态参数控制，能较好地反映砂体形态。多点地质统计相建模的难点和关键点是如何建立符合不同模拟对象空间地质特征的训练图像。方法优选的原则是模拟结果能反映沉积特征，定性定量描述沉积类型，能描述沉积形态（平面、剖面），并符合前期研究的沉积规律。

序贯指示模拟结果随机干扰比较严重，河道相内部出现较多的泥岩相，对相边界条件的吻合较为机械；多点地质统计学模拟方法还不成熟，受到训练图像的影响比较大，随机干扰较强，模拟效果与小层沉积微相上河道分布形态差别较大；而基于目标相的模拟结果随机干扰很少，模拟的河道相内部没有泥岩背景相发育。从模拟结果的剖面形态可以看出，基于目标相的模拟可以模拟出河道顶平底凸的砂体形态，并能模拟出多期河道垂向叠置的效果（图 3–51）。

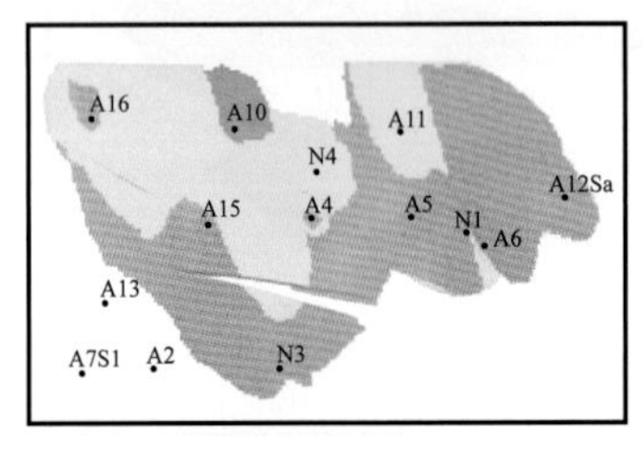

(a) 基于目标相模拟结果

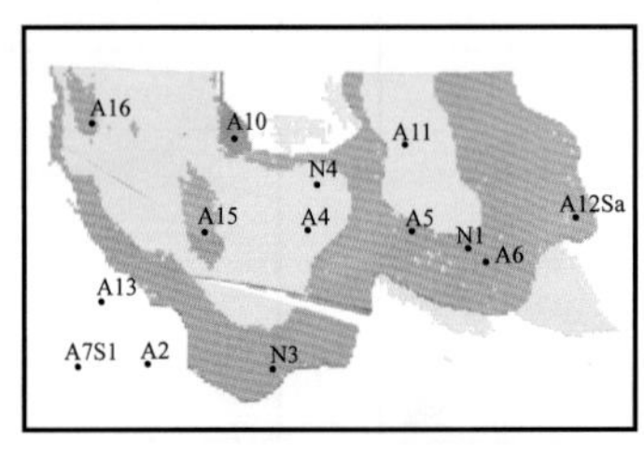

(b) 序贯指示模拟结果

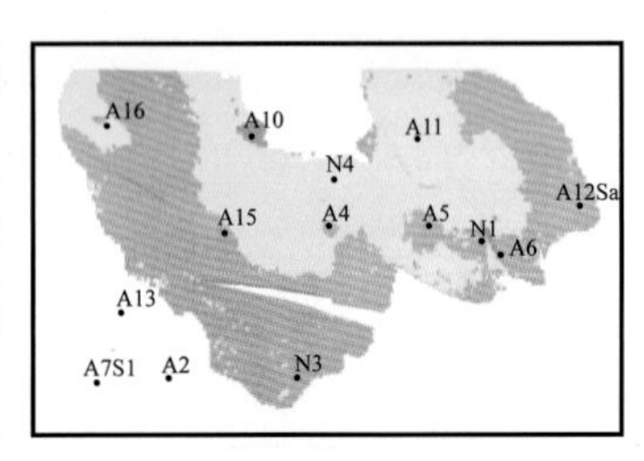

(c) 多点地质统计相模拟结果

图 3–51　不同构型建模方法模拟结果

通过对比分析可以看出，基于目标相的模拟方法能很好地刻画砂体空间形态，模拟结果与宏观地质认识也较为吻合，能更好地体现小层沉积微相认识，因此优选基于目标建模方法建立涠洲 11–B 油田流一段扇三角洲前缘储层构型模型。

## （二）基于目标构型建模技术

基于目标的随机建模方法是以研究对象的地质特征（如沉积相、流动单元等）为目标物体，设置目标几何形状、弯曲状等。建模之前，可以根据手绘的沉积微相图来选择目标几何形状，然后进行反复调整、模拟，并将模拟结果与手绘的沉积微相图进行对比，最终确定合适的几何形状。主要方法为示性点过程。

### 1. 构型建模基本单元及参数确定

首先要确定模拟基本单元内目标体的形态，从纵剖面、横剖面及平面三个角度去定义模拟目标体的基本形态特征。根据扇三角洲水下分流河道的基本形态，优选轴对称形状作为最终模拟基本形态，水下分流河道的形态平面上呈长条朵叶状，受到水下沉积条件的影响沉积搬运速率不大，纵向截面呈现厚度均匀变化的尖灭凸透镜状，横截面是顶平底凸的形态。河口坝的形态受相应的河道沉积过程的影响，主要河口坝连接在河道末端，形状以马蹄形或新月形为主，也有的呈朵状嵌在水下分流河道间。前缘席状砂的展布形态较单一，砂岩厚度较水下分流河道和河口坝较小。

根据构型研究得到的地质知识库，流一段 $L_1$ Ⅰ 油层组水下分流河道砂体长度在1600～3000m，宽度在 300～500m，厚度在 2～15m；河口坝砂体长度在 300～600m，宽度在 250～500m，厚度在 2～8m。

2. 流一段 $L_1$ Ⅰ 油层组构型建模

1）建立水下分流河道构型模型的步骤

（1）建立储层地质知识库，提取水下分流河道砂体参数，编写参数文件。根据构型研究成果设置河道的长宽高等砂体参数。

（2）确定一种岩相作为背景相，在模拟湖相扇三角洲前缘时，可以将湖相泥作为背景相，而将水下分流河道砂体作为模拟目标体。

（3）水下分流河道砂体的形态在剖面上为半椭球体，设置其主变程、物源方向、宽度和厚度。

（4）利用单井水下分流河道相比例，绘制河道相平面比例图，并控制水下分流河道模型的模拟，随机模拟相模型 50～100 次，挑选最符合地质认识的模型。

（5）检查水下分流河道相分布是否达到已知比例，如达到已知比例，则认可此次模拟过程，否则，回到上一步继续进行。

2）建立河口坝及前缘席状砂构型模型的步骤

在河道相模拟的基础上，按基于目标模拟步骤分层次模拟河口坝及前缘席状砂微相。

3）模拟效果评价

$L_1$ Ⅰ-2 小层以水下分流河道与河口坝沉积为主（图 3-36），整体经历的是水退的沉积过程，早期以泥岩沉积为主，后来沉积物供给速率不断增大，河道逐渐发育，并伴有河口坝生成。砂体主要发育在研究区西南部位。

构型建模结果显示，储层在层内的展布主要受控于水下分流河道的动力驱动，研究区南西部位砂体最厚，是水下分流河道分布最好的部位，水下分流河道前缘伴随有河口坝和前缘席状砂，河口坝在北东向主物源的远端沉积规模较大，外缘有前缘席状砂发育，构型模型与沉积微相研究一致（图 3-52）。

从单河道模型来看河道的发育情况看主要以侧叠为主，在河道末端局部有孤立河道出现，水下分流河道弯曲度较低，主要为顺直单河道。核心井 A1 井、A2 井、A7S1 井和 A13井主要位于水下分流河道上，A1 井与 A13 井砂体处于同一河道，A7S1 井与 A13、A1 井所处河道侧向叠置，A2 井与 A7S1 井、A13 井所在河道间接侧向叠置接触。

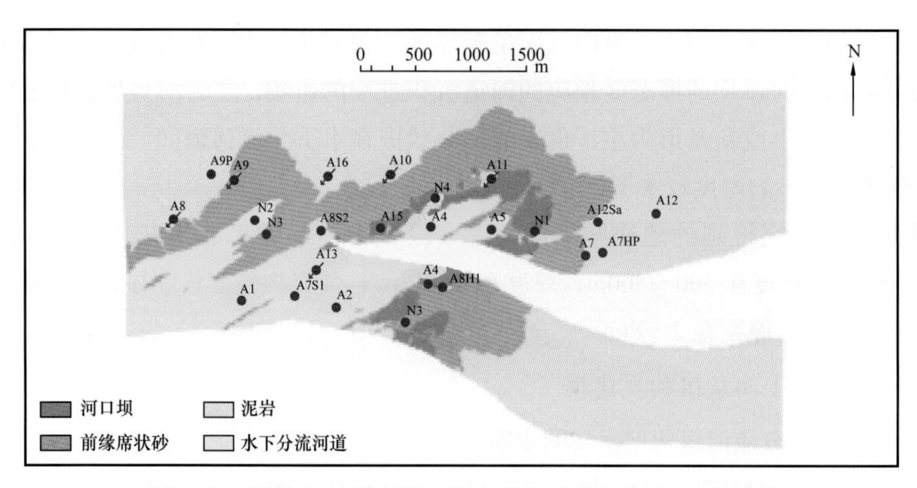


图 3-52 涠洲 11-B 油田流一段 $L_1$ Ⅰ-2 小层细分层 27 平面图

3. 基于单砂体构型的渗流屏障刻画技术

1 小层和 2 小层之间开发井区范围内有较明显的泥岩夹层分布（图 3-53），两个小层之间垂向渗流间隔明显，小层含油面积内垂向相对独立（图 3-54）。

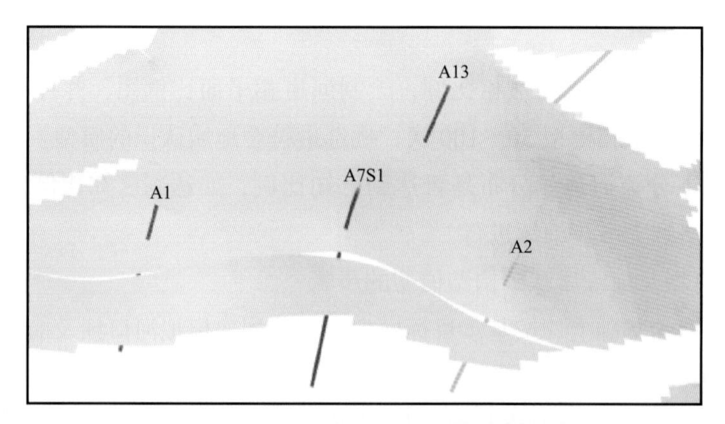


图 3-53 Ⅰ油层组 1、2 小层之间的泥岩隔挡

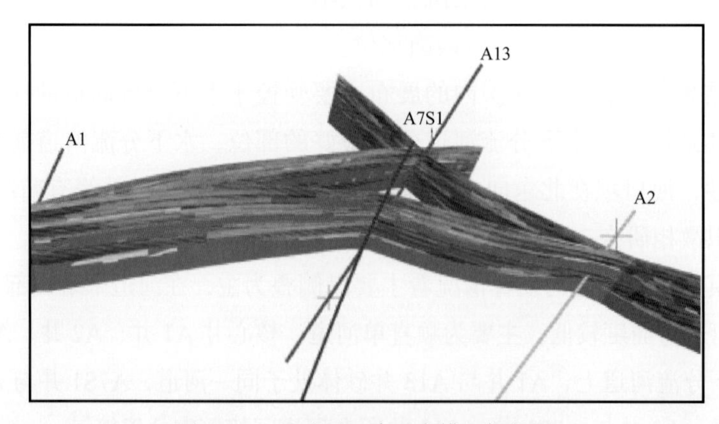


图 3-54 Ⅰ油层组渗透率模型栅状图

### 4. 分类模拟效果评估

涠洲 11–B 油田流一段扇三角洲沉积河道砂体主要以孤立—侧叠式和切叠式为主（图 3–55）。侧叠式是指不同沉积时间构型单元垂向或侧向孤立或切割叠置分布，切叠式是指不同沉积时间构型单元之间垂向切割、叠置。孤立—侧叠式模拟采用定义河道条数的方式，切叠式通过设置河道占比进行模拟。

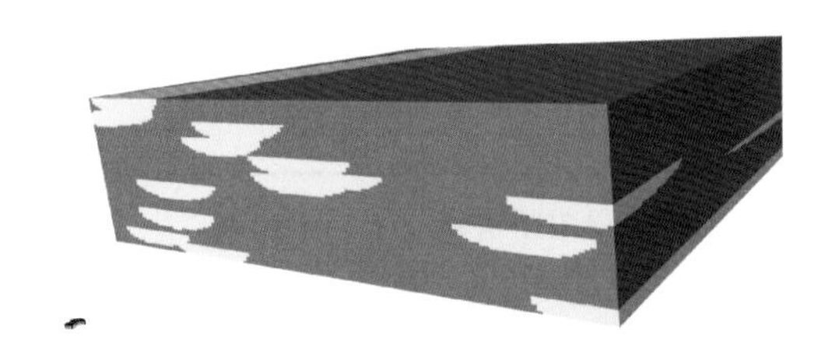

(a) 河道砂体孤立—侧叠示意图　　(b) 河道砂体切叠示意图

图 3–55　涠洲 11–B 油田流一段扇三角洲沉积河道砂体示意图

统计数据表明，本区各构型单元中水下分流河道相占比小于 25% 的，河道多为孤立或侧叠；大于 25% 的多为切叠。这与前期构型研究成果一致。

### 5. 整体效果评估

构型模型能够较好地反映前期的地质认识（图 3–56），清楚模拟扇三角洲沉积的特点以及水下分流河道、河口坝和前缘席状砂的分布形态和规模等要素。从远物源 A8 井—A7HP 井剖面看（图 3–57），A8 井在 $L_1$Ⅱ油层组的水下分流河道砂垂向切叠关系刻画准确，A5 井、A6 井局部顺物源方向砂体延伸平缓。$L_1$Ⅳ$_{下}$油层组砂体反复叠置，在 A4 井、A5 井附近形成多处侧叠接触关系。

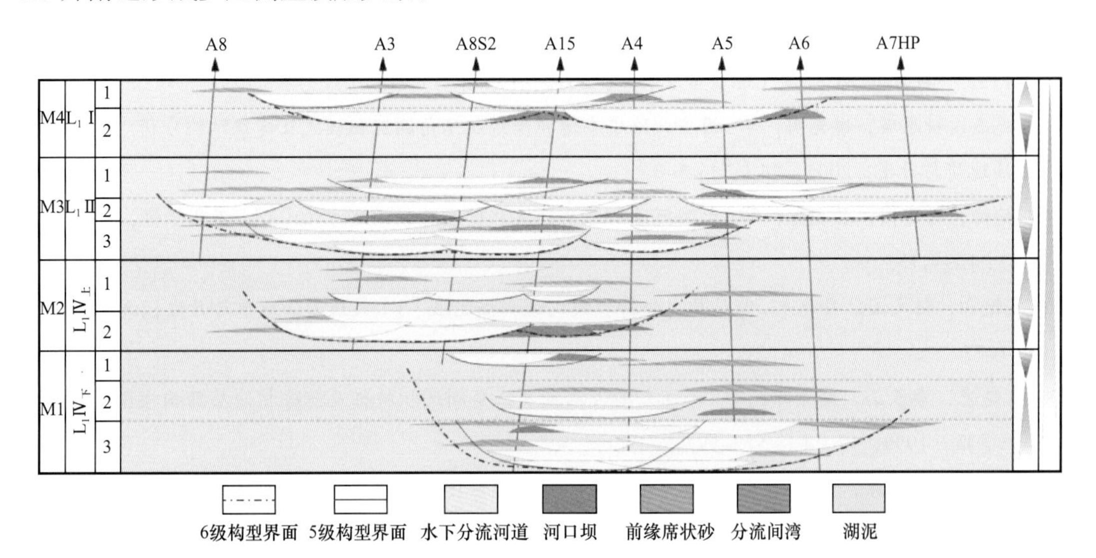


图 3–56　涠洲 11–B 油田连井构型剖面（过 A8 井—A7HP 井垂直水流方向）

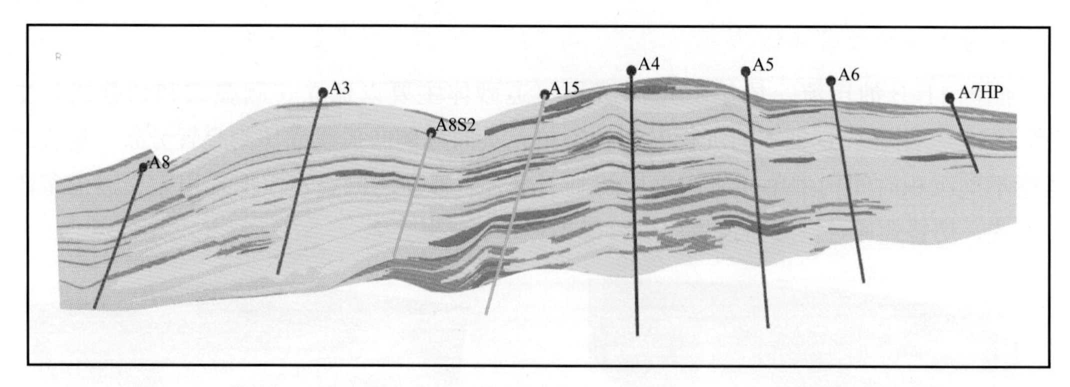


图 3–57　涠洲 11–B 油田连井构型模型剖面（过 A8 井—A7HP 井垂直水流方向）

## 参考文献

[1]吴胜和．储层表征与建模［M］．北京：石油工业出版社，2010.

[2]吴胜和，翟瑞，李宇鹏．地下储层构型表征现状与展望［J］．地学前缘，2012，19（2）：15–23.

[3]吴胜和，纪友亮，岳大力，等．碎屑沉积地质体构型分级方案探讨［J］．高校地质学报，2013，19（1）：12–22.

[4]何东博，贾爱林，冀光，等．苏里格大型致密砂岩气田开发井型井网技术［J］．石油勘探与开发，2013，40（1）：79–89.

[5]岳大力．曲流河储层构型分析与剩余油分布模式研究——以孤岛油田馆陶组为例［D］．中国地质大学（北京），2006.

[6]胡光义，陈飞，范廷恩，等．渤海海域 S 油田新近系明化镇组河流相复合砂体叠置样式分析［J］．沉积学报，2014，32（3）：586–592.

[7]周银邦，吴胜和，岳大力，等．复合分流河道砂体内部单河道划分——以萨北油田北二西区萨Ⅱ1+2b 小层为例［J］．油气地质与采收率，2010，17（2）：4–8.

[8]邵先杰，钟思瑛，廖光明，等．海安凹陷安丰退积型辫状三角洲沉积模式及建筑结构分析［J］．大庆石油地质与开发，2005，24（2）：5–7.

[9]赵翰卿，付志国，吕晓光，等．大型河流—三角洲沉积储层精细描述方法［J］．石油学报，2000，21（4）：109–113.

[10]赵翰卿，付志国，吕晓光．储层层次分析和模式预测描述法［J］．大庆石油地质与开发，2004，23（5）：74–77.

[11]吕晓光，李长山，蔡希源，等．松辽大型浅水湖盆三角洲沉积特征及前缘相储层结构模型［J］．沉积学报，1999，17（4）：572–577.

[12]张庆国，鲍志东，宋新民，等．扶余油田扶余油层储集层单砂体划分及成因分析［J］．石油勘探与开发，2008，35（2）：157–162.

[13]封从军，鲍志东，单启铜，等．三角洲平原复合分流河道内部单砂体划分——以扶余油田中区南部泉头组四段为例［J］．石油与天然气地质，2012，33（1）：225–230

[14] 李志鹏，林承焰，董波，等．河控三角洲水下分流河道砂体内部建筑结构模式［J］．石油学报，2012，33（1）：101-105.

[15] 何文祥，吴胜和，唐义疆，等．河口坝砂体构型精细解剖［J］．石油勘探与开发，2005，32（5）：42-46.

[16] 尹太举，张昌民，樊中海，等．地下储层建筑结构预测模型的建立［J］．西安石油学院学报（自然科学版），2002，17（3）：7-10.

[17] 陈程，贾爱林，孙义梅．厚油层内部相结构模式及其剩余油分布特征［J］．石油学报,2000,21（5）：99-102.

[18] 林煜，吴胜和，岳大力，等．扇三角洲前缘储层构型精细解剖——以辽河油田曙 26-6 区块杜家台油层为例［J］．天然气地球科学，2013，24（2）：335-344.

[19] 王华，陆永潮，任建业，等．层序地层学基本原理、方法与应用［M］．北京：中国地质大学出版社，2007.

[20] 于兴河，陈建阳，张志杰，等．油气储层相控随机建模技术的约束方法［J］．地学前缘，2005，12（3）：237-244.

[21] 吴胜和，岳大力，刘建民，等．地下古河道储层构型的层次建模研究［J］．中国科学 D 辑：地球科学，2008，38（增刊），111-121.

[22] 尹艳树．层次建模方法及其在河流相储层建筑结构建模中的应用［J］．石油地质与工程，2011，25（6）：1-4.

# 第四章　水驱油藏驱油效率标定及应用

采收率是衡量油田经济效益的重要依据，提高采收率是油田工作的主要目标，其大小等于驱油效率和波及系数的乘积。进入开发后期，驱油效率对采收率的影响比波及系数大，而且经过相关方法和技术调整后具有很大的提升空间[1]。因此，认识和掌握驱油效率相关理论知识是研究的基础[2]，准确预测油田驱油效率对油田后期开发具有重要意义，尤其对于井网稀疏的海上油田是提高采收率的一个必要研究方向。本章主要从水驱油效率影响因素及其获取方法、高倍驱替出油量计量和矿场提液提高采收率机理三个方面进行阐述。

## 第一节　驱油效率影响因素及其获取方法

驱油效率指由天然的或人工注入的驱替剂（水）波及范围内所驱替出的原油体积与波及范围内的总含油体积之比，在微观上表征为原油被注入工作剂清洗的程度[3]。在生产实际过程中，水驱油效率的影响因素及其获取方法较多，关注驱油效率主要影响因素，优选驱油效率获取方法对取准驱油效率至关重要。

### 一、驱油效率主要影响因素

20 世纪 20 年代就开始了对水驱油效率的影响因素进行实验研究。水驱油效率影响因素从机理上分析主要有内因和外因两个方面，包括岩石润湿性、油水黏度比、孔隙结构、驱替压力、注入倍数及平面非均质性等[2]。

#### （一）岩石润湿性对驱油效率的影响

油藏岩石润湿性是岩石矿物表面与油藏中的油水流体相互作用的一种结果，润湿性可定义为“当存在另一种不混相的流体时一种流体在固体表面扩展或吸附的趋势”。润湿性决定了油藏中的流体在岩石孔道内的微观分布状态，也决定着油藏流体的渗流特征及驱油效率等。油藏岩石润湿性在提高油田开发效果、选择提高采收率方法等方面具有重要作用。当油藏岩石亲水（水润湿）时，水趋于占据小的孔隙并与岩石的绝大部分接触。当油藏岩石亲油（油润湿）时，油将占据小的孔隙并与岩石的绝大部分接触。当岩石既不强烈偏向油也不强烈偏向水时，这一系统称作中性润湿性。还有一种润湿性，称为分润湿性，即岩心的不同部位具有不同的润湿偏向性。

一般认为当油藏岩石为强水湿时，由于毛细管压力是水驱油的动力，有利于提高水的自吸速率，因而与强油湿的岩石相比，其注水时的驱油效率（即注水采收率）较高。但是，仍有部分学者（Morrow 等）通过实验认为，均质强水湿岩样的驱油效率最低，随水湿性逐渐减弱，驱油效率呈上升趋势，在接近中性润湿条件时水驱油效率最高[4-6]。

### （二）孔隙结构对驱油效率的影响研究

岩石的孔隙结构是指岩石所具有的孔隙和喉道的几何形状、大小、分布及其相互连通关系。孔隙结构和水驱油效率之间的关系是 20 世纪 80 年代以来地质学家和采油工程师所密切关注的课题。

储层的孔隙结构非均质性强、孔喉比大时，驱油效率低；非均质性弱、孔喉比小时，驱油效率高；当孔隙结构较为均匀时，储层物性越好驱油效率越高。

### （三）渗透率对驱油效率的影响研究

渗透率表征了岩石微观孔隙结构对流体渗流能力的影响。李道品认为当渗透率大于 200mD 后其值的大小对驱油效率的影响就不明显了，但在渗透率小于 50mD 时，这种影响就不可忽略。大量实验研究表明，渗透率对驱油效率的影响不大，特别是当油水黏度比、孔隙结构差异较大时，渗透率大小与驱油效率无明显的关系，但是在特定孔隙结构参数下，渗透率影响驱油效率的大小。在渗透率相差不大的情况下，孔隙结构非均质性越强，驱油效率越差；而在分选差不多的情况下，其驱油效率在很大程度上取决于渗透率的大小，渗透率越高，驱油效率越高。

### （四）油水黏度比对驱油效率的影响研究

油水黏度比是影响极限驱油效率最主要的因素之一。在原油较高黏度情况下水驱前缘容易沿连通好的大孔道向前突进，水驱前缘之后仍留有大量原油，这部分原油在继续水洗的情况下有部分可以向前运移。但由于油水黏度比较大，水沿已形成的水相连续通道向前流动，洗油能力较差。随着原油黏度的降低，油水黏度比减小，水的突进现象有所减弱，在相同注入压力条件下，由于黏度低引起流动阻力减小，使得驱替速度有所提高。在水驱前缘之后的两相流动区内，原油较容易和水一起向前运移；在喉道处有可能出现油水间断通过或油水平行流动；在较长的大孔道中会出现油水平行流动，在细长的小孔道中可能油水相间以段塞状向前运移。这种油水同出的现象会持续较长的时间。所以，低黏原油在水驱情况下，洗油能力较强，也就是驱替效率较高[7]。

### （五）驱替压力对驱油效率的影响研究

在注水开发过程中，水驱压力对于维持地层能量、控制采油速度和提高油田最终采收率至关重要。研究表明压力的提高在最初可以拓宽、增加水的流动能力，扩大注入水波及面积，提高驱油效率。但达到一定程度后，即注入水已在模型中形成较为稳定的渗流通道，且模型出口端已见水后，则驱替压力的提高仅能提高水的流动速度，而对驱油效率提高甚微。对于低渗透油田，随着水驱压力的提高，驱油效率增加，但水驱压力不能太大，否则储层会发生速敏，虽然驱油效率增幅较大，但由于油水渗流能力变差，注水压力必然大幅度上升，使注水难度增大，注水量无法保证，水驱效果变差[8]。因此，驱替（注入）压力只能在一定的范围内提高驱油效率。

### （六）注入倍数对驱油效率的影响研究

注入倍数是指注入水体积与岩心孔隙体积之比。统计分析显示，非均质性严重的混合润湿（偏亲油）水驱油藏，通过高渗透夹层的水量比油层的平均注入倍数要高得多，高渗透夹层的采收率能达到80%～90%。实验表明，随着注入倍数的增加，驱油效率增加（图4-1），在不同的驱替阶段，驱油效率增加的幅度不同，尤其当油田开发进入高含水期后，随着注入倍数的增加驱油效率增加的幅度明显减小[9]。

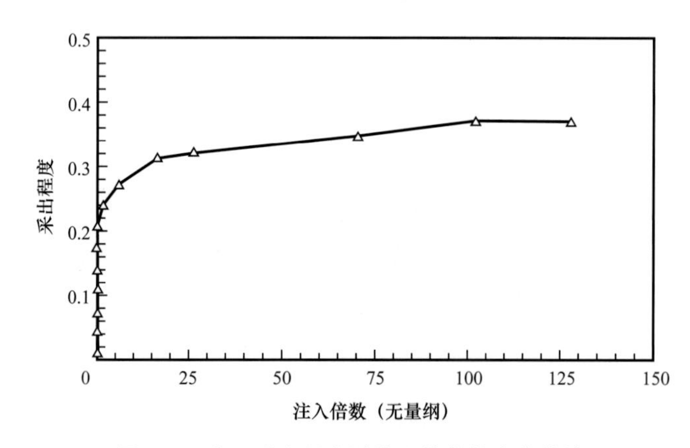


图4-1　岩心采出程度随注入倍数的变化曲线

## 二、驱油效率获取方法

驱油效率的获取方法有很多，大体包括定义法、室内实验法和经验公式法三大类。其中定义法应用较少，矿场常用室内实验法和区域经验公式法计算。

### （一）室内实验法

由定义可知，对一确定的储层来说，对水驱油效率的研究可转化为对残余油饱和度的研究，其计算公式为

$$E_d = \frac{S_{oi} - S_{or}}{S_{oi}} \times 100 = 100 - \frac{S_{or}}{S_{oi}} \times 100 \tag{4-1}$$

式中 $E_d$——水驱油效率；

$S_{oi}$——原始含油饱和度；

$S_{or}$——残余油饱和度。

室内实验法多是依据式（4–1）计算驱油效率，把对驱油效率的研究转化成为对岩心流体饱和度的研究。室内实验如相渗实验、驱替实验、离心等均可用于计算驱油效率，室内实验法在油田开发生产过程中应用较多。

当变异系数为0时（不考虑非均质性影响），驱油效率可以用油水相对渗透率曲线直接求出，其计算公式为

$$E_d = \frac{1 - S_{wi} - \left(1 - S_{wmax}\right)}{1 - S_{wi}} \times 100 = \frac{S_{wmax} - S_{wi}}{1 - S_{wi}} \times 100 \quad (4\text{–}2)$$

式中 $S_{wi}$——岩心束缚水饱和度；

$S_{wmax}$——岩心最大含水饱和度。

当考虑油藏变异系数时，油藏驱油效率可用式（4–3）计算：

$$E_d = \frac{1 - S_{wi} - \left(1 - \overline{S_w}\right)}{1 - S_{wi}} \times 100 = \frac{\overline{S_w} - S_{wi}}{1 - S_{wi}} \times 100 \quad (4\text{–}3)$$

$$\overline{S_w} = S_w + \frac{1 - f_w}{f_w{}'} \quad (4\text{–}4)$$

式中 $\overline{S_w}$——油层平均含水饱和度；

$S_w$——油层出口端含水饱和度；

$f_w$——油层出口含水率；

$f_w{}'$——油层出口端含水率的导数。

一般来说，水驱油效率应该由室内岩心水驱油实验求得，但目前驱替实验仍存在较多问题。水驱油实验评价驱油效率最关键的为流体饱和度的确定，但驱替到什么程度方可确定残余油饱和度，迄今并无明确的标准，所以各油田对水驱油效率的测取方法存在差别。

有的油田利用油水相对渗透率曲线测到的端点值所对应的“残余油饱和度”来计算水驱油效率[10]；有的油田通过直接测取注入孔隙体积倍数和采出油量，测到注入水2～10倍孔隙体积停止，或目测不出油为止来推断驱油效率；还有的油田则是以测到注入水30倍孔隙体积左右，然后插值计算到注入水50倍孔隙体积来确定水驱油效率等。通常认为水驱油效率是一个常数，可视为水驱油田采收率的极限值。而国内有些油田到高含水后期，其标定采收率已接近或超过其室内测定的水驱油效率[11]。

南海西部某主力油田岩心开展了不同物性、不同长度、不同驱替压差对水驱油效率的影响研究，研究结果表明：随着岩心（常规短岩心）渗透率增加（从24mD增加到4760mD），驱油效率总体呈增加趋势，最大为55.5%（从35.8%增加到55.5%），平均值

为 50.3%。从南海西部油田实验结果与实际生产情况可以看出，实际生产中部分油组采出程度达到 60%，大于短岩心常规驱替实验计算结果。

从不同油田室内实验评价测定驱油效获取方法可以看出，该方法所获取的驱油效率是有一定局限性的。

### （二）公式计算法

公式计算法多是利用统计分析的方法，结合室内实验评价结果，建立动静态参数与驱油效率关系，从而达到计算、预测驱油效率的目的。

1. 利用孔隙结构函数计算

王尤富、鲍颖根据室内驱油实验结果，发现孔隙结构特征函数与水驱油效率有很好的正相关性[12]，并给出了二者之间的定量表达式：

$$E_{\mathrm{d}}=1.256\mathrm{G}\left(f\right)+0.01 \tag{4-5}$$

式中　G（$f$）——孔隙结构特征函数。

2. 利用微观孔隙结构特征计算

通过大量的统计发现，在润湿性、流体性质相同的条件下，退汞效率与驱油效率具有很好的相关性，纪淑红等利用退汞效率的变化来推断驱油效率与孔隙度、渗透率组合参数的关系，并得出水驱油效率与孔隙度、渗透率组合参数间的定量关系[13]。

$$E_{\mathrm{d}}=a\lg\sqrt{8\times\frac{K}{\phi}+b} \tag{4-6}$$

式中　$a$、$b$——回归系数，无量纲；

$K$——渗透率，mD；

$\phi$——孔隙度，%。

3. 利用储层物性、流体性质及注入倍数计算

黄学斌、宗会风等以室内水驱油实验数据为基础，统计得出了渗透率、油水黏度比及注入倍数与驱油效率的关系式[14, 15]。

$$E_{\mathrm{d}}=2.431\times K_{\mathrm{a}}-10.51\times\mu_{\mathrm{R}}+\ln\mathrm{PV}+75.56 \tag{4-7}$$

式中　$K_{\mathrm{a}}$——空气渗透率，D；

$\mu_{\mathrm{R}}$——油水黏度比，无量纲；

PV——注入倍数，无量纲。

用于计算驱油效率的经验公式较多，可结合区域规律，建立适合目标靶区的经验公式。经验公式计算驱油效率多受回归样本各参数范围限制，推广应用性较差，且取准各参数难度大。通常利用室内实验求取驱油效率的方法应用较多。

## 第二节　基于高倍驱替出油量准确计量的驱油效率确定方法

目前研究驱油效率多是依据行业标准进行常规水驱油实验，实际上冲刷强度与油藏开发实际相差较大，如南海西部某油藏D砂体采用4采2注井网开发，10年间累计产液$54\times10^4m^3$，在历史拟合的基础上，利用数值模拟方法获得油藏各网格累积过水体积及网格孔隙体积，从而计算各网格驱替倍数。生产井水淹后井周驱替倍数约为1200～3000PV。以该油藏为例，常规岩心驱替至少需要3000PV才足以达到井周围冲刷强度大小，从图4-2中可以看出，驱替倍数至少500～1000PV才能明显反映水驱冲刷对储层的影响。

图4-2　南海西部某油藏D砂体冲刷强度分布图（开发10年左右）

通过对比可以看出岩心实验和实际油藏开发存在较大差异，在做驱替实验时应在条件允许的情况下研究高倍驱替驱油效率。

受驱替时间制约，高倍驱替实验研究相对较少，王博、陈小凡[16]等研究高倍驱替对储层物性的影响，实验驱替倍数为800～1000PV。由于高倍驱替后出油量难以计量，通过高倍驱替实验来研究驱油效率的实验相对较少。在进入高倍驱替后油相除了以不连续的单独油相驱出外，油相还随水相一同被带出，在烧杯壁上形成油膜和油环，驱油效率有所增加。但是这些油膜和油环很难被准确计量，因此利用常规计量方法达不到高倍驱替研究驱油效率的目的。

本节提出利用“红外测油仪”和“蒸馏抽提法”联合解决高倍驱替出油量难以计量问题，并通过实验验证、计算高倍驱替驱油效率，岩心驱油效率提高近10%。

从式（4-1）可以看出计算驱油效率即可转化为对残余油饱和度的计算，从这个角度出发，分别用“红外测油仪”和“蒸馏抽屉法”两种方法对高倍驱替出油量及岩心残余油饱和度进行计算，从而计算高倍驱替驱油效率，高倍驱替驱油效率计算思路图如图4-3所示。

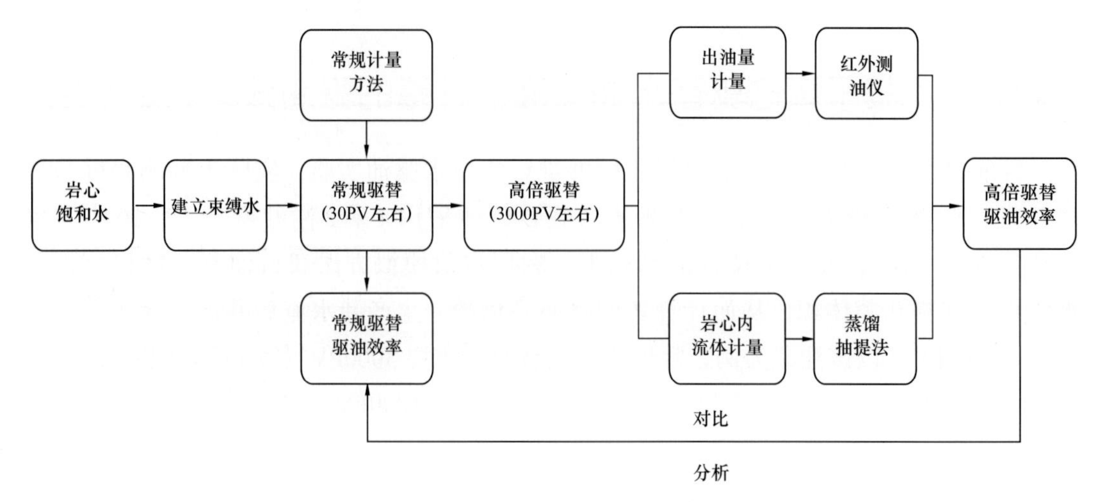


图 4–3　高倍驱替实验研究驱油效率思路图

## 一、高倍驱替出油量计量

### （一）红外测油仪计量高倍驱替出油量原理

石油类物质的成分非常复杂，其组成也因产地而异，石油的主要成分是烃类（烷烃、环烷烃和芳香烃）。在红外吸收光谱中，由于不同产地的石油类物质，或多或少地存在着亚甲基═$CH_2$基团与甲基—$CH_3$基团及Ar–H芳香烃之间的比值变化，所以求出各自的校正系数：$X$为亚甲基═$CH_2$基团系数，$Y$为甲基═$CH_3$基团系数，$Z$为Ar–H芳香烃系数。再求出亚甲基═$CH_2$的波数2930$cm^{-1}$与3030$cm^{-1}$的比值为$F$。求出$F, X, Y, Z$值后，再测定各种石油类，这样就可以避免在测定石油类物质时受到石油产地的影响。

1. 定性分析

一定频率的红外线经过分子时，如果分子中某一个键的振动频率和它一样，这个键就吸收红外线而增加能量，振动就会加强；如果分子中没有同样频率的键红外线就不会被吸收。若连续改变红外线的频率照射样品时，则通过样品吸收池的红外线，有些区域较强，有些区域较弱，从而产生了红外吸收光谱。

2. 定量分析

当某单色光通过被测溶液时，其能量就会被吸收。光强被吸收的强弱与被测物质的浓度成比例，即符合比尔定律：

$$A = \lg\frac{1}{T} = \lg\frac{I_o}{I} = a \times b \times c \tag{4-8}$$

其中　$T = \dfrac{I}{I_o} \times 100\%$

式中　$I_o$——入射单色光强度；

$I$——透射光强度；

$a$——常数；

$b$——液层厚度；

$c$——样品浓度。

石油类物质含量的测定，根据石油类（ISO）浓度计算：

$$C=X\times A_{2930}+Y\times A_{2960}+Z\times(A_{3030}-A_{2930}/F) \tag{4-9}$$

式中　$C$——石油类浓度；

$A_{2930}$，$A_{2960}$，$A_{3030}$——不同波数下的吸光度；

$X$，$Y$，$Z$，$F$——校正系数。

确定校正系数：

$$F=A_{2930}(\mathrm{H})/A_{3030}(\mathrm{H}) \tag{4-10}$$

$$C(\mathrm{H})=X\times A_{2930}(\mathrm{H})+Y\times A_{2960}(\mathrm{H}) \tag{4-11}$$

$$C(\mathrm{P})=X\times A_{2930}(\mathrm{P})+Y\times A_{2960}(\mathrm{P}) \tag{4-12}$$

$$C(\mathrm{T})=X\times A_{2930}(\mathrm{T})+Y\times A_{2960}(\mathrm{T})+Z\times[A_{3030}(\mathrm{T})-A_{2930}(\mathrm{T})/F] \tag{4-13}$$

式中　$A_{2930}$（H）、$A_{2930}$（P）、$A_{2930}$（T）——正十六烷、老鲛烷（或异辛烷）、甲苯（或苯）在波数为 2930cm$^{-1}$ 处的吸光度；

$A_{2960}$（H）、$A_{2960}$（P）、$A_{2960}$（T）——正十六烷、老鲛烷（或异辛烷）、甲苯（或苯）在波数为 2960cm$^{-1}$ 处的吸光度；

$A_{3030}$（H）、$A_{3030}$（T）——正十六烷、甲苯（或苯）在波数为 3030cm–$^{1}$ 处的吸光度；

$C$（H）、$C$（P）、$C$（T）——正十六烷、老鲛烷（或异辛烷）、甲苯（或苯）的浓度。

以四氯化碳为溶剂配制甲苯（或苯）、老鲛烷（或异辛烷）、正十六烷溶液，浓度分别为 80mg/L、20mg/L、20mg/L，用 4cm 比色皿测定红外光谱的吸光度。对于正十六烷（H）及老鲛烷（P）（或异辛烷）由于其芳香烃含量为零，即

$$A_{3030}-A_{2930}/F=0 \tag{4-14}$$

将正十六烷（H）及老鲛烷（P）（或异辛烷）在波数 2930cm$^{-1}$ 和波数 2960cm$^{-1}$ 测得的吸光度，分别代入计算公式求出 $X$，$Y$ 值，然后再将 $F$，$X$，$Y$ 代入计算式（4–9）求出 $Z$ 值。

红外分光测油仪主要依据单色光通过溶液时能量被吸收后的强弱比例来计算溶液中油的含量，其最低检测油浓度可达 0.001mg/L，可以很好地计量高倍驱替过程中的出油量。

### （二）红外测油仪计量高倍驱替出油量结果

对南海西部某油藏密闭取心井岩心 Z–3（实验结果数据见表 4–1）进行高倍驱替，流

程图如图 4–4 所示，累计驱替 2780PV。常规驱替 6PV 后驱油效率为 52.38%，高倍驱替后驱油效率为 61.89%，驱油效率增加 9.5%，部分高倍驱替数据见表 4–2，部分驱替过程出油状态如图 4–5 所示。

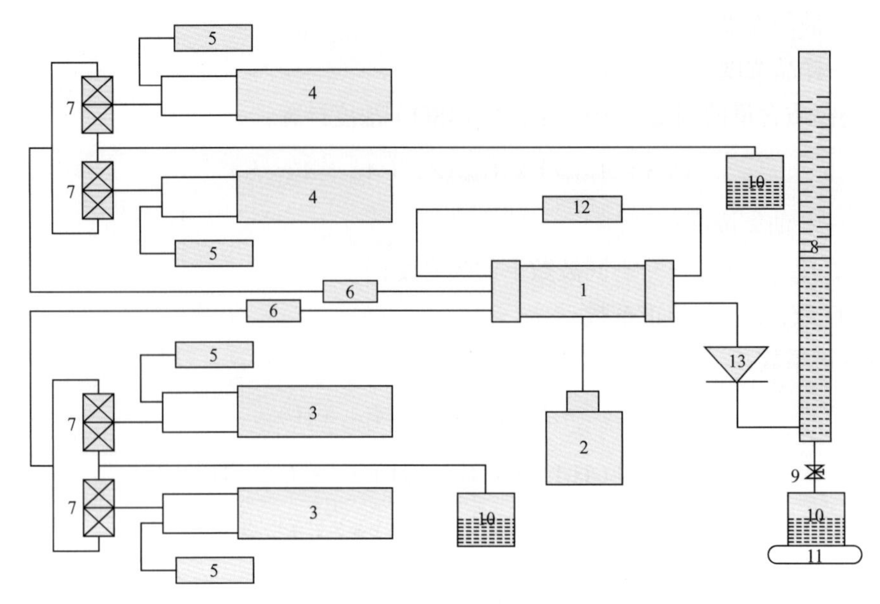


图 4–4　高倍驱替实验装置示意图

1—岩心夹持器；2—围压泵；3—水泵；4—油泵；5—压力传感器；6—过滤器；7—三通阀；8—油水分离器；9—两通阀；10—烧杯；11—天平；12—压差传感器；13—回压阀

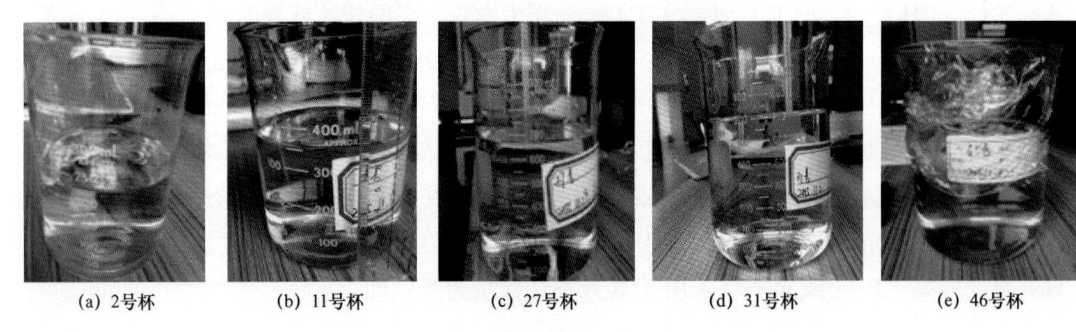

(a) 2号杯　(b) 11号杯　(c) 27号杯　(d) 31号杯　(e) 46号杯

图 4–5　高倍驱替出油状态

**表 4–1　Z–3 号岩心实验结果数据表**

| 岩心编号 | 岩心长度（cm） | 岩心直径（cm） | 岩心孔隙度（%） | 气测渗透率（mD） | 水测渗透率（mD） |
|---|---|---|---|---|---|
| Z-3 | 5.661 | 2.505 | 32.4 | 698 | 82.86 |
| 液测孔隙体积（$cm^3$） | 束缚水饱和度（%） | 残余油饱和度（%） | 常规驱替驱油效率（%） | 高倍驱替倍数（PV） | 高倍驱替后驱油效率（%） |
| 8.904 | 41.04 | 28.08 | 52.38 | 2780 | 61.89 |

表 4-2 Z-3 号岩心部分高倍驱替实验数据表

| 烧杯序号 | 水样体积（mL） | 含油量（mL） | 驱替倍数（PV） | 岩心含油饱和度（%） | 驱替效率（%） |
| --- | --- | --- | --- | --- | --- |
| | | | 5.56 | 28.077 | 52.381 |
| 1 | 480 | 0.046350671 | 59.47 | 27.557 | 53.264 |
| 2 | 217 | 0.045332076 | 83.84 | 27.048 | 54.127 |
| 3 | 513 | 0.042573573 | 141.46 | 26.569 | 54.938 |
| … | … | … | … | … | … |
| 25 | 279 | 0.006439522 | 1105.18 | 24.967 | 57.656 |
| 26 | 699 | 0.005903979 | 1183.68 | 24.901 | 57.768 |
| 27 | 639 | 0.005272615 | 1255.45 | 24.842 | 57.869 |
| 28 | 740 | 0.00483116 | 1338.56 | 24.787 | 57.961 |
| … | … | … | … | … | … |
| 45 | 706 | 0.004676625 | 2646.73 | 22.532 | 61.786 |
| 46 | 670 | 0.004630725 | 2721.98 | 22.480 | 61.875 |
| 47 | 523 | 0.001022244 | 2780.72 | 22.468 | 61.894 |

## 二、高倍驱替岩心流体油饱和度计算

### （一）蒸馏抽提法确定流体饱和度原理

蒸馏抽提法确定流体饱和度主要是把岩样中的水蒸馏出来，利用溶剂把油抽提出来，将岩样称重，加热溶剂使水蒸发，然后把水蒸气冷凝下来收集在一个校准的集液管里。将蒸发的溶剂也要冷凝下来，浸泡岩心，洗去油，然后岩心放在烘箱里烘干，称重，通过质量差来确定油的含量。这种方法适合于柱塞岩心和旋转井壁取心的岩样。

将称量后的岩样放在岩心室中，利用沸点高于水且与水不溶、密度小于水、洗油效果好的溶剂如甲苯等蒸馏出岩样中的水分，并将岩样清洗干净，烘干并称量，用抽提前后的质量差减去水量得到含油量，从而得到含水饱和度的实验测试结果。

蒸馏抽提法的优点：

（1）通常水量测定很准确。

（2）一般情况下岩样不会损坏，可以进行下一步的实验，但岩心的润湿性可能会改变，一些含有黏土（例如蒙皂石）或石膏的岩石结构也会改变。

（3）所用的温度相对较低（100～120℃），因此，只有少量的黏土中的水化水会跑掉。

（4）操作较为简单。

蒸馏抽提法的局限性：

（1）岩心中地层水中的盐可能会沉淀在岩心中，这将导致孔隙度和（或）渗透率发生变化。蒸馏后的岩心可用甲醇清洗，把盐除掉。

（2）蒸馏时间不足，可能影响水的蒸发，故蒸馏时间一定要充分。

（3）没有完全烘干岩样，可能会影响含水饱和度的计算精度。

（4）如果岩样中含有较多的石膏或蒙皂石黏土（含水化水），则测得的含水饱和度就会过高。如果油藏中存在水化水，在蒸馏和烘干的过程中被除掉了，那么渗透率、孔隙度数据就会发生改变。

（5）油的体积并不是直接测定的，可能导致产生误差。

### （二）蒸馏抽提法确定流体饱和度结果

对高倍驱替出油量的计量是对驱替过程的记录，可以了解驱替过程出油量的实时变化，采用蒸馏抽提法可以对岩心驱替结束时岩心内部油水含量进行计算，是对红外测油仪计算结果的一个补充与验证。

利用蒸馏抽提法对南海西部某油藏密闭取心井岩心 Z–3 号岩心高倍驱替结束时岩心含水量进行测量，进一步计算残余油饱和度，计算高倍驱替驱油效率，在累积驱替 2780PV 后，利用蒸馏法计算驱油效率为 61.07%，驱油效率增加 8.69%，实验结果见表 4–3。

通过实验结果可以看到红外测油仪和蒸馏两种方法得到的高倍驱替驱油效率结果较为一致，且两种方法分别对驱替过程和驱替结果两种状态进行了计量。利用这种对比分析后的实验结果较为可靠，高倍驱替可提高驱油效率 10% 左右。通过这两种方法很好地解决了高倍驱替出油量计量难导致驱油效率计算不准的问题，为研究高倍驱替实验奠定了基础。

**表 4–3　蒸馏法实验结果表**

| 液测孔隙体积（$cm^3$） | 束缚水饱和度（%） | 常规驱替驱油效率（%） | 高倍驱替驱油效率（红外测油仪）（%） |
|---|---|---|---|
| 8.904 | 41.04 | 52.38 | 61.89 |
| 蒸馏出水量（mL） | 残余油（mL） | 残余油饱和度（%） | 高倍驱替驱油效率（蒸馏法）（%） |
| 6.86 | 2.044 | 22.956 | 61.07 |

## 第三节　提液提高采收率机理研究及应用

油田实施提液措施后，开发效果得到改善，采收率增大，本节在前面实验研究的基础上，研究提液提高采收率机理，指导油田措施实施。

## 一、提液提高采收率机理

根据前人研究结果，对于非均质油藏，提液提高采收率的机理为：一方面，提液后生产压差增大，克服了一部分细小孔隙中毛细管压力产生的渗流阻力，使其中的微观剩余油被驱替出来，提高了驱油效率；另一方面在较高的驱动压力下，平面波及范围扩大，部分低渗透层的原油克服渗流阻力被驱替出来，增加了可动油层厚度，提高了体积波及系数。

### （一）提液对驱油效率的影响

在两相渗流时，毛细管中同时存在黏滞力和毛管力，毛细管数又称毛细管准数或临界驱替比，是表示被驱替相所受到的黏滞力与毛细管力之比的一个无量纲数。其值表征了渗流过程中动力和阻力即黏滞力与毛细管力的相对影响，决定其中油滴的运动状态、滞留位置和滞留油滴的大小，即两相液体在多孔介质中的微观分布。对于特定孔隙介质，不同孔隙中不同大小的油滴能否开始移动都与毛细管数有关，也就是说，与黏滞力和毛细管力哪个占优势及其占优势的程度有关。

注水开发后期，毛细管数一般为 $10^{-7}$～$10^{-6}$。水驱剩余油流动的临界条件是毛细管数为 $10^{-6}$～$10^{-5}$。增加毛细管数将显著提高采收率，理想状态下毛细管数增加至 $10^{-2}$ 时，采收率可达到 100%。就其提高采收率的机理而言，在水驱油过程中，对于一定润湿性和渗透率的多孔介质，注入压差和驱替速度越大，其毛细管数也越大，即排驱油滴的动力越大，剥离油膜的能力越强。因此，提液水驱能克服细小毛细孔道的阻力效应，动用波及区内原本无法驱动的原油。在注入量增大的同时，产油量亦有所增加，能延缓含水率上升趋势，进而提高采收率[17]。

利用驱替实验进行变压差水驱油实验分析，实验模拟的压力为 12.99MPa，温度为 78.8℃，使模拟条件接近油藏真实条件，实验参数及结果见表 4-4。由该表可以看出，针对同一岩心，随着驱油压差增大，驱油效率也逐渐增大。

**表 4-4　变压差水驱油驱替实验结果数据表**

| 岩心编号 | 取样深度（m） | 孔隙度（%） | 渗透率（mD） | 束缚水饱和度（%） | 残余油饱和度（%） | 驱替压差（MPa） | 驱油效率（%） |
|---|---|---|---|---|---|---|---|
| 1-6 | 1119.44 | 29.85 | 3.50 | 36.06 | 43.69 | 2.07 | 19.79 |
| | | | | | | 3.45 | 26.88 |
| | | | | | | 4.83 | 31.67 |
| 2-60 | 1123.59 | 32.68 | 11.54 | 38.44 | 40.44 | 0.69 | 27.59 |
| | | | | | | 1.38 | 32.76 |
| | | | | | | 2.76 | 34.31 |

续表

| 岩心编号 | 取样深度（m） | 孔隙度（%） | 渗透率（mD） | 束缚水饱和度（%） | 残余油饱和度（%） | 驱替压差（MPa） | 驱油效率（%） |
|---|---|---|---|---|---|---|---|
| 1–101 | 1126.66 | 34.92 | 116.73 | 37.67 | 39.55 | 0.14 | 28.85 |
| | | | | | | 0.28 | 33.85 |
| | | | | | | 0.52 | 36.54 |
| 4–7 | 1225.23 | 24.41 | 1.45 | 38.73 | 39.83 | 3.45 | 23.95 |
| | | | | | | 4.83 | 31.05 |
| | | | | | | 6.9 | 35.00 |
| 6–74 | 2365.10 | 14.12 | 4.24 | 33.28 | 38.96 | 1.38 | 37.04 |
| | | | | | | 2.76 | 43.33 |
| | | | | | | 4.14 | 46.30 |
| 7–45 | 1371.14 | 26.39 | 23.27 | 32.22 | 44.11 | 0.35 | 23.81 |
| | | | | | | 0.69 | 29.76 |
| | | | | | | 1.38 | 31.9 |
| 6–26 | 1361.8 | 31.05 | 388.95 | 27.46 | 38.13 | 0.07 | 38.04 |
| | | | | | | 0.14 | 42.68 |
| | | | | | | 0.28 | 43.75 |
| 6–18 | 1361.47 | 33.39 | 801.90 | 35.23 | 35.31 | 0.03 | 38.54 |
| | | | | | | 0.07 | 45.42 |
| | | | | | | 0.14 | 47.08 |

选取6–18号岩心，利用变压差实验研究了驱替压差对驱油效率和含水率的影响。实验分三个阶段，第一阶段驱替压差为0.03MPa，第二阶段驱替压差为0.07MPa，第三阶段驱替压差为0.14MPa，各阶段根据实验数据测出的驱油效率依次为38.54%，45.42%，47.08%。由图4–6可以看出，第一次增大压差后，含水率下降，驱油效率明显增大；第二次提液后含水率基本不变，驱油效率小幅提高。

利用驱替实验测量南海西部某油田不同驱替倍数下残余油饱和度的变化，如图4–7所示，随着驱替倍数增大，残余油饱和度逐渐减小。

根据大量室内实验及矿场实践数据（图4–8）可以看出，水驱冲刷强度增大后，残余油饱和度会减小，此外，束缚水饱和度会增大，残余油饱和度对应的水相渗透率会变小，这些变化都会影响驱油效率，使驱油效率变大。分析机理为：提液后压力梯度增大，克服了一部分细小孔道中毛细管效应或贾敏效应产生的阻力，使残余油饱和度降低；提液后，进入小孔道的水增多，并发生滞留，造成束缚水饱和度增大，水的相对流动能力减弱，残余油饱和度对应的水相相对渗透率减小。

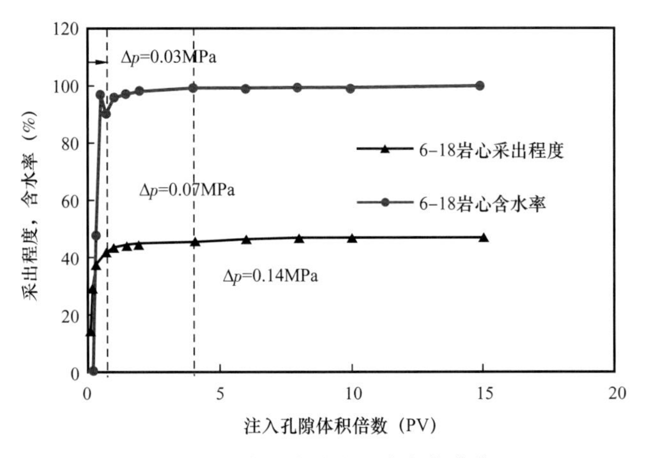


图 4-6　岩心含油饱和度变化曲线

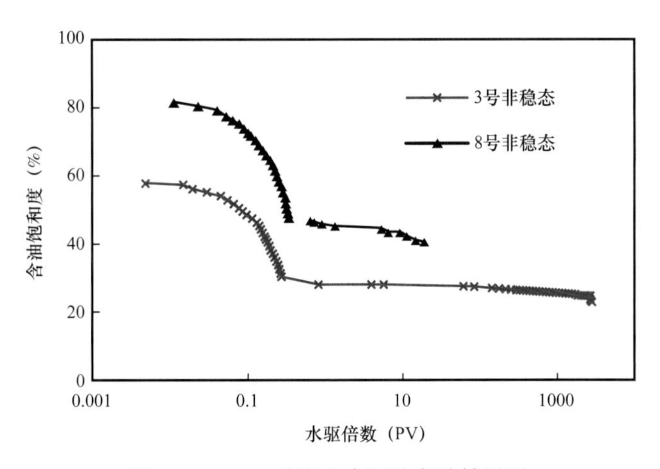


图 4-7　6-18 号岩心水驱油实验结果图

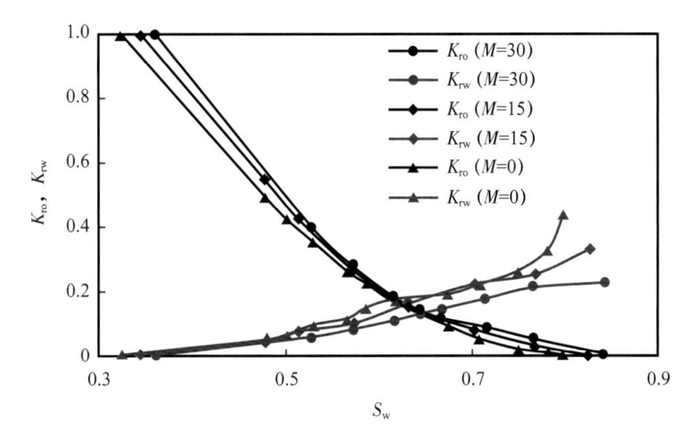


图 4-8　南海西部某岩心不同冲刷强度相渗曲线

### （二）提液对体积波及系数的影响

油藏开发过程中，对于存在压降漏斗波及不到的区域（例如大井距、含油面积边缘），提液可以增大压降波及范围和单井井控储量，提高储量动静比，从而提高采收率。

对于非均质油藏，生产压差较低时，由于启动压力梯度的存在，低渗透层流体无法流动；提液后生产压差增大，流体克服启动压力梯度发生流动。启动压力的存在会对低渗透层的动用产生很大影响，本次研究通过数值模拟来进行说明，设计交叉实验，模型分别考虑启动压力和不考虑启动压力，提液和不提液，共四组，以极限含水 98% 作为关井条件，其中提液前产液量为 $260m^3/d$，提液后为 $1000m^3/d$。

如图 4–9 所示为某一底水油藏，底水与上部相邻的油层存在部分低渗透夹层，当不考虑启动压力时，底水可以通过低渗透夹层驱替上部原油，提液前后，含油饱和度的分布差异不大。当考虑启动压力时，提液前底水无法克服夹层的启动压力，其上部的油层无法有效动用；提液后生产压差增大，底水可以克服夹层的启动压力驱替上部油层。

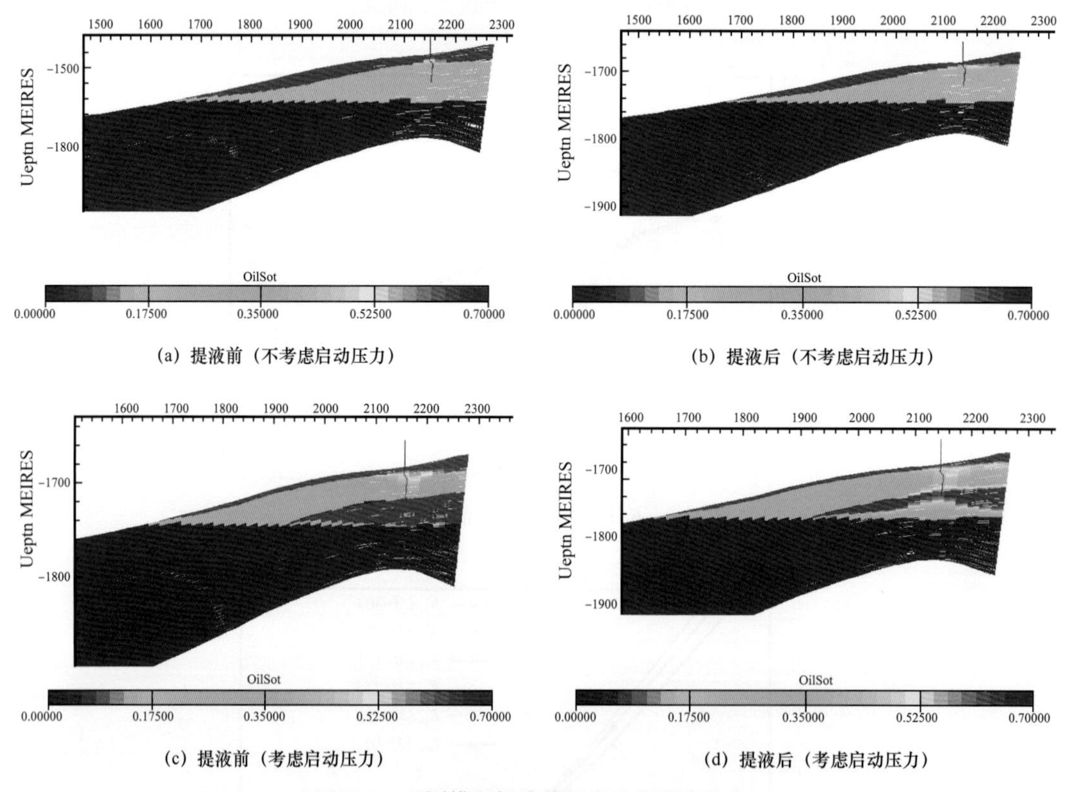


图 4–9 不同模型提液前后含油饱和度分布

## 二、提液效果矿场实践

涠洲 A 油田为披覆背斜构造，构造完整、形态简单，含油范围内无断层，边底水能量充足，储层岩石弱亲水，原油黏度低，分析影响其提液效果的因素有孔喉结构、宏观非均质性、隔夹层、剩余油分布等。该油田在1996—2015年间共提液92井次，不同含水率阶段均有提液措施（提液主要集中在含水40%～80%阶段）。生产实践表明，提液对油田开发效果无不利影响，97%的井次取得增油效果，且27%井次的增油量在100%以上（图4-10）。

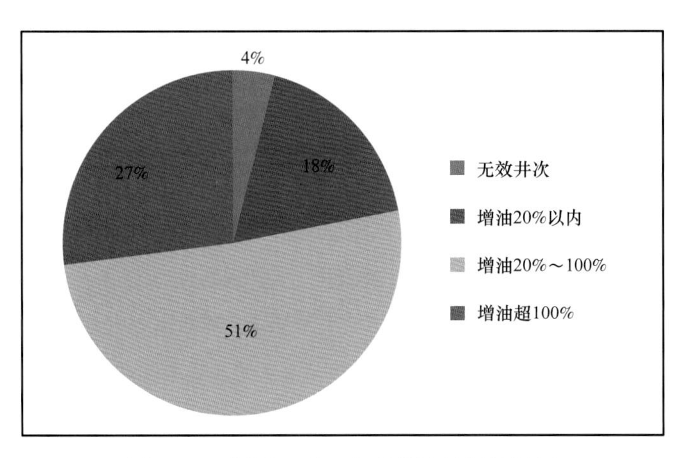


图4-10　涠洲A油田各井提液效果统计图

调研国内外11个底水油藏的提液实践效果（表4-6），发现提液后增油效果明显，采液指数、采油指数明显增大，可以加快油藏开发速度；对于含有低渗透层的油藏，提液后低渗透层的动用状况会发生改善，含水率有可能下降，既能加快油藏开发速度，也能有效提高采收率。

**表4-6　各油藏提液效果汇总**

| 油田 | 提液效果 |
| --- | --- |
| 涠洲A油田 | 增油效果明显，含水率下降，自然递减率下降 |
| 秦皇岛32-6油田 | 增油效果明显，低渗透层动用得到改善 |
| 江苏油田 | 采液指数，采油指数明显增大 |
| 南美奥连特盆地塔区块 | 产油量大幅上升，增油效果明显 |
| 苏丹1/2/4区 | 产油量大幅上升，含水率略微增大 |
| 塔河9区 | 增油效果明显，含水率下降，低渗透层位动用效果发生改善 |
| 南堡2-3区 | 提液时机合理的井效果明显，提液时机不合理的井效果较差 |
| 长堤油田桩1块Ng6层 | 增油效果明显，含水率略微增大 |
| 英台地区 | 产液量大幅增加，增油效果明显 |
| 任丘雾迷山组 | 增油效果明显，含水率下降 |
| 草4块$Es_{2-3}$段 | 增油效果明显，含水率变化不大 |

# 参考文献


[1]胡海光.特高含水期水驱油效率研究[D].西南石油大学，2014.

[2]李奋.中高渗砂岩油藏水驱油效率及波及规律研究[D].中国石油大学（华东），2009.

[3]岳湘安，王尤富，王克亮.提高石油采收率基础[M].北京：石油工业出版社，2007.

[4]Donaldson，et al. Wettability Deermination and Its Effect on Recovery Efficiency[J]. SPE Journal. 1969. DOI：10. 2118/2338-PA：13–20.

[5]朱玉双，曲志浩，孔令荣，等.靖安油田长6、长2油层驱油效率影响因素[J].石油与天然气地质，1999，20（4）：333–335.

[6]胡海光，王芳芳.水驱油效率影响因素及计算方法研究[J].兰州石化职业技术学院学报，2013，13（1）：1–5.

[7]董范，王树义.华北荆丘油田开发实践与认识[M].北京：石油工业出版社，2000.

[8]韩亚萍，林光荣，邵创国，等.水驱压力对特低渗储层水驱油效率及产液速度的影响[J].试采技术，2006，27（4）：19–21.

[9]王勇刚，文志刚，陈玲.特低渗透油藏水驱油效率影响因素研究——以西峰油田白马中区长8油层为例[J].石油天然气学报，2009，31（4）：284–288.

[10]俞启泰，赵明，林志芳.水驱砂岩油田驱油效率和波及系数研究[C]//俞启泰油田开发论文集.北京：石油工业出版社，1999：76–89.

[11]潘兴国.关于水驱油效率讨论[C]//中国石油学会石油工程学会.高成熟油田改善开发效果论文集.北京：中国石油学会石油工程学会，1997：144.

[12]王尤富，鲍颖.油层岩石的孔隙结构与驱油效率的关系[J].河南油田，1999，13（1）：23–25.

[13]纪淑红，田昌炳，石成方，等.高含水阶段重新认识水驱油效率[J].石油勘探与开发，2012，39（3）：338–344.

[14]黄学斌，鲁国甫，张人熊.预测水驱砂岩油田驱油效率的方法[J].河南油田，1997，11（4）：15–16.

[15]宗会凤.高含水期油藏提高采收率方法研究及应用[J].内蒙古石油化工，2007，（3）：198–201.

[16]王博，陈小凡，刘峰，等.长期注水冲刷对储层渗透率的影响[J].重庆科技学院学报（自然科学版），2011，13（2）：37–38.

[17]张超，郑川江，肖武，等.特高含水期提液效果影响因素及提高采收率机理——以胜坨二区沙二段74～81单元为例[J].油气地质与采收率，2013，20（5）：88–91.

# 第五章　油藏流场定量表征及应用

当水驱油藏进入开发中后期，由于储层非均质及开发井网的影响，油藏水驱程度差异较大，整个油藏流场体系中表现为形成优势流场和非优势流场分布不均匀，导致注入水在优势流场区域无效循环而使非优势流场区域很难受效，严重影响驱油效率，致使剩余油分布复杂，采收率低。

在涠西南复杂断块油田的研究中，创新提出流场重整的新理念，以面通量作为流场评价的主要指标，并提出了表征流场强度的新方法，继而结合油田实际将流场强度进行分级评价，使剩余油描述更精确，明确了挖潜潜力。

## 第一节　油藏流场的物理意义

流场的表征与评价是近年来才逐渐成为研究的重点，国外尚没有这方面的研究，通过研究油藏流场及其分布规律，可以清晰地认识到当前油田的开发动态及油田不同区域的驱替状况，对于整个油田的开发和调整具有重要意义。国内贾俊山[1]应用改进流线法数值模拟技术描述流场的展布，表征油藏中流体渗流规律。陈付真等[2]以油藏工程理论为基础，结合层次分析法和模糊数学理论，建立了油藏流场的定量化描述方法，实现了对油藏流场的定量化描述。之后姜瑞忠等[3]应用逻辑分析方法筛选出了油藏流场评价指标，并结合 BP 神经网络技术对油藏流场进行评价，形成了高含水油田油藏流场评价体系。辛治国等[4]则引入流场强度指数作为定量的界定指标，并与 PV 数指数、采出程度及注水效率等参数结合，定量界定了优势通道的形成及所处阶段。目前油藏流场的研究还处在初期阶段，研究成果在实际生产中应用程度较低。

### 一、流场的物理意义

不同学者对油藏流场的定义有所不同。陈永生[5]在 1998 年首次将流场学引入到了石油工程领域，提出了油藏流场的概念。之后，李阳等[6,7]在此基础上进行了油藏流场宏观和微观的描述以及动态模型建立等方面的研究工作。陈付真、姜汉桥等[2]进一步总结认为：油藏中流体和流体存储空间的静态分布特征及其动态变化规律总称为油藏流场。

从驱替的角度来定义流场的话，它的物理意义就是在特定的油藏存储空间内，驱替相累积冲刷强度的分布场。油藏流体在多孔介质中的流动形成流场，其具有显著的演变性特征：开发初期，注采系统未完全建立，流场分布相对稳定；开发中期，注采系统的完善及储层非均质性影响致使流场分布非均匀性开始显现，优势流场与非优势流场开始形成；开发后期，流场强弱区域的分布趋于稳定。受储层强非均质性以及断层、井网部署、驱替相长期冲刷的影响，整个油藏流场体系中表现为形成优势流场和非优势流场分布不均匀，导致注入水在优势流场区域无效循环而使非优势流场区域很难受效，严重影响驱油效率，致使剩余油分布复杂，采收率低。

## 二、油藏流场分布的影响因素

油藏流场的分布受到众多因素的影响，可将其分为静态因素与动态因素两大类，见表5–1。

表5–1　油藏流场分布的影响因素

| | | | |
|---|---|---|---|
| 静态因素 | 沉积微相 | 动态因素 | 油田开发方式 |
| | 储层非均质性 | | 累积冲刷强度 |
| | 胶结程度 | | 井的注采量 |
| | 孔隙度 | | 流体流速 |
| | 渗透率 | | 注采压差 |
| | 流体黏度 | | 地下含水率 |

### （一）静态因素

1. 储层非均质性

静态因素中的沉积微相、孔隙度、渗透率等对油藏流场分布的影响，均可归结为储层的非均质性对油藏流场分布的影响。储层非均质性对油藏流场分布的影响主要表现在：油藏流场在储层性质好的区域较易形成优势流场，而在储层性质差的区域则较易形成非优势流场。

储层非均质性可分为平面非均质性与纵向非均质性，储层的韵律性即储层纵向非均质性的一种表现形式，以储层韵律性为例对储层非均质性的影响加以说明。

如图5–1所示，对于正韵律储层，储层底部物性较好，注入水沿底部突进，导致储层底部发育优势流场而顶部发育非优势流场；对于反韵律储层则正好相反，顶部发育优势流场而底部发育非优势流场；对于复合韵律储层，其储层的高度非均质性导致其流场的分布与另两种储层相比更为复杂。

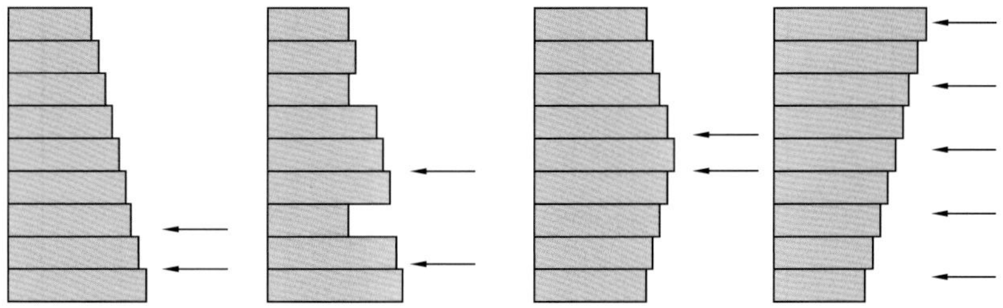

图 5-1　层内不同韵律性储层示意图

2. 胶结程度

不同的胶结程度对流场分布的影响不同。胶结程度越高，砂体颗粒流动所需的压力梯度越大，即需要更高的驱替速度，流体流动，较易形成非优势流场。胶结程度越弱，砂体颗粒比较容易松动，而且颗粒的比表面积大，颗粒与流体接触完全，导致有些黏土迅速溶解，加速砂体颗粒的脱落，使得砂体颗粒运移需要的冲刷速度减小，较易形成优势流场。

3. 流体黏度

油藏流场的分布也受到流体黏度的影响。原油的黏度越大，油水黏度比就越大，随着注入倍数的增加，高、低渗透层的差异变化越明显，注入水更容易在高渗透带指进，从而加剧了油藏流场分布的不均匀性。反之，若原油黏度越小，油水黏度比越小，则活塞式驱油的效果越明显，油藏流场分布的均匀性则会得到改善。

静态因素是流场演变的地质学基础，对处于开发初期的油藏，静态因素可以有效地预测流场的变化规律，指导井网的布置。对已开发一段时间的油藏，静态因素可作为分析目前流场分布状况的一个间接证据。

### （二）动态因素

1. 累积冲刷强度

累积冲刷强度是影响油藏流场分布的最直接因素。累积冲刷强度大的区域是流体渗流的主要通道，极易发育优势流场；累积冲刷强度小的区域注入水难以到达，动用程度低，易发育非优势流场。

2. 油田开发方式

强注强采的开发方式将会加剧油藏流场分布的不均匀性。油水井近井周围由于注水开发的强注强采模式，流体冲刷严重，胶结程度差的岩石颗粒从岩体剥落并随流体产出，导致高渗透带的产生，易形成优势流场，其范围会随着注采量的增加逐步向储层深部扩展延伸，有时整个注采井之间区域均会发育优势流场，如图 5-2 所示。

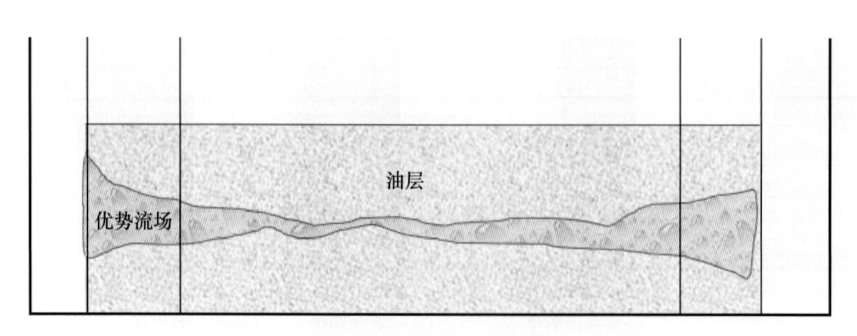


图 5-2 强注强采下优势流场发育示意图

3. 其他因素

流体流速、注采压差及地下含水率也同样影响着油藏流场的分布。流体流速大的区域，流体对储层的冲刷作用强，该区域流场的变化也会更为剧烈；油藏的注采压差将会影响地层能量的大小，同样会改变油藏流场的分布状况；地下含水率反映的是地下流量中水量所占的比例大小，地下含水率越大，则储层受注入水的冲刷程度也越大，越容易形成优势流场。

动态因素直接决定了流场的演变规律，层系、井网等人为因素作用储层，其形成的注采关系是流场发生变化的直接原因，使得整个油藏流场体系中表现为形成优势流场和非优势流场分布不均匀，导致注入水在优势流场区域无效循环而使非优势流场区域很难受效，严重影响驱油效率，致使剩余油分布复杂，采收率低。

通过研究油藏流场及其分布规律，可以清晰地认识到当前油田的开发动态及油田不同区域的驱替状况，对于整个油田的开发和调整具有重要意义。

## 第二节 油藏流场的定量表征

由于油藏流场的分布具有不均匀性，有的区域发育优势流场而有的区域则发育非优势流场，故需要一个定量的参数来对油藏流场进行表征，从而对油藏流场的强弱有一个准确的衡量。目前众多油藏流场研究中，均用流场强度来表征油藏流场的强弱。

针对目标区块是带有气顶的油气水三相油藏，本书将使用水驱流场强度和气驱流场强度两个参数来共同表征油藏流场的强弱。水驱流场强度表征储层中水驱油能力的大小，其分布反映出水驱的强弱和方向性水窜的过程；气驱流场强度则表征储层中气驱油能力的大小，其分布反映出气驱的强弱和气窜的过程。根据油藏水驱流场强度的分布，可以明确生产井的受效情况及注采井间的对应关系；根据油藏气驱流场强度的分布，可以明确地层条件下气体的主要流动规律。

首先，从油藏流场分布的众多影响因素中筛选出相对独立的油藏流场评价指标，针对三相油藏的特点，分别求取油藏的水驱流场强度与气驱流场强度，最终实现对油藏流场强弱的定量表征。

## 一、油藏流场表征指标的筛选

前人在流场表征方面已经做了大量的研究工作，但因流场定义不够明确，认识也各不相同。有人从静态参数与动态参数两大类入手[8,9]，其中静态参数主要有孔隙度、岩石压缩系数、流体压缩系数、有效厚度、油藏面积、孔喉连通性等，动态参数主要有油气水的相对渗透率、含水率、饱和度、累计注水量、瞬时注水量、注采比等。贾俊山、辛治国[1,4]等则依据优势流场的最主要特征，以流场强度指数（即注采井间导液量与注水井的波及体积的比值）来表征，有效解决了注水量的多少不等于，也不能反映驱替的不均匀或横、纵向上的局部突进和波及范围的指进的问题。但这种做法也是有缺陷的：其一，该做法等于认为在注水井的波及范围内，流场强度相同，显然与实际不合；其二，只针对了注水开发，未考虑天然水驱油气藏。此外，陈付真、姜瑞忠等以驱替倍数（过水倍数）[2,3]来表征累积冲刷强度，即累积通过的流体体积与孔隙体积之比。但驱替倍数受网格划分影响显著，在相同水驱倍数下，网格越长驱替程度越高，累积冲刷强度越大，即只有在相同网格大小下，驱替倍数才可以来表征累计冲刷强度。另外在实际生产过程中，近井周围流量要远大于其他区域，若网格划分较小，驱替倍数将很高，则会出现不合实际的高累积冲刷强度。

在前人研究基础上，利用逻辑分析法，从油藏流场分布的众多影响因素中筛选出独立性强、具有代表性的流场表征指标。

### （一）指标的筛选原则

以油藏工程为基础，在考虑可操作性的基础上，根据指标的定义，重点分析指标间的相关关系，相关性较强的指标尽量保留一个指标，这样就排除了指标之间的直观两两相关性。然后综合考虑各种因素，通过逻辑分析法产生最终指标间比较独立、能够描述油藏流场的指标体系。

首先，指标的确定有以下几个原则：（1）保证筛选出的指标对油藏流场有较为准确的表征；（2）指标应具有较强的独立性；（3）选择在生产上能大量获取和较易获取的资料建立指标。指标综合筛选方法作为油藏流场评价体系的理论基础，高效地评价高含水期油藏流场，为下步进行流场强度分级提供依据。

因此，尽量用最少的指标和最优指标来描述流场强度是关键。

### （二）逻辑分析法

逻辑分析法是根据指标间的逻辑关系对其进行逐一筛选，最终得到较为独立的指标体系的一种指标筛选方法。其步骤是首先分析筛选的体系中各指标的物理意义，研究指标对油藏流场的影响程度，以及在整个影响过程中，又涉及哪些指标，从而确定指标间的逻辑关系。各类指标之间的逻辑关系可分为因果关系、等价关系、定义关系及过程关系等，将作为原因及过程的指标、与其他指标等价的指标、用来定义其他指标的指标逐一剔除，最终确立筛选指标体系。

1. 因果关系

指某种指标是另一种指标的原因，存在一因多果、一果多因及因果传递。除去从相互作用的机理方面判断因果关系外，还可以从发生的时间顺序上判断因果关系，即原因在前，结果在后。

2. 等价关系

有些指标并不在同一因果关系链中，而是一种完全等价的关系，也可以理解为同一类的指标，此时即可将同一类的多个指标简化为一个指标。

3. 定义关系

指标值之间的定义关系是指某些指标的定义已经暗含了其他一些指标，因此可以排除重复的指标。

4. 过程指标

过程指标是指某些指标隐含在其他指标的变化过程中，例如某个指标反映了另一个指标的导数变化，两者即为过程关系，可将前者剔除。

### （三）油藏流场评价指标的筛选

分别对影响油藏流场的静态因素和动态因素进行综合分析[8, 9]，利用逻辑分析法筛选出最终的流场评价指标。

对于特定的实际区块，影响油藏流场的静态因素如储层的孔隙度、渗透率及流体黏度等即已确定，其大小将隐含在油藏流场动态因素的变化中，对动态因素的变化规律起到一定的预测作用。例如在注采量一定的条件下，储层物性好的区域的面通量会大于储层物性相对较差区域。故流场的静态因素与动态因素之间属于过程关系，可将静态因素从指标体系中剔除。

对于影响油藏流场的动态因素，其大小直接决定了流场演变的强弱，故从各动用因素中筛选出最终的流场评价指标。井的注采量与注采压差之间为等价关系，可将后者剔除；流体流速与井的注采量之间为因果关系，可将后者剔除；面通量与地下含水率之间为因果关系，可将后者剔除；同时流体流速是面通量随时间的导数的反映，两者属于过程关系，可将流体流速剔除。最终筛选出面通量作为流场评价的唯一指标（图 5–3）。

### （四）累积冲刷强度的表征

通过筛选使用面通量来表征累积冲刷强度，其定义为累积通过单位面积的流体体积：

$$M=\frac{Q}{A} \tag{5-1}$$

式中　$M$——面通量，$m^3/m^2$；

$Q$——累积注入量，$m^3$；

$A$——横截面积，$m^2$。

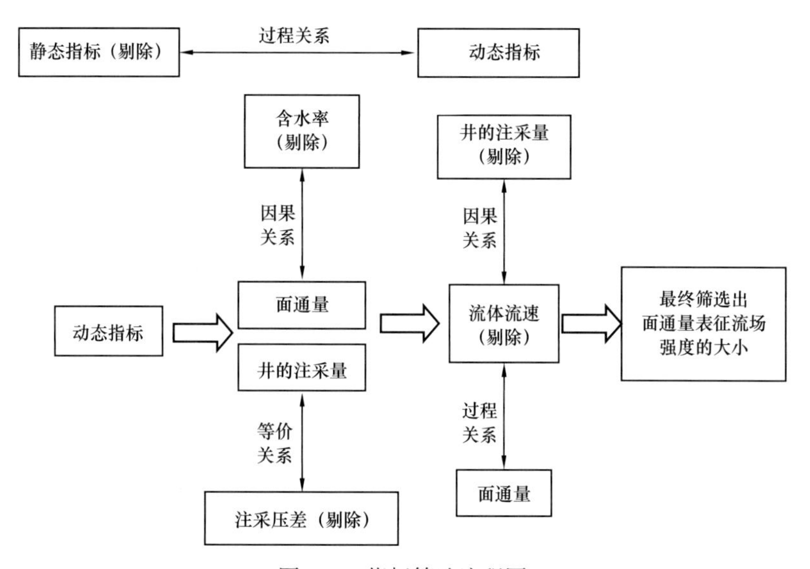


图 5-3　指标筛选流程图

通过一个简单的例子来阐述两个参数的差异。注入水沿均质岩心一维流动（图 5-4），岩心孔隙体积为 PV，横截面积为 $A$，累积注入量为 $Q$。若分别将岩心均分为 $n$ 个、$2n$ 个、$3n$ 个网格，则相对应的每个网格的驱替倍数依次为 $nQ$/PV、$2nQ$/PV 和 $3nQ$/PV，而面通量始终为 $Q/A$，不发生改变。由此可以看出，网格的划分对驱替倍数会产生显著影响，而面通量则不受网格划分的影响，有效地避免了上述问题。

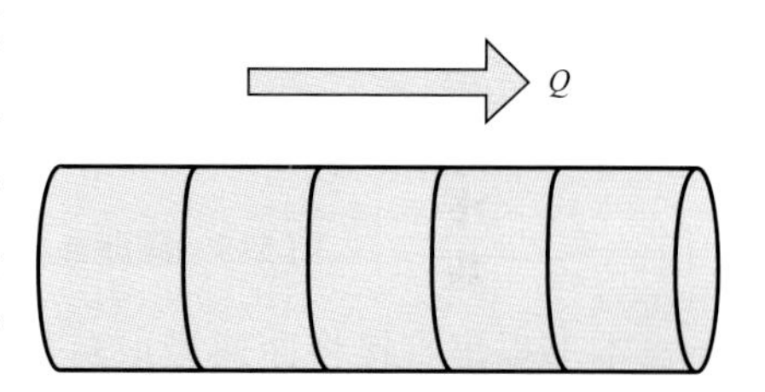


图 5-4　面通量与驱替倍数对比示意图

## 二、油藏流场强度的表征方法

设想油藏由一个个小网格组成，流体对网格的冲刷就可以分解成 $X$，$Y$，$Z$ 三个方向共同作用的结果。设 $Q_x$，$Q_y$，$Q_z$ 为在每个 $\Delta t$ 时间内通过 $X$，$Y$，$Z$ 方向所在平面的平均流量，则不同流体相态的面通量可表示为

$$M=\sum\left(\frac{|Q_x|}{D_Y D_Z}+\frac{|Q_y|}{D_X D_Z}+\frac{|Q_z|}{D_X D_Y}\right)\Delta t \tag{5-2}$$

式中　$D_X$，$D_Y$，$D_Z$——$X$，$Y$，$Z$ 三个方向上的网格步长。

首先根据油藏数值模拟结果计算得到各小层的驱替相面通量分布。面通量越大，由于时间的累积作用，流体对储层的冲刷程度越大，油藏流场强度越大。对于这种关系，国内学者姜汉桥等采用升梯形法确定两者之间的隶属函数来表征，即

$$L = \frac{\ln M - \ln a_1}{\ln a_2 - \ln a_1} \tag{5-3}$$

式中　$L$——流场强度值；

$M$——网格的面通量值；

$a_1$——面通量最小值；

$a_2$——面通量最大值。

该方法在实际应用中存在面通量最大值 $a_2$、最小值 $a_1$ 如何取值的问题。若都从当前时间步取值，由于不同时间步最大值不同，会出现原来流场强度较大区域随时间推移流场强度变小的情况，如图 5-5 所示，显然不符合实际；如果从模型预测到油田停产时间步取值，避免了上述问题，但因其本身是预测值，人为增加了一个不确定因素。

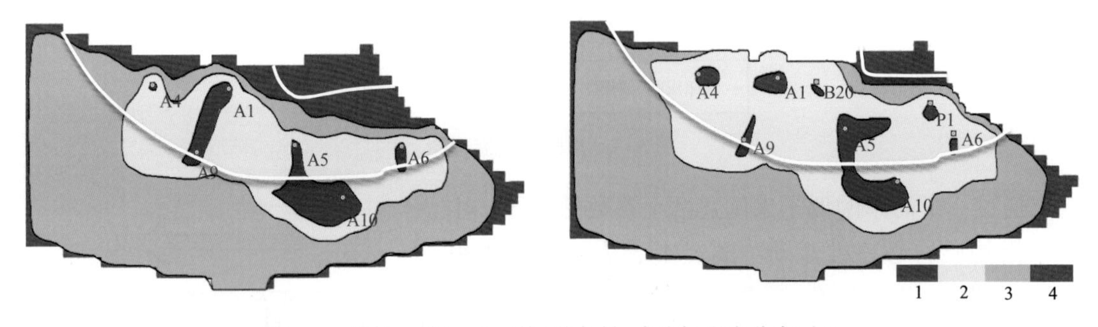


图 5-5　涠洲 A 油田 X 区块不同时间步流场强度分布对比

本书提出直接将面通量取对数来表征流场强度的方法。当面通量值小于 1 时，因取对数结果为负值，而流场强度不能为负值，因此在此区间流场强度取值为 0，流场强度表达如下：

$$L = \begin{cases} 0 & M \leqslant 1 \\ \ln M & M > 1 \end{cases} \tag{5-4}$$

# 第三节　油藏流场评价体系建立

## 一、长期注水冲刷对储层的影响

研究表明[5]，对储层的长期注水冲刷会使其孔隙度、渗透率及润湿性等发生一定程度的改变，而储层参数的改变对残余油饱和度和驱油效率也会产生一定的影响。在实际

生产过程中，随着注入水冲刷程度的增加，储层的残余油饱和度并不是一个定值，而是在缓慢减小的，即储层的残余油饱和度严格来说是变化的。

调研发现，强水淹层的电阻率与岩性、物性相当的水层的电阻率基本一致，明显低于其他油层，这实际上反映了强水淹层与其他储层相比，其残余油饱和度是在缓慢降低的。我国大庆油田等正韵律油层注水时也发现在油层底部驱油效率可达 0.80 以上，大大高于平均值。

造成残余油饱和度降低的原因主要有两个方面。

（1）随着长期水驱冲刷，注入水与岩石颗粒有充足的时间进行充分接触，在岩石颗粒表面形成水膜，使岩石润湿性向亲水性转变并进一步增强，从而降低了残余油饱和度，进而增大了驱油效率。

（2）长期注水开发的油藏，注入水对储层参数具有较强的改造作用，储层参数的变化一般表现为储层孔隙度发生小幅度变化，渗透率则会发生较大变化，随着注水量的增加，储层渗透率逐渐变大。而残余油饱和度与孔隙度、渗透率有着密切的关系。

## 二、残余油饱和度降低的数模表征

前面研究中已经提到利用面通量来表征储层累积的冲刷强度，室内实验测定相渗数据时，一般注入量为 20～30 个 PV，岩心长度为 5～8cm，直径 2.5cm，孔隙度约为 20%，以此求得的面通量大小在 0.2～0.5。而根据实际生产数据统计得到的地层注入水的面通量则普遍高于该值，注入水冲刷程度大、形成优势渗流通道的区域面通量均大于 50，近井周围面通量甚至可达到上百。由此可以看到，实验室条件下的注水冲刷强度与实际地层相比差异较大，室内实验测得的相渗数据在注入水高冲刷强度区域并不具备代表性，在数模中通过调整这些区域的相渗曲线来表征长期注水冲刷对驱油效率及残余油饱和度的影响。

因面通量计算数据来源于数值模拟数据体，因此数值模拟的结果的可靠性相当重要，残余油饱和度因长期冲刷而降低需要在数值模拟中表征。若要实现对残余油饱和度降低的准确表征，需建立面通量大小与残余油饱和度降低程度之间的对应关系。A4 井饱和度测井数据显示 E 砂体 A4 井周围的含油饱和度明显低于 E 砂体其他区域的残余油饱和度，约为后者的 40%，而根据 A4 井实际的产水数据可以推算出 E 砂体 A4 井周围的面通量在 200 左右。以此为依据建立面通量的范围与残余油饱和度降低比例之间的对应关系见表 5-2。

三类区域主要包括注水井及产水量较大油井的近井周围；二类区域主要包括形成优势流场的注水井与生产井之间区域；其他区域属于一类区域。

在数模中，根据网格的面通量大小划分不同的相渗分区，通过设置不同的相渗曲线来实现残余油饱和度降低的表征。以目标区 E 砂体为例：三类区域包括 E 砂体 A1 井、A4 井、A5 井、A6 井所在网格，其相渗的残余油饱和度降低约 60%；二类区域包括 E 砂体注水井与生产井之间网格，其相渗的残余油饱和度降低约 30%；一类区域为 E 砂体其他网格，相渗不变。

表 5-2　面通量与残余油饱和度降低比例之间的关系

| 区域类别 | 面通量 | 残余油饱和度降低比例 |
|---|---|---|
| 一类区域 | 小于 50 | 0（正常相渗已经描述） |
| 二类区域 | 50～150 | 30% |
| 三类区域 | 大于 150 | 60% |

不同区域的相渗如图 5-6 所示，在模拟开始即对相渗进行调整以保证相渗曲线的连续与光滑。不同区域选用不同相渗：各相渗在前半段基本重合，因为此时面通量较小，对洗油效率影响不明显；后半段差异较大，三类区域面通量最大、洗油效率最高，其相渗对应残余油饱和度最小，之后依次为二类区域和一类区域。调整后的含油饱和度分布如图 5-7 所示，从图中可以看到水驱冲刷严重、面通量大的区域对应的含油饱和度普遍低于其他区域，很好地表征了长期注水冲刷对驱油效率及残余油饱和度的影响。

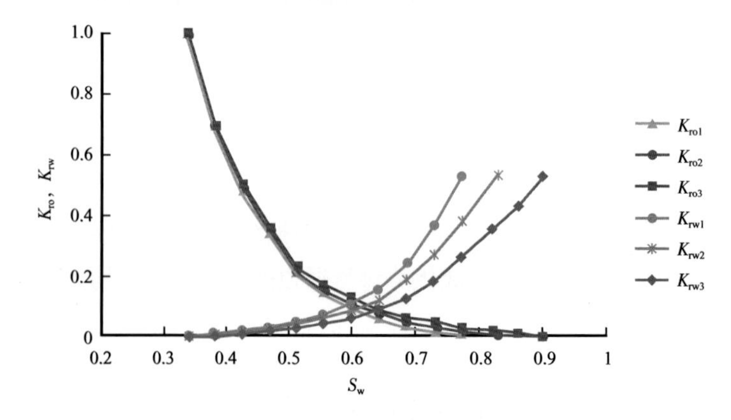


图 5-6　不同区域相渗曲线对比

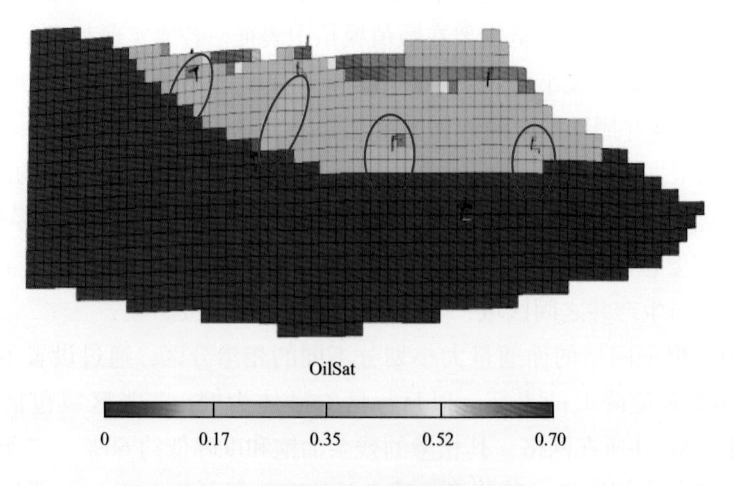


图 5-7　残余油饱和度降低效果图

## 三、流场强度分级

注入水冲刷程度大、形成优势渗流通道的区域，根据实际生产数据统计得到的面通量均大于 50，近井周围面通量甚至可达到上百。为方便研究，对流场强度进行了分级以更直观的确定流场强度的强弱。首先定义了可动油系数，即表征油藏剩余油中可流动部分所占的比例，定义为

$$R_{可动}=\frac{S_o-S_{残余}}{S_{最大}-S_{残余}} \tag{5-5}$$

式中　$R_{可动}$——可动油系数；

$S_o$——含油饱和度；

$S_{残余}$——残余油饱和度；

$S_{最大}$——最大含油饱和度。

流场强度大的区域，水驱冲刷强度大，可动油饱和度低；流场强度小的区域，水驱冲刷强度小，可动油饱和度高。根据水驱流场强度、水相面通量及可动油系数之间的定量对应关系，对油藏水驱流场进行分级，划分为强优势流场、优势流场、弱优势流场及非优势流场四个级别，分级表征见表 5–3。

**表 5–3　油藏流场分级**

| 水驱流场强度 | 水相面通量 | 可动油系数 | 流场级别 |
|---|---|---|---|
| 0 | ＜1 | 0.7～1 | 非优势流场 |
| 0～3 | 1～20 | 0.3～0.7 | 弱优势流场 |
| 3～3.9 | 20～50 | 0～0.3 | 优势流场 |
| ＞3.9 | ＞50 | 0～0.3<br>（残余油变化） | 强优势流场 |

根据油藏驱替相流场强度分布，可以明确目前油藏的驱替相驱动状况，分析生产井的受效情况及注采井间的对应关系，同时可以清晰地认识到地层条件下驱替相的流动规律。

于是，对具有气顶的油藏来讲，根据油藏水驱流场强度分布，可以明确目前油藏的水驱状况，同时也可以分析生产井的受效情况及注采井间的对应关系；根据油藏气驱流场强度分布，可以清晰地认识到地层条件下气体的流动规律。得到油藏水驱流场强度与气驱流场强度后，即可实现对三相油藏流场强弱的定量表征，最终建立起三相油藏流场的评价体系。

# 第四节　典型油藏流场评价研究及应用

## 一、目标区概况

涠洲 12-A 油田位于南海北部湾盆地涠西南凹陷中西部，为复杂断块构造。两条大断层 $F_1$，$F_2$ 把油田分割为南块、中块和北块。中块被 $F_2A$ 断层分隔为 3 井区和 4 井区，本次以涠洲 12-A 油田 3 井区涠三段为主要研究对象。

### （一）构造特征

中块 3 井区岩石类型以中—细砂岩为主，其构造具有以下特点：（1）两断鼻轴向均为近北东—南西，向南西方向倾没；（2）两断鼻均为东南翼倾角大于其他地区；（3）圈闭具有继承性，各层构造形态基本一致。

### （二）储层特征

涠洲 12-A 油田含油层位为古近系涠洲组，根据岩性组合关系和横向对比特征，涠洲组从上到下分为涠一段—涠四段。平面上被断层分隔成南、中、北三大块，中、南块主力储层涠三、涠四段以中—细砂岩为主。

1. 层序及油层组划分

中块 3 井区主力含油层位为 $W_3$ Ⅳ—$W_3$ Ⅷ和 $W_4$ Ⅰ—$W_4$ Ⅲ油层组，$W_3$ Ⅳ—$W_3$ Ⅵ油层组储层厚度大，横向连通性好；$W_3$ Ⅶ—$W_3$ Ⅷ油层组储层厚度变化大，横向连通性较差；$W_4$ Ⅰ—$W_4$ Ⅲ油层组含油砂体则主要分布于中块 3 井区，且多为构造 + 岩性控制的砂体，其在 3 井区范围内砂体厚度较大，连续性较好。

2. 沉积相特征

涠洲 12-A 油田储层属近源浅水湖盆辫状河三角洲沉积。中块 3 井区涠三段为浅水湖盆辫状河三角洲沉积，其中 $W_3$ Ⅳ—$W_3$ Ⅵ分布范围广，连续性好，而 $W_3$ Ⅲ、$W_3$ Ⅶ、$W_3$ Ⅷ砂体连续性相对差些。

3. 储层物性特征

油田岩心分析资料表明，油层有效储层孔隙度分布范围在 13.3%～25.2%，渗透率分布范围在 7.1～4465mD。其中 3 井区涠三段孔隙度主峰在 19%～21% 区间，渗透率主峰在 174～331mD 区间，其平均孔隙度和渗透率分别为 19.0% 和 303.9mD，反映出涠三段储层属中孔中渗透储层为主，部分为高渗透储层，且储层物性随埋深增加有变差的趋势。

### （三）流体性质

涠洲 12-A 油田涠三段的原油具有油质轻，黏度小并呈现“四高三低”的特点，即原油密度低，原油黏度低，胶质、沥青质含量低；含蜡量高、凝固点高、溶解气油比高、饱和压力高。通过对流体 PVT 实验数据的分析研究，认为该区块原油具有一定挥发性，属于弱挥发性油藏。

中块 3 井区涠三段 $W_3$ Ⅳ—$W_3$ Ⅵ油层组带有气顶，为边水驱动层状构造油藏，$W_3$ Ⅶ和 $W_3$ Ⅷ油层组无气顶，属构造和岩性双重控制的油藏。涠洲 12-A 油田中块 3 井区涠三段动用地质储量 $1019.25\times10^4m^3$。

中块 3 井区涠三段经过初期的多层系合采生产，中期的细分层系时，已有部分层位水淹，通过将水淹层关闭，保留潜力层，实现了油层的单层开发。经过开发后期多轮的换层生产，目前各井钻遇的各砂体大部分已水淹。

## 二、数值模拟历史拟合

考虑到目标区块属于弱挥发性油藏，且缺乏相关的特征组分数据，结合之前对于挥发性油藏数模表征方式的研究，最终选择挥发性黑油模型对生产过程进行模拟。

基于断层精细刻画，构型空间展布研究，建立了三维地质模型（图 5-8），模型的网格规模为 $102\times33\times90$，网格大小为 $50m\times50m$，有效网格数量为 111212 个，其中有效储层 83 层，各层 7 层，模拟时间从 1999 年 6 月到 2013 年 9 月。

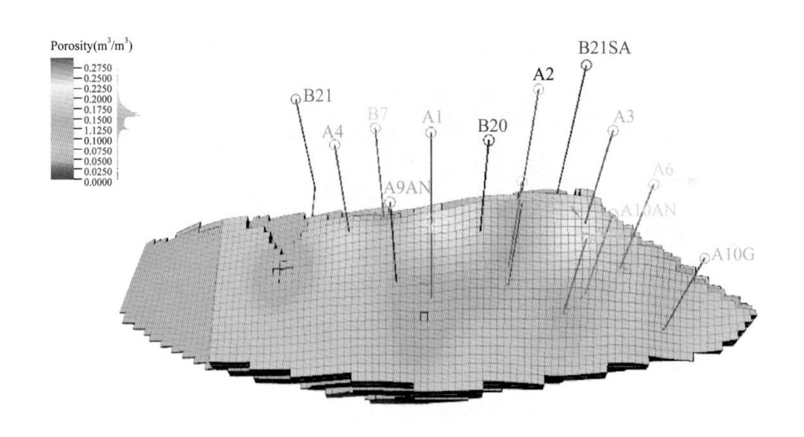


图 5-8 地质模型示意图

通过调参，历史拟合在储量、压力、剖面、产油、含水及气油比等方面均取得较好效果，单井与全区拟合均达到了精细拟合要求，模型准确可靠，为油藏流场研究和方案指标预测奠定了良好的基础。

## 三、水驱后流场强度定量表征

利用前面研究的三相油藏流场评价体系的建立方法，建立涠洲 12-A 油田中块 3 井区涠三段的油藏流场评价体系。

首先利用历史拟合后的油藏数值模拟模型统计各网格的水相、气相面通量的大小，得到油藏各层面通量的平面分布。由于油藏的厚度较大、小层数量较多，再加上油藏纵向非均质性的影响，某一小层的流场分布无法充分体现出该砂体流场分布的综合特征，故将每个砂体各小层的面通量分布通过厚度加权，得到各砂体的平均面通量分布，从而可以充分体现各砂体的平面及纵向非均质特征。最后，对各砂体的面通量进行归一化处理，最终得到D砂体的水驱流场强度分布，并绘制了流场等级评价图，为剩余油潜力研究和方案优选奠定了基础。

## 四、油藏流场重整

以目标区的流场分布规律为基础，开展流场重整提高采收率技术政策研究。流场重整的实质即通过提高非优势流场、弱优势流场区域的水驱流场强度，降低强优势流场、优势流场区域的水驱流场强度，改善油藏流场整体分布的不均匀性，更为有效地利用注入水的能量，提高储层的动用程度，最终达到提高采收率的目的。

### （一）油藏流场重整思路

通过分析目前目标区油藏流场的分布状况，结合目标区块的生产状况，确定本次油藏流场重整提高采收率的主要措施。

针对（强）优势流场：

（1）关停高含水井及与其对应的注水井。高含水井与注水井之间已形成优势流场，导致注入水的无效循环，关停后可降低该区域流场强度，提高注入水的利用效率。

（2）生产井转注。利用高含水井转注，形成新的注采对应关系——新注采井间的水驱流场强度将会提升，从而改善了流场分布的不均匀性。

针对非、弱优势流场：

（1）钻新井。在该区域钻新井，增加非优势流场及弱优势流场区域的水驱波及程度，从而提高其水驱流场强度。

（2）层系调整。对在生产井进行纵向调整，包括对现有井改层生产低含水层位或封堵高含水层位等措施，在纵向上改善油藏流场分布的不均匀性。

### （二）优势流场及剩余油分布规律研究

对优势流场与剩余油、可动油进行研究，可以看出流场强度大的区域水驱冲刷程度高，剩余油饱和度较低，可动油分布较少；水驱流场强度小的区域水驱波及程度低，剩余油饱和度高，可动油分布较多，富集大量的剩余油。这与剩余油和可动油饱和度分布认识一致（图5-9）。因此，非优势流场、弱优势流场区域，剩余油饱和度高，可动油分布较多，是挖潜的主要区域。

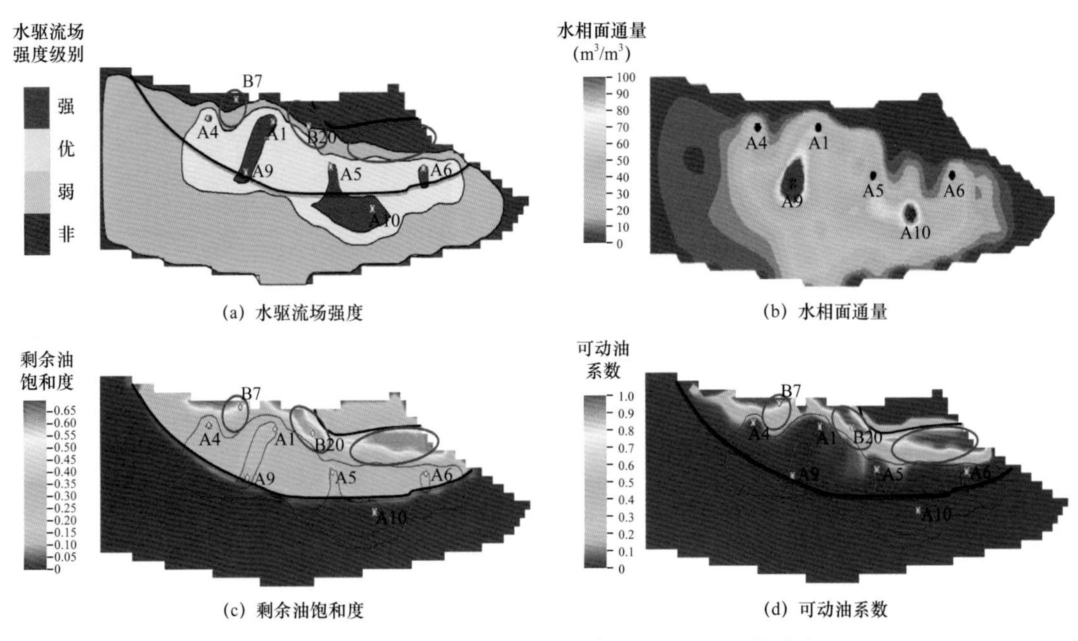

(a) 水驱流场强度

(b) 水相面通量

(c) 剩余油饱和度

(d) 可动油系数

图 5-9 流场强度、面通量、剩余油、可动油系数分布

## （三）油藏流场重整

在经济评价的基础上，结合区块特点通过数值模拟技术对试验区进行了流场重整方案优选，以目标区 D 砂层为例，首先将高含水井 A1 井进行转注，然后在弱优势流场区域部署新井 P1 井以及利用现有井 B7 井、B20 井进行生产，对比流场重整前后流场强度可以发现（图 5-10），流场强度小、剩余油饱和度大的区域经过流场重整后流场强度增加，重整后流场强度分布更均匀，水驱效果得到改善。以提高油田最终采收率为目标，最终确定试验区块油藏流场重整方案为：针对非优势流场及弱优势流场区域，部署油井 12 口提高剩余油的动用程度，对于处于强优势流场及优势流场区域的两口生产井转注，形成新的注采对应关系，预测 15 年后提高采收率 4.12%。

油藏流场从油藏开发一开始就形成，随着油藏开发的进行，油藏流场的演化是一个动态、不断发展变化的过程，优势流场通常要经历一个诞生、发展、稳定、更新的过程。在流场重整前，油藏流场处在分布相对稳定的阶段，优势流场与非优势流场区域不再发生较大变化。随着生产制度的改变和相应措施的实施，油藏流场进入到更新阶段，优势流场与非优势流场的区域再次发生改变：之前的优势流场可能会逐渐发育为弱优势流场，而之前的弱优势流场与非优势流场则可能会逐渐发育为优势流场，直至流场的分布再一次趋于稳定。整个油藏流场的演变就是不断在稳定—更新—稳定中往复循环的过程。油藏流场重整提高采收率技术在中块 3 井区澜三段起到了很好的开发效果，同时为海上水驱油藏开发后期调整挖潜提供了成功的借鉴和指导。

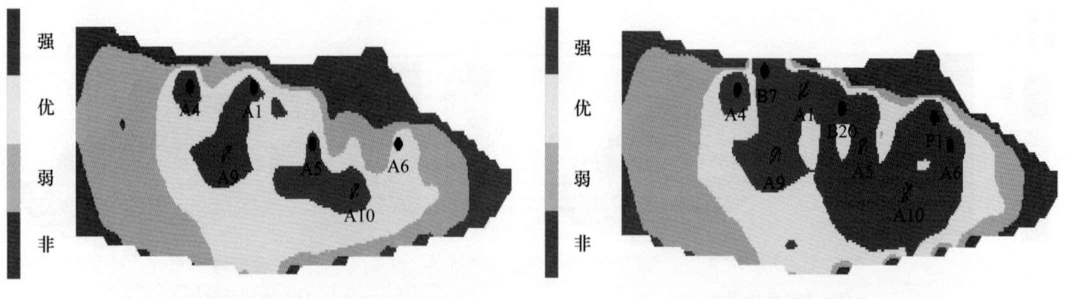


(a) 原方案预测15年后流场强度分析（重整前）　(b) 优化方案预测15年后流场强度分析（重整后）

图 5-10　流场重整前后流场分布对比图

## 参考文献


[1] 贾俊山．优势流场表征技术［J］．断块油气田，2011，18（5）：626-629.

[2] 陈付真，姜汉桥，李杰，等．油藏流场的定量化描述方法及其应用研究［J］．石油天然气学报，2011，33（12）：111-114.

[3] 姜瑞忠，王平，侯玉培，等．基于 BP 神经网络的油藏流场评价体系研究［J］．断块油气田．2012，3（19）：111-114.

[4] 辛治国，贾俊山．优势流场发育阶段定量确定方法研究［J］．西南石油大学学报（自然科学版），2012，34（2）：119-124.

[5] 陈永生．油藏流场［M］．北京：石油工业出版社，1998.

[6] 李阳．陆相断陷湖盆油藏流场宏观参数变化规律及动态模型［J］．石油学报，2005，26（6）：65-68.

[7] 李阳．陆相断陷湖盆油藏微观流场演化规律及演变机理［J］．石油学报，2005，26（6）：60-65.

[8] 徐守余，李红南．储集层孔喉网络场演化规律和剩余油分布［J］．石油学报，2003，24（4）：48-53.

[9] 宋万超，孙焕泉，孙国．油藏开发流体动力地质作用［J］．石油学报，2002，23（3）：52-55.

# 第六章　低效井成因诊断及治理

低效油井的形成，往往是多种因素共同作用的结果。储层非均质性强、敏感性强等特征是造成涠西南油田群储层伤害的内在因素，而钻井过程中使用油基钻井液、注水开发油田见水后产量的下降、油井管柱结垢等则是造成储层伤害的外在因素。治理低效井首先需要对各影响因素进行系统的分析、诊断，进而明确主控因素，并综合考虑各非主控因素对低效的影响，据此开展针对性的治理措施，方能取得理想的效果。涠洲油田群总井数 170 口（油、气、水井），低效井数达到 35 口，占到总井数的 21%，开展涠西南油田群的低效井治理研究是提高开采效益的有力手段。

## 第一节　低效井治理现状及思路

### 一、低效井治理研究现状

目前国内外储量丰度较大的油田大部分已投入开发，随着开发，部分油田产量递减明显，低效井或无效井数量越来越多，国内对这方面的研究力度逐渐加大，不少油田已经从“产量第一”向“效益第一”转变，对于低效井的治理力度也逐年加大，通过治理低效井提高油田效益，并取得了一定的进步。

国内外低效井治理的主要做法是：针对不同类型的低产低效井，立足井的静态特征，从开发动态出发，结合室内实验及数值模拟，系统分析形成低产低效井的原因（地质因素及开发因素），并根据成因制定相应的治理技术对策。

目前主要技术措施有酸化、转注、堵水、关井、调剖、爆燃压裂等。治理低效井的具体措施包括：

（1）对储层物性及原油性质差的井，可选择物性相对较好的油层进行增产改造，如进行酸化压裂及注微生物清蜡，而对储层物性太差无治理价值井，可转提捞采油，减少运行成本。

（2）对于非均质性较强的储层，通过调剖或堵水治理，即通过细分或调剖治理储层层间均质性强形成的低产低效井，通过堵水、转注、关井治理储层平面上非均质性强形成的低产低效井。

（3）针对岩性尖灭区、断层区附近形成的低效井、有开采价值的井可以进行酸化压裂对储层进行改造，而无治理价值的井，可关井减少运行成本。

（4）针对射开厚度小、油水井射孔对应性差形成的低效井，可通过补孔治理。

（5）针对注采井距不适应的低产低效井，可通过增加调整井在油水井之间建立有效的能量驱动进行治理。

（6）对于位于水淹区或者在油水边界的油井，可以通过转注或关井来调整注水结构。

（7）针对采出程度高、层内仍有剩余油潜力的低效井，通过周期注水进行治理；对剩余可采储量少无效益井进行转注或关井。

（8）对于注水造成的低产低效井，要严格控制注水水质，选择合理的注水方法，如分层注水、周期注水等。

（9）针对地层伤害的井，在剖析堵塞机理后选择合适的增产增注工艺，如酸化压裂及微生物解堵。

（10）针对由于套损导致的低产低效井，采取大修、更新、侧斜等措施治理。

## 二、低效井成因诊断及治理研究思路

涠西南凹陷低效井在治理上，强调了地质因素和工程因素的作用。在储层特征、流体性质、开采现状及以往工艺措施研究的基础上，系统调研国内外低效井治理技术为鉴，通过室内实验明确储层伤害类型及机理，进而以数值模拟手段定量表征储层伤害程度，引入神经网络诊断技术分析各影响因素对于低产低效成因所占权重，从而确定低效成因的主控因素，形成了低效井成因诊断技术；综合考虑目标区块储层、海上施工条件等对酸液体系的要求，开展适宜目标储层酸液体系研究，提出合适的改造工艺及工作液体系，建立了低效井增产工艺技术体系，为目标区储层稳产提供理论支撑和技术保障。主要可分为以下六步：

（1）系统调研国内外不同油气藏低产低效成因、治理工艺及系列配套技术，为技术研究和工程实施提供借鉴指导。

（2）立足前期研究成果，对低效待治理区储层进行再认识（地质特征、岩矿成分、流体性质、温压系统、潜在伤害等），落实其油藏潜力、潜在伤害因素及增产改造的难点及挑战，明确其治理的必要性及可治理性。

（3）利用统计分析手段对储层前期措施（工作液体系、施工工艺、施工参数及措施效果）及开发现状进行分析，找出开发中主要矛盾，吸取以往经验教训，为低产低效井增产工艺选择提供方向。

（4）利用动静态资料分析、岩心驱替试验、理论模拟分析等手段深入分析低产低效井成因，形成适宜于目标储层低产低效成因诊断技术，找出引起目标油田低产低效的主控因素，为后期增产工艺及工作液体系选择提供依据。

（5）在储层再认识、低产低效井成因分析基础上，同时借鉴国内外类似油气田治理的成功经验和做法，以恢复或提高低产低效井产能，延长油田稳产期为目标，深入开展增产工艺、工作液体系及相关材料研究，最终形成一套适宜于目标储层增产改造工艺及系列配套技术。

（6）综合井况、海上作业条件及增产工艺研究成果，完成实施方案编制。

## 第二节　储层伤害机理及伤害程度表征技术

储层伤害是指储层在勘探开发生产过程中，因物理化学作用、水动力作用、热作用、机械作用，使得储层中的流体流向井筒的阻力变大的现象，分为内部因素和外部因素[1]。通过室内实验手段研究储层伤害类型及机理，通过数值模拟手段定量表征储层的伤害程度，为低效井成因诊断提供关键信息，并为储层伤害的防治打下基础。

### 一、储层伤害机理实验研究

首先借助现场取得的各类样品开展针对性的室内评价实验，研究其伤害类型及机理，为数值模拟定量表征储层伤害程度提供基础数据，从而指导低效井的原因诊断及解堵增产措施的制定。

#### （一）储层潜在敏感性伤害实验评价

储层地质研究可以揭示各种潜在损害因素的客观性，但这些因素能否在实际作业中发生及其产生的损害程度如何，还需要通过敏感性实验评价。

1. 涠洲组

根据中国石油天然气集团公司颁布的标准《储层敏感性流动实验评价方法》（SY/T 5358—1991），选取代表性好的涠洲 12–A 油田涠洲组储层岩心，进行敏感性评价实验，实验结果见表 6–1 至表 6–3，由结果可知，涠三段储层弱速敏、弱水敏、中等—强酸敏，低渗透储层表现出较强的微粒运移伤害敏感性。

**表 6–1　涠洲组储层速敏实验评价结果**

| 样号 | 油层组 | 初始渗透率（mD） | 液测渗透率最小值（mD） | 临界流速前液测渗透率最大值（mD） | 临界流速值（$m^3/d$） | 速敏伤害率（%） | 速敏伤害程度 |
|---|---|---|---|---|---|---|---|
| 2–1 | 3 | 1.27 | 0.976 | 1.27 | 2.41 | 0.23 | 弱 |
| 5–3 | 4 | 5.36 | 4.7 | 7.79 | 0.37 | 0.12 | 弱 |
| 8–1 | 4 | 116.43 | 116.43 | 246.67 | 1.47 |  | — |
| 9–2 | 4 | 130.84 | 130.84 | 158.64 | 1.59 |  | — |
| 10–1 | 6 | 61.60 | 61.60 | 174.34 | 0.44 |  | — |
| 12–1 | 7 | 62.07 | 62.07 | 77.98 | 1.76 |  | — |
| 15–1 | 7 | 19.25 | 19.25 | 22.57 | 1.29 | 0.15 | 弱 |

表 6-2 涠洲组储层盐敏实验评价结果

| 样号 | 油层组 | 初始渗透率（mD） | 不同矿化度下液测渗透率（mD） | | | | | | | | 临界盐度（mg/L） |
|---|---|---|---|---|---|---|---|---|---|---|---|
| | | | 42909 mg/L | 55782 mg/L | 42909 mg/L | 32298 mg/L | 25745 mg/L | 17164 mg/L | 8282 mg/L | 0 | |
| 3–2 | 3 | 6.24 | — | — | 2.13 | — | 2.30 | 2.12 | 2.18 | 1.74 | 8582 |
| 5–2 | 4 | 19.77 | — | — | 10.12 | — | 10.44 | 10.67 | 12.06 | 10.44 | 无 |
| 8–2 | 4 | 710.7 | — | — | 343.9 | — | 317.9 | 349.1 | 354.9 | 325.1 | 8582 |
| 8–4 | 4 | 301.4 | — | — | 136.8 | 130.1 | 124.6 | 132.3 | — | 91.25 | 17164 |
| 10–2 | 6 | 308.1 | — | — | 260.8 | — | 210.4 | 206.5 | 211.3 | 103.7 | 42909 |
| 12–2 | 7 | 127.3 | 113.0 | 107.6 | 93.73 | — | 83.73 | 68.84 | 36.74 | 50.66 | 42909 |
| 15–2 | 7 | 51.24 | — | — | 33.05 | 33.44 | 32.81 | 34.08 | — | 12.00 | 17164 |

表 6-3 涠洲组储层酸敏实验评价结果

| 样号 | 酸液配方 | 注酸倍数 | 酸化前渗透率（mD） | 酸化后渗透率（mD） | 渗透率损害程度（%） | 流动介质 | 备注 |
|---|---|---|---|---|---|---|---|
| 8–3 | 15%HCl+5%HF | 1 | 170.74 | 29.41 | 82.77 | 海水 | 酸敏感性实验 |
| 14–1 | 15%HCl+3%HF | 1 | 85.09 | 34.53 | 59.42 | 海水 | |
| 16–1 | 15%HCl | 1 | 37.56 | 15.06 | 59.90 | 海水 | |
| 9–1 | 12%HCl+1%HF | 10 | 36.37 | 23.49 | 35.41 | 海水 | 酸化解堵实验 |
| 16–1 | 15%HCl+3%HF | 6.0 | 14.0 | 9.96 | 31.16 | 地层水 | |
| 16–2 | 12%HCl+1%HF | 16.0 | 69.12 | 21.41 | 69.02 | 地层水 | |
| 17–2 | 12%HCl+1%HF | 4.0 | 2.482 | 1.526 | 38.52 | 海水 | |

2. 流一段

按照行业标准及要求，选取代表性好的涠洲 11–B 油田流沙港组一段储层岩心，对该油组进行系列敏感性实验结果见表 6–4 至表 6–8，由实验结果可知，流一段存在中偏强速敏、弱水敏、中等偏强碱敏、中等偏强盐敏。

3. 流三段

按照行业标准及要求，选取代表性强的涠洲 11–A 油田流沙港组三段储层岩心，对该油组进行系列敏感性实验结果见表 6–9 至表 6–13。由结果可知，流三段储层无—中偏强速敏、中偏强—强水敏、中偏弱—强盐敏、弱—中偏强碱敏、无—强酸敏，整体上储层表现出较强的敏感性伤害。

**表 6-4　流一段储层速敏实验评价结果**

| 井深（m） | 岩性 | 孔隙度（%） | 克氏渗透率（mD） | 渗透率伤害率（%） | 临界流速（mL/min） | 速敏伤害程度 |
|---|---|---|---|---|---|---|
| 2125.87 | 含砾粗砂岩 | 21.32 | 1261.07 | −93.3 | 0.1 | 强 |
| 2127.28 | 含砾粗砂岩 | 16.43 | 250.24 | −26.7 | 0.1 | 弱 |
| 2133.20 | 含砾粗砂岩 | 25.98 | 3283.65 | −133 | 0.25 | 强 |
| 2134.53 | 含砾粗砂岩 | 20.18 | 523.8 | −12.9 | 无 | 无 |
| 2136.29 | 含砾粗砂岩 | 16.47 | 65.54 | 7.1 | 无 | 无 |
| 2137.40 | 含砾粗砂岩 | 22.09 | 308.92 | −51.7 | 0.25 | 强 |

注：渗透率大幅上升或下降都属于速敏，此处认为渗透率大幅下降为存在速敏。

**表 6-5　流一段储层盐敏实验评价结果**

| 井深（m） | 岩性 | 孔隙度（%） | 克氏渗透率（mD） | 临界盐度（mg/L） | 渗透伤害程度（%） | 盐敏伤害程度 |
|---|---|---|---|---|---|---|
| 2125.87 | 含砾粗砂岩 | 21.32 | 1261.07 | 35000 | 32.4 | 中偏弱 |
| 2127.28 | 含砾粗砂岩 | 17.65 | 255.33 | 35000 | 46.4 | 强 |
| 2133.20 | 含砾粗砂岩 | 24.50 | 4803.81 | 8750 | 26.4 | 中偏弱 |
| 2134.53 | 含砾粗砂岩 | 20.17 | 1056.40 | 26250 | 14.1 | 弱 |
| 2136.29 | 含砾粗砂岩 | 18.13 | 45.84 | 35000 | 83.3 | 强 |
| 2137.40 | 含砾粗砂岩 | 17.86 | 282.85 | 26250 | 42.4 | 强 |

**表 6-6　流一段储层水敏实验评价结果**

| 井深（m） | 岩性 | 孔隙度（%） | 克氏渗透率（mD） | 不同浓度盐水渗透率（mD） | | | 水敏性指数（%） | 水敏程度 |
|---|---|---|---|---|---|---|---|---|
| | | | | 模拟地层水 $K_w$ | 模拟次地层水 $K_{0.5w}$ | 蒸馏水 $K_{wo}$ | | |
| 2125.87 | 含砾粗砂岩 | 20.61 | 1449.87 | 366 | 429 | 326 | 10.9 | 中等偏弱 |
| 2127.28 | 含砾粗砂岩 | 20.82 | 376.53 | 202 | 174 | 137 | 32.2 | 中等偏强 |
| 2133.20 | 含砾粗砂岩 | 24.35 | 2298.07 | 420 | 439 | 291 | 30.7 | 中等偏强 |
| 2134.53 | 含砾粗砂岩 | 26.02 | 902.02 | 328 | 306 | 230 | 29.9 | 强 |
| 2136.29 | 含砾粗砂岩 | 19.36 | 380.47 | 278 | 240 | 187 | 32.7 | 中等偏强 |
| 2137.40 | 含砾粗砂岩 | 20.11 | 198.25 | 50.6 | 83.6 | 164 | −22.4 | 无 |

**表 6–7　流一段储层酸敏实验评价结果**

| 井深（m） | 岩性 | 孔隙度（%） | 克氏渗透率（mD） | 渗透伤害程度（%） | 酸敏伤害程度 |
|---|---|---|---|---|---|
| 2125.87 | 含砾粗砂岩 | 20.93 | 1316.530 | −209 | 无 |
| 2127.28 | 含砾粗砂岩 | 16.29 | 268.86 | −9.4 | 无 |
| 2133.20 | 含砾粗砂岩 | 26.96 | 3644.21 | −39.6 | 无 |
| 2134.53 | 含砾粗砂岩 | 22.73 | 871.78 | −55.7 | 无 |
| 2136.29 | 含砾粗砂岩 | 18.90 | 174.42 | −6.09 | 无 |
| 2137.40 | 含砾粗砂岩 | 18.70 | 167.45 | 14.8 | 中偏弱 |

**表 6–8　流一段储层碱敏实验评价结果**

| 井深（m） | 岩性 | 孔隙度（%） | 克氏渗透率（mD） | 渗透率伤害率（%） | 临界 pH 值 | 碱敏伤害程度 |
|---|---|---|---|---|---|---|
| 2127.28 | 含砾粗砂岩 | 18.40 | 254.13 | 42.8 | 6 | 中偏弱 |
| 2134.53 | 含砾粗砂岩 | 21.13 | 1374.09 | 28.4 | 6 | 弱 |
| 2136.29 | 含砾粗砂岩 | 14.79 | 25.5 | 77 | 7.5 | 强 |
| 2137.4 | 含砾粗砂岩 | 19.84 | 444.7 | 无 | 无 | 无 |

**表 6–9　流三段储层速敏评价结果**

| 井深（m） | 岩性 | 孔隙度（%） | 克氏渗透率（mD） | 渗透率伤害率（%） | 临界流速（mL/min） | 速敏伤害程度 |
|---|---|---|---|---|---|---|
| 2662.8 | 细砂岩 | 18.16 | 4.35 |  | 无 | 无 |
| 2673.95 | 粗砂岩 | 21.88 | 146 |  | 无 | 无 |
| 2688.64 | 含砾粗砂岩 | 14.11 | 29.8 | 54.3 | 1 | 中偏强 |
| 2696.55 | 含砾中砂岩 | 18.99 | 65.2 |  | 无 | 无 |

注：渗透率大幅上升或下降都属于速敏。

**表 6–10　流三段储层水敏评价结果**

| 井深（m） | 岩性 | 孔隙度（%） | 克氏渗透率（mD） | 不同浓度盐水渗透率（mD） | | | 水敏性指数（%） | 水敏程度 |
|---|---|---|---|---|---|---|---|---|
| | | | | 模拟地层水 $K_w$ | 模拟次地层水 $K_{0.5w}$ | 蒸馏水 $K_{wo}$ | | |
| 2662.76 | 细砂岩 | 19.01 | 4.9 | 2.38 | 2.07 | 1.33 | 44.12 | 中等偏弱 |
| 2673.91 | 粗砂岩 | 21.31 | 28 | 150 | 93.3 | 45.2 | 69.87 | 中等偏强 |
| 2688.6 | 含砾粗砂岩 | 17.87 | 122 | 45.3 | 35.5 | 14.9 | 67.11 | 中等偏强 |
| 2696.51 | 含砾中砂岩 | 18.82 | 53.7 | 62.4 | 38.8 | 17 | 72.76 | 强 |

表 6-11 流三段储层盐敏评价结果

| 井深（m） | 岩性 | 孔隙度（%） | 克氏渗透率（mD） | 临界盐度（mg/L） | 渗透伤害程度（%） | 盐敏程度 |
|---|---|---|---|---|---|---|
| 2662.83 | 细砂岩 | 17.01 | 2.25 | 3505.3 | 77.1 | 强 |
| 2673.99 | 粗砂岩 | 21.27 | 159 | 3505.3 | 86.9 | 强 |
| 2688.68 | 含砾粗砂岩 | 19.12 | 158 | 7010.5 | 79.2 | 强 |
| 2696.58 | 含砾中砂岩 | 18.99 | 65.2 | 3505.3 | 93.2 | 强 |

表 6-12 流三段储层酸敏评价结果

| 井深（m） | 岩性 | 孔隙度（%） | 克氏渗透率（mD） | 渗透伤害程度（%） | 酸敏伤害程度 |
|---|---|---|---|---|---|
| 2662.86 | 细砂岩 | 11.02 | 0.0681 | –21.4 | 无 |
| 2674.02 | 粗砂岩 | 21 | 95.2 | 53.6 | 极强 |
| 2688.72 | 含砾粗砂岩 | 16.88 | 40.4 | 80.6 | 极强 |
| 2696.61 | 含砾中砂岩 | 17.76 | 35.7 | 90.5 | 极强 |

表 6-13 流三段储层碱敏评价结果

| 井深（m） | 岩性 | 孔隙度（%） | 克氏渗透率（mD） | 渗透率伤害率（%） | 临界 pH 值 | 碱敏伤害程度 |
|---|---|---|---|---|---|---|
| 2662.9 | 细砂岩 | 10.77 | 0.0424 | 12.5 | 无 | 弱 |
| 2674.05 | 粗砂岩 | 23.34 | 172 | 100 | 10 | 中偏强 |
| 2696.55 | 含砾中砂岩 | 18.50 | 90.7 | 53.4 | 7.5 | 中偏强 |

## （二）流体配伍性实验评价

在储层环境条件下，由于入井工作液之间或入井工作液与地层流体之间的配伍性不好引起恶性化学反应，产生乳化物、有机结垢、无机结垢和某些化学沉淀物，导致地层伤害加剧，其伤害程度可通过实验手段进行评价。首先将不同入井工作液（钻井液、完井液、注入水）加入地层流体（原油、地层水）以及各入井工作液间互配，在给定温度条件下稳定一段时间，通过观察各种流体之间是否相容来评价其配伍性，来定性地评价入井液对储层伤害。针对配伍性差的工作液进行岩心驱替实验，进一步评价工作液顺序伤害对储层造成的伤害。

实验所采用的现场取样工作液配方及模拟地层水配方见表 6-14 至表 6-19。

**表 6-14　涠洲组入井工作液配方**

| 入井流体 | 配方 | 备注 |
|---|---|---|
| 钻井液 | 油基 PDF-MOM 钻井液：5# 白油 850L+331L/$m^3$PF-MOEMUL 主乳化剂 +33L/$m^3$ PF-MOCOAT 辅助乳化剂 +20kg/$m^3$PF-MOGEL 有机黏土 +55kg/$m^3$PF-MOTEX 降滤失剂 +50kg/$m^3$PF-MOWET 润湿反转剂 +30kg/$m^3$ 生石灰 | 中块 3 井区涠四段 |
| | 水基 PEM 钻井液：2% 含水 / 膨润土浆 +1.5kg/$m^3$ 烧碱 +1kg/$m^3$ 纯碱 +4kg/$m^3$PF-PACLV+25kg/$m^3$PF-GBL+25kg/$m^3$PF-GJC+20kg/$m^3$LSF+15kg/$m^3$PF-CMJ+20kg/$m^3$ PF-ZP+50kg/$m^3$KCl+5kg/$m^3$PF-PLUS | 中块 4 井区涠三段 |
| 完井液 | 海水 +2%PF-HCS+1.2%PF-HTA+1.5%PF-HDM | 中块 3 井区涠四段 |
| | 海水 +2%FP-1 黏土稳定剂 +0.3%NaOH+0.2%CT-2 防腐液（KCl+$CaCl_2$ 加重） | |
| | 油田注入水 +2%HCS+0.3%HTA+KCl 加重 | 中块 4 井区涠三段 |
| 修井液 | 油田注入水 +2% 黏土稳定剂 | 中块 3 井区涠四段 |
| | 过滤海水 +2%PF-HCS+0.5%PF-HTA+0.6%PF-HDM+1%PF-CA101 | |
| | 过滤海水 +3%PF-FLO+2%PF-GJC+1%PF-UHIB+0.5%PF-VIS | |

**表 6-15　涠洲组地层水水质分析结果**

| 井号 | 离子含量（mg/L） | | | | | | | 总矿化度（mg/L） | pH 值 | 水型 |
|---|---|---|---|---|---|---|---|---|---|---|
| | $K^+$+$Na^+$ | $Ca^{2+}$ | $Mg^{2+}$ | $Cl^-$ | $SO_4^{2-}$ | $HCO_3^-$ | $CO_3^{2-}$ | | | |
| 海水 | 10811 | 409 | 1347 | 19127 | 2848 | 149 | 0 | 34691 | — | $MgCl_2$ |
| WZ12-A-B5 | 10509 | 393 | 1239 | 18362 | 2766 | 179 | 0 | 33448 | 7.2 | $MgCl_2$ |
| WZ12-B-1 | 3911 | 18 | 21 | 2983 | 774 | 4033 | 189 | 11929 | 8.16 | $NaHCO_3$ |

**表 6-16　流沙港组三段入井工作液配方**

| 名称 | 配方 |
|---|---|
| 钻井液（PDF-MOM） | 88% 白油 +PF-MOGEL+PF-MOEMUL+PF-MOCOAT+PF-MOALK+PF-MONYL+PF-MORLF+PF-MOLSF+PF-MOCMJ+PF-MOWET+PF-MOHSV+12%$CaCl_2$ 盐水（30%$CaCl_2$）+ 重晶石 |
| 完井液 | 过滤海水 +PF-HCS+PF-HTA+PF-CA101+PF-STARO-1+PF-JPC+PF-JWY+PF-DEFOAM |
| 射孔液 | Weight4+PF-HCS+PF-CA101+PF+HTA+PF-HDM |

**表 6-17　流沙港组三段地层水离子分析**

| 样本 | $Na^+$ 含量（$10^4$mg/L） | $K^+$ 含量（mg/L） | $Ca^{2+}$ 含量（mg/L） | $Mg^{2+}$ 含量（mg/L） | $Cl^-$ 含量（$10^4$mg/L） | $SO_4^{2-}$ 含量（mg/L） | $HCO_3^-$ 含量（mg/L） | pH 值 | 水型 |
|---|---|---|---|---|---|---|---|---|---|
| WZ11-A-A7 井地层水 | 0.13 | 340 | 9.3 | 15.4 | 0.0967 | | 1356 | 7.56 | $NaHCO_3$ |

表 6-18　流沙港组一段入井工作液配方

| 名称 | 配方 |
|---|---|
| 钻井液（PLUS/KCL） | 海水 +NaOH + $Na_2CO_3$+ 预水化膨润土浆 +PF-PAC-LV+PF-PLUS+PF-XC+PF-GJC+PF-GBL+PF-CMJ+PF-LSF+PF-LUBE+5%KCl+ 铁矿粉 |
| 完井液 | 过滤海水 +PF-HCS+PF-HTA+PF-STARO-1+PF-JCI-1 |
| 射孔液 | 过滤海水 +PF-HCS+PF-HTA+PF-STARO-1+PF-JCI-1 |

表 6-19　流沙港组一段采出水离子分析

| 样本 | $Na^+$ 含量（$10^4$mg/L） | $K^+$ 含量（mg/L） | $Ca^{2+}$ 含量（mg/L） | $Mg^{2+}$ 含量（mg/L） | $Ba^{2+}$ 含量（mg/L） | $Sr^{2+}$ 含量（mg/L） | $Cl^-$ 含量（$10^4$mg/L） | $SO_4^{2-}$ 含量（mg/L） | $HCO_3^-$ 含量（mg/L） | pH 值 | 水型 |
|---|---|---|---|---|---|---|---|---|---|---|---|
| 产出水 | 0.64 | 1000 | 822 | 244 | 13.65 | 7.08 | 1.42 | 383.68 | 396 | 7.45 | $CaCl_2$ |

实验方法：

（1）根据地层水分析报告，采用化学分析纯药剂，配制储层段地层水、注入水；

（2）分别将单一工作液与储层流体、注入水、其他工作液两两组合，按不同比例混合，装入试管后，放入高温高压反应釜，加热到储层温度（90℃、135℃）反应 2h；

（3）通过观察有无沉淀产生，评价单一工作液与储层流体、工作液间的配伍性。

1. 入井工作液间配伍性实验

（1）PDF-MOM 钻完井液体系的实验结果如图 6-1 所示。实验结果表明：流沙港组三段所采用的“Weight4+PF-HCS+PF-CA101+PF+HTA+PF-HDM”射孔液与钻井液 PDF-MOM、完井液不配伍，生成白色不配伍沉淀。通过对射孔液加重剂 Weight4 和不配伍沉淀进行 X- 衍射和能谱分析，发现白色沉淀为钻井液滤液与射孔液加重剂不配伍所形成的磷酸钙沉淀，如图 6-2 与图 6-3 所示。

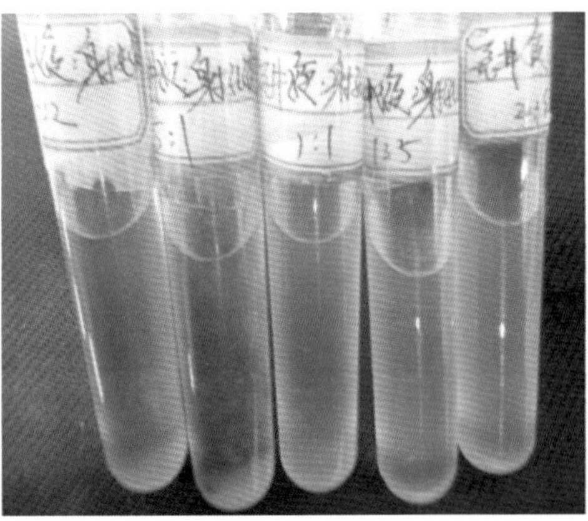

图 6-1　涠洲 11-A 油田采用的射孔液与钻完井液不配伍

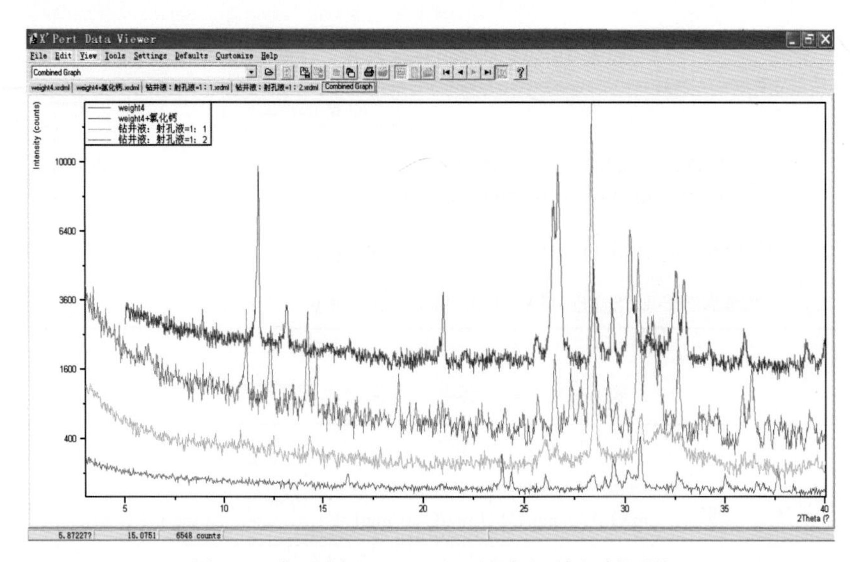


图 6-2　加重剂 Weight4 和不配伍沉淀衍射图谱

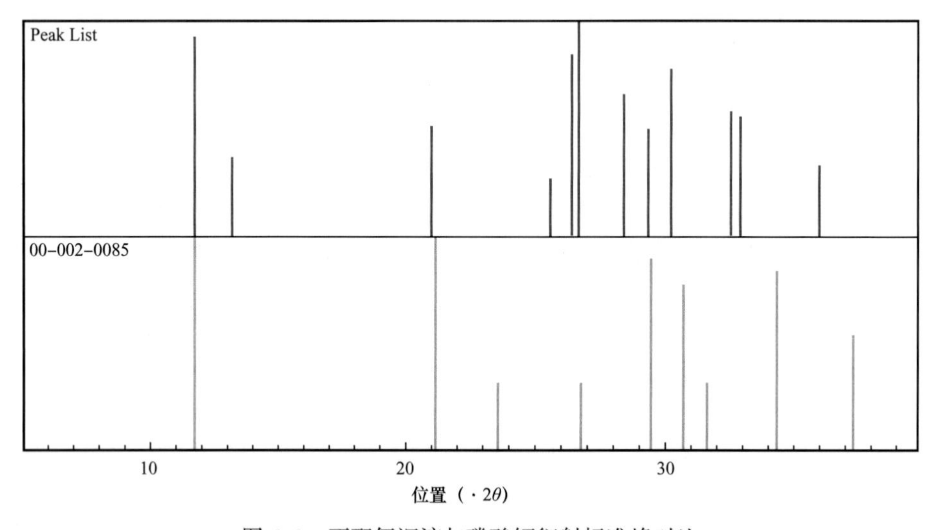


图 6-3　不配伍沉淀与磷酸钙衍射标准峰对比

（2）PLUS/KCl 钻完井液体系的实验结果如图 6-4 所示。由实验结果可知，流沙港组一段所采用的钻井液 PLUS/KCl 与完井液、射孔液不配伍，生成褐色沉淀。

（3）PEM 钻完井液体系的实验结果如图 6-5 所示。由实验结果可得，涠洲组 PEM 钻完井液体系各工作液间的配伍性良好，无沉淀生成。

2. 入井工作液与储层流体配伍性实验

1）涠洲组入井工作液与储层流体配伍性

从实验结果来看，涠洲组储层原油与钻井液滤液、完井液、修井液混合后，黏度变化不大，均未出现明显的乳化增黏现象，表明涠洲组入井工作液与储层原油之间具有较好的配伍性。

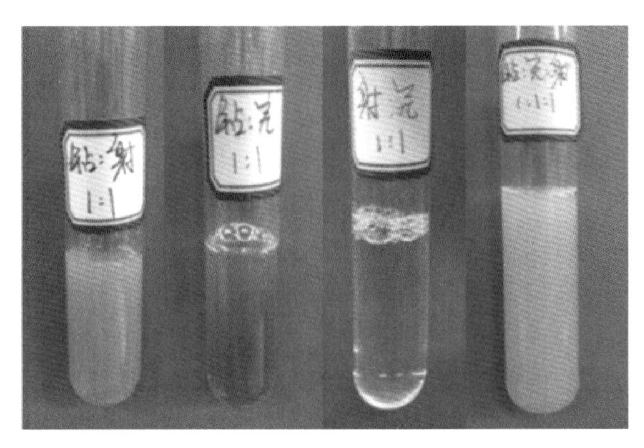
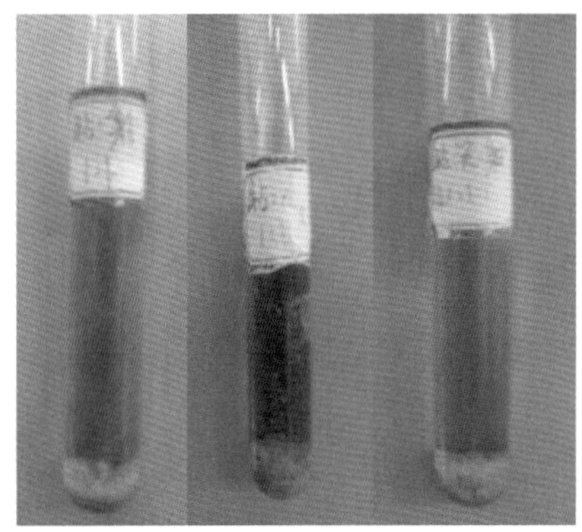

图 6–4　涠洲 11–B 油田流沙港组工作液间配伍性实验

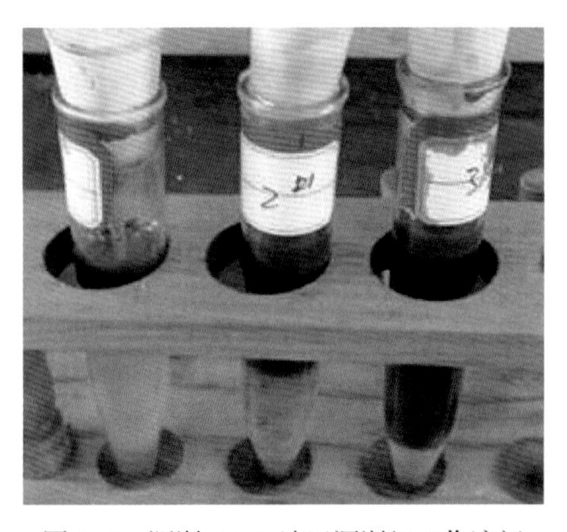

图 6–5　涠洲 12–A 油田涠洲组工作液间配伍性实验

涠洲组入井工作液与地层水之间的配伍性则较为复杂：中块 4 井区涠三段地层流体与入井流体之间按照不同比例混合后没有沉淀产生，配伍性良好；而中块 3 井区涠四段油基钻井液滤液与地层水以不同比例混合后，油水分层明显，且水相出现浑浊，并生成沉淀；隐形酸完井液与中块 4 井区涠三段、中块 3 井区涠四段均地层水均具有较好的配伍性；涠洲组注入水与地层水混合加热后出现浑浊，并生成沉淀，表明注入水与地层水配伍性欠佳。实验结果见表 6–20—表 6–23，如图 6–6 所示。

**表 6–20　中块 4 井区涠三段流体配伍性评价实验结果**

| 流体配伍性混合比例 | 加热后，实验现象 | 结论 |
|---|---|---|
| 钻井液滤液：地层水 = 1：1；2：1；3：1；1：2；1：3 | 无沉淀产生 | 配伍 |
| 射孔液：地层水 = 1：1；2：1；3：1；1：2；1：3 | 无沉淀产生 | 配伍 |
| 钻井液滤液：地层水：射孔液 = 1：1：1；2：1：1 | 无沉淀产生 | 配伍 |

**表 6–21　中块 3 井区涠四段油基钻井液与地层水配伍性评价结果**

| 流体 | 油水体积比 | 分层现象 | 油体积（mL） | 水体积（mL） |
|---|---|---|---|---|
| 油基钻井液滤液 / 地层水 | 1：9 | 分层明显，略浑浊 | 1 | 9 |
| | 5：6 | 分层明显，浑浊 | 5 | 5 |
| | 9：1 | 分层明显，浑浊 | 9 | 1 |

表 6-22　中块 3 井区涠四段完井液与地层水配伍性评价结果

| $CaCl_2$ 碱性完井液：地层水 | 浊度值（NTU） | | 实验现象 |
|---|---|---|---|
| | 加热前 | 110°C 加热 12h 后 | |
| 1：9 | 0.2 | 2.2 | 无浑浊 |
| 5：5 | 2.8 | 146.3 | 白色沉淀 |
| 9：1 | 0.5 | 15.3 | 浑浊，有沉淀 |
| 隐形酸完井液：地层水 | 浊度值（NTU） | | 实验现象 |
| | 加热前 | 110°C 加热 12h 后 | |
| 1：9 | 0.3 | 2.2 | 无浑浊 |
| 5：5 | 0.4 | 2.2 | 无浑浊 |
| 9：1 | 0.5 | 2.3 | 无浑浊 |

表 6-23　中块 3 井区涠四段修井液与地层水配伍性评价结果

| 油田注入水：地层水 | 浊度值（NTU） | | 实验现象 |
|---|---|---|---|
| | 加热前 | 110°C 加热 12h 后 | |
| 10：0 | 0.4 | 0.6 | 透明 |
| 9：1 | 0.5 | 1.1 | 透明 |
| 7：3 | 0.6 | 2.7 | 透明 |
| 5：5 | 2.8 | 129 | 白色沉淀 |
| 3：7 | 1.9 | 108 | 白色沉淀 |
| 1：9 | 0.7 | 83 | 白色沉淀 |
| 0：10 | 0.4 | 0.8 | 透明 |

（a）加热前

（b）加热后

图 6-6　中块 3 井区涠四段修井液与地层水 50：50 混合加热前后实验现象

2）流沙港入井工作液与储层流体配伍性

流沙港组钻完井液、射孔液等工作液与储层流体间配伍性良好，在储层温度下反应2h均无沉淀生成，配伍性实验结果见表6–24。

**表6–24　工作液与储层流体配伍性实验结果**

| 工作液与储层流体 | | 温度 | 颜色 | 透明度 | 沉淀 | 分层 | 配伍性 |
|---|---|---|---|---|---|---|---|
| 钻井液滤液（PDF–MOM，PLUS/KCl） | 原油 | 90℃ /135℃ | 茶色 | 透明 | 无 | 无 | 良好 |
| | 地层水 | | 茶色 | 透明 | 无 | 无 | 良好 |
| 完井液 | 原油 | | 无色 | 透明 | 无 | 无 | 良好 |
| | 地层水 | | 无色 | 透明 | 无 | 无 | 良好 |
| 射孔液 | 原油 | | 无色 | 透明 | 无 | 无 | 良好 |
| | 地层水 | | 无色 | 透明 | 无 | 无 | 良好 |

3. 不配伍工作液顺序伤害岩心实验

鉴于流沙港组所采用的PDF–MOM，PLUS/KCl钻完井液体系存在工作液间不配伍，进一步采用工作液顺序伤害，评价其不配伍所形成的沉淀对储层的伤害程度。

实验方法：

（1）将岩样抽真空，建立束缚水，并用煤油正向测定岩样渗透率；

（2）钻井液在正压3MPa下反向循环钻井液4h，反向驱替完井液10PV，反向驱替射孔液5PV；

（3）再次驱替煤油正向测定伤害后岩心渗透率，通过比较岩心伤害前后渗透率的变化，评价工作液顺序作业对储层的伤害程度。

钻完井液顺序注入动态伤害评价实验结果如图6–7与图6–8所示。工作液体系顺序岩心伤害实验结果表明：工作液间的不配伍将对岩心渗透率造成显著伤害，其中PDF–MOM体系顺序伤害后渗透率下降约70%，而PLUS/KCl体系顺序伤害后渗透率下降约30%。

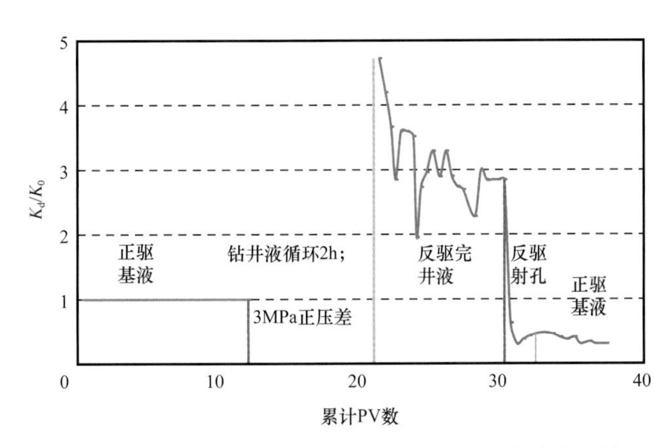


图6–7　PDF–MOM工作液体系顺序岩心伤害动态驱替

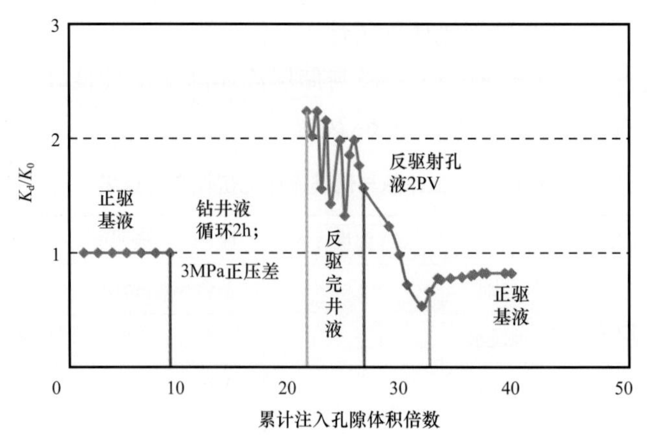


图 6-8 PLUS/KCl 工作液体系顺序岩心伤害动态驱替

## (三)钻完井固相侵入伤害实验评价

根据中块 4 井区涠三段储层微裂缝的特点，在室内利用人工造缝的方法评价目前所用钻完井液体系对储层裂缝的保护效果，实验结果见表 6-25。

表 6-25 中块 4 井区涠三段钻完井液对裂缝动态伤害评价实验结果

| 岩心号 | $K_g$（mD） | 裂缝宽度（μm） | $K_i$（mD） | $K_泥$（mD） | $K_r$（mD） | 伤害率（$K_i$-$K_r$）/$K_i$（%） | 突破压力（MPa） | 钻井液循环压力（MPa） |
|---|---|---|---|---|---|---|---|---|
| 1 | 43.22 | 10.5 | 18.47 | 0 | 9.17 | 50.3 | 0.11 | 3.5 |
| 2 | 74.79 | 12.7 | 22.58 | 0.004 | 0.62 | 97.3 | 0.64 | 3.5 |
| 3 | 103.88 | 17.6 | 31.81 | 0 | 15.7 | 54.6 | 0.14 | 2.5 |
| 4 | 155.43 | 33.8 | 71.16 | 0 | 23.25 | 37.3 | 0.84 | 2.5 |
| 5 | 24.85 | 8.4 | 8.5 | 0 | 5.98 | 29.5 | 0.45 | 2.5 |

注：$K_g$—气测渗透率；$K_i$—初始油相渗透率；$K_泥$—钻井液循环 2h 后滤饼渗透率

通过观察试验后岩心（图 6-9）可以发现：钻井液中的固相颗粒在裂缝中堵塞情况较为严重，储层中微裂缝宽度一般在 10～50μm，而水基 PEM 钻井液中小于 50μm 的重晶石颗粒百分比约 90%。由于钻井液体系没有采取针对性的保护措施，导致固相侵入堵塞，降低了裂缝渗流能力。

## (四)水锁伤害实验评价

水锁效应会产生水锁伤害，指油井作业过程中水浸入油层造成的伤害。水浸入后会引起近井地带含水饱和度增加，岩石孔隙中油水界面的毛细管阻力增加，以及贾敏效应，使原油在地层中比正常生产状态下产生一个附加的流动阻力，宏观上表现为油井原油产量的下降。

图 6-9　固相在裂缝内堵塞严重

涠四段低渗透储层在油田前期作业时，大多使用油田注入水或过滤海水作为作业流体基液，尽管为了减少驱替介质中固相颗粒造成伤害，均用 0.22μm 滤膜过滤 2 遍油田注入水，但存在较大的水锁伤害潜在风险。为评价水锁伤害，采用人造岩心进行岩心实验以消除水敏伤害影响。

实验方法：

（1）人造岩心抽真空饱和地层水，在储层温度下浸泡 20h 以上；

（2）取出装入岩心夹持器，以气体驱替法确定岩心束缚水饱和度（目标储层含水饱和度 15.9%～56.5%），然后取出抽真空并饱和煤油，正向测定煤油的渗透率 $K_0$，并记录驱替过程中的最高压力和稳定压力；

（3）用过滤油田注入水反向伤害 5PV，静置 1h，模拟工作液侵入储层，正向测定煤油的渗透率 $K_1$，并记录驱替过程中的最高压力和稳定压力；

（4）计算水锁伤害率。

实验采用岩心基础参数见表 6-26，实验结果见表 6-27。从人造岩心实验数据可知，随着修井液的侵入，水锁伤害明显；水锁程度与岩心含水饱和度成反比，岩心初始含水饱和度越小，水侵污染后，水锁伤害程度越大，渗透率下降幅度越大。天然岩心被油田注入水污染后岩心渗透率恢复值只有 53.4%，水锁伤害严重。

**表 6-26　水锁伤害测定岩心物性**

| 岩心号 | 岩心类型 | 岩心孔隙度（%） | 气测渗透率（mD） | 岩心长度（cm） | 岩心直径（cm） | 岩心含水饱和度（%） |
|---|---|---|---|---|---|---|
| 5# | 人造岩心 | 33.8 | 29.2 | 7.03 | 2.5 | 15.9 |
| 10# | 人造岩心 | 34 | 26.9 | 7.05 | 2.5 | 28.3 |
| 11# | 人造岩心 | 33.9 | 27.5 | 7.08 | 2.5 | 41.8 |

表 6-27 水锁伤害测定实验结果

| 岩心号 | 水锁前后压力对比 | | | 水锁前后渗透率对比 | | |
|---|---|---|---|---|---|---|
| | 水锁前（MPa） | 水锁后（MPa） | 压力上升倍数 | 水锁前（mD） | 水锁后（mD） | 渗透率伤害率（%） |
| 5# | 0.0468 | 0.108 | 2.31 | 16.28 | 7.16 | 56.02 |
| 10# | 0.0625 | 0.126 | 2.02 | 12.68 | 7.07 | 44.24 |
| 11# | 0.0850 | 0.146 | 1.72 | 6.89 | 6.56 | 4.79 |

## （五）无机垢动态伤害评价

1. 硫酸钡垢动态伤害评价

根据现场取样资料，结合油田现场作业情况，通过实验手段评价储层中的硫酸钡/硫酸锶结垢趋势，以及是否会对储层造成严重伤害。

实验步骤：

（1）岩心抽真空饱和模拟地层水；

（2）在一定流量下驱替地层水，测稳态下渗透率；

（3）以相同流量，且地层水与注入水体积比为 1∶1，3∶1 的情况下，同时注入地层水与注入水，测渗透率随注入孔隙体积倍数变化；

（4）实验前后岩样 SEM 定点环扫，对比观测试验前后孔喉特征变化。

如图 6-10 所示为无机垢伤害驱替实验示意图。

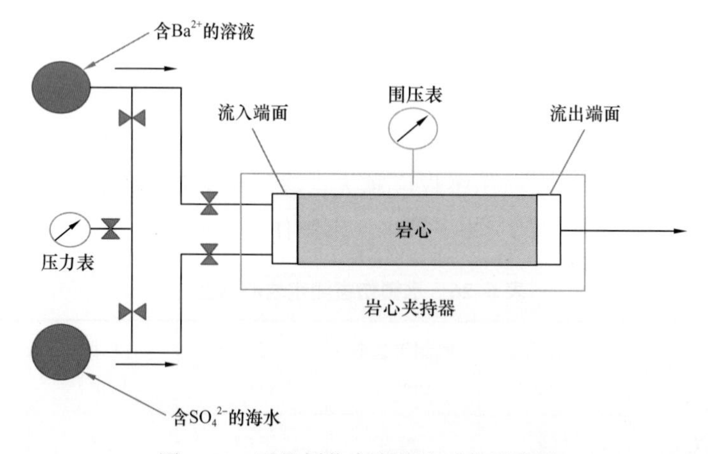


图 6-10 无机垢伤害高温流动仪示意图

实验结果如图 6-11 与图 6-12 所示，无论模拟地层水与模拟注入水之间按照何种比例混合，累计注入一段时间后，所测岩样渗透率均有一定程度的降低，且地层水含量越高，结垢程度越大。注入前后岩样端面定点 SEM 扫描均观察到针尖状的硫酸钡结垢晶体，如图 6–13 所示，注入水或入井工作液与地层水接触后，因不配伍所生成的硫酸钡沉淀将会堵塞孔喉，导致储层渗透率降低。

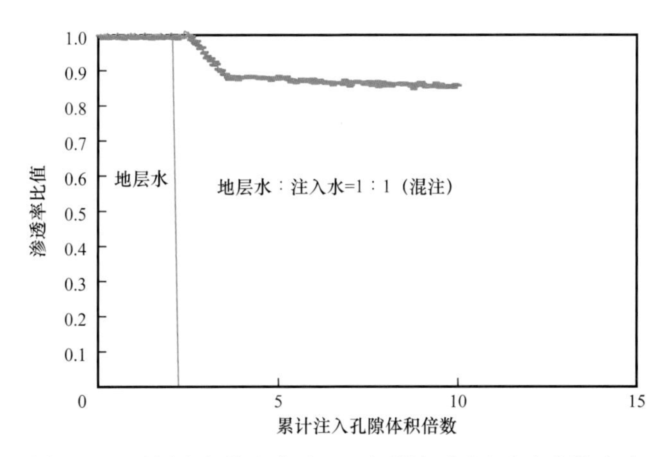


图 6–11　地层水与注入水（1：1）混注对岩心伤害驱替实验

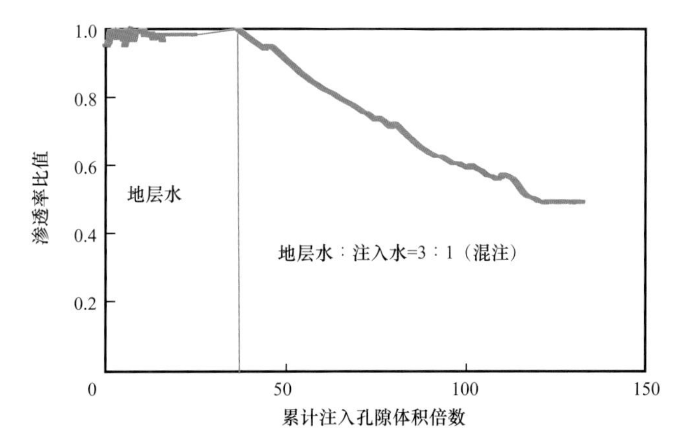


图 6–12　地层水与注入水（3：1）混注对岩心伤害驱替实验

2. 碳酸钙垢动态伤害评价

实验评价的目的，一是搞清储层中是否存在碳酸钙结垢，二是要明确结垢对储层的伤害机理和程度。为此，实验根据产出水分析资料配置模拟产出水，另外为消除储层岩心敏感性影响以及温度对碳酸钙结垢的影响，本研究采用人造岩心在储层条件下（135℃）进行采出水驱替实验，评价碳酸钙结垢对岩心的伤害。

实验步骤：

（1）根据各单井采出水离子分析结果，配置相应的模拟采出水；

（2）在储层条件下进行模拟采出水驱替，并记录渗透率变化情况；

（3）结垢伤害后岩心端面滴 HCl，观察有无气泡生成；

（4）实验前后岩样 SEM 定点环扫，对比观测试验前后孔喉特征变化。

实验结果如图 6–14 与图 6–15 所示。由动态驱替实验可知，在储层温度下随着模拟产出水的不断驱替，岩心渗透率初期呈缓慢台阶型下降，达到一定程度后则迅速下降；对人造岩心敲断后的断面进行了 SEM 电镜扫描，可清晰观察到立方体形态的碳酸钙结垢在多孔介质中的堵塞，如图 6-16 所示；对伤害后的岩心端面滴 HCl 后出现了碳酸钙反应后出现的大量二氧化碳气泡。

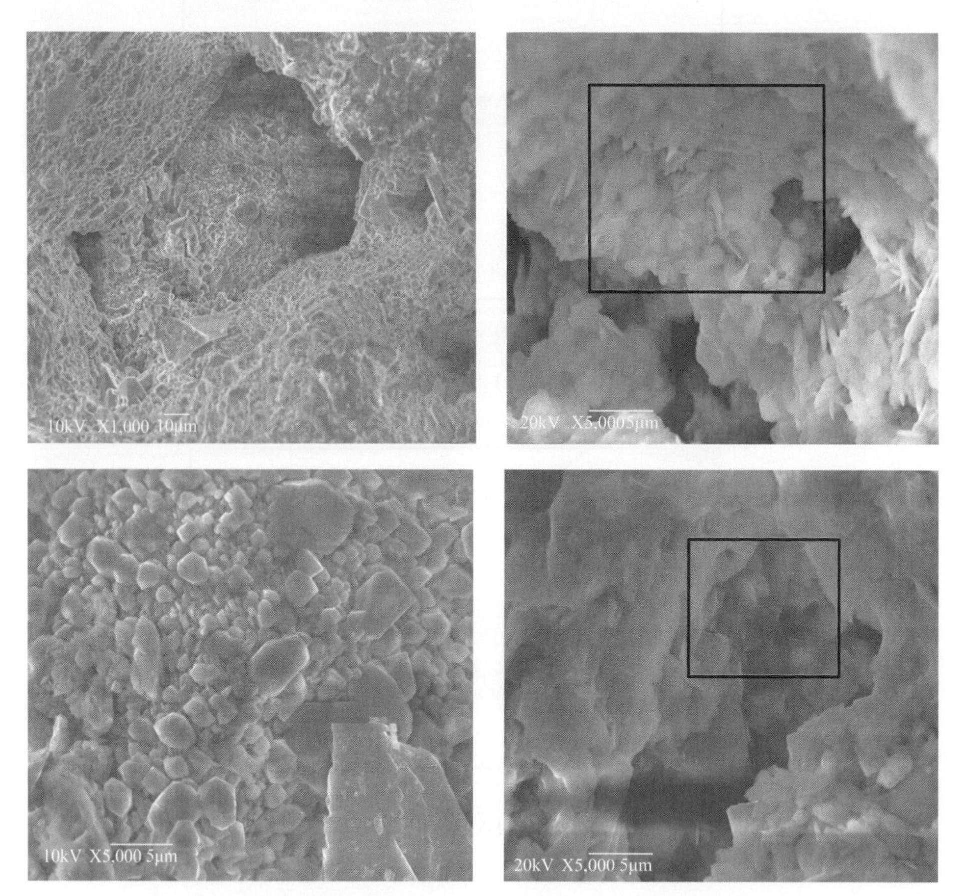


图 6-13　硫酸钡垢伤害前后岩样端面 SEM 定点扫描对比

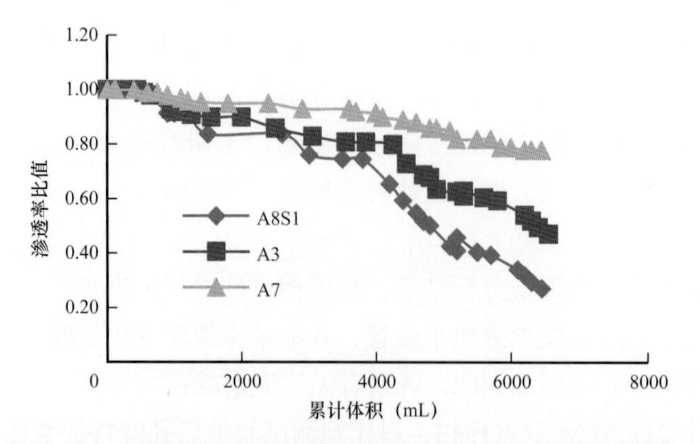


图 6-14　涠洲 11-A 油田产出水结垢伤害岩心动态驱替实验

图 6–15　碳酸钙结垢伤害后岩心端面滴盐酸

图 6–16　伤害前后岩心端面 SEM 对比

实验结果表明，见水油井结垢不仅大量存在于井筒，近井地带同样存在碳酸钙结垢伤害。岩心结垢动态驱替伤害特征与见水油井生产特征表现出较高的相似度，各见水油井在产水后产液量均大幅下降，以致个别单井无产出。由于实验中驱替压差仅有1～2MPa，且井口采出水中所测得成垢离子浓度应较井底低，所以各单井实际伤害情况比较室内评价结果更严重。

### （六）微粒运移动态伤害评价

油层微粒可以分为黏土矿物微粒和非黏土矿物微粒。黏土矿物的膨胀往往会伴随着油层微粒的释放。两种地层伤害方式经常伴随发生，往往使后果变得更为严重。油层微粒运移包括松散分布在骨架砂表面的矿物微粒在流体剪切作用下脱落，然后在流体的流动携带作用下发生运移，部分微粒在运移过程中产生滤集和吸附。这不仅取决于产层物性，而且与产层驱动流体的类型、流速及黏度有关。微粒能否脱离孔隙表面，流体携带的微粒能否吸附到岩石骨架上，均取决于微粒和岩石表面的力学性质。研究区域储层含有一定潜在敏感性矿物，因此，当流体在储层中流动时，随生产条件变化，易引起储层中微粒运移并将一些细小的孔喉堵塞导致储层渗透率下降。需要注意的是由于室内实验选取的岩心长度有限，出现运移的微粒可能随流体被冲出岩心，而导致测得渗透率升高。

实验目的：评价储层微粒运移损害程度。

实验仪器：岩心流动仪、环境电镜扫描仪。

实验材料：流一段四上C油层组取样岩心、模拟地层水、模拟注入水、原油。

实验方法：为了避免现场取样水样中的悬浮微粒对实验结果造成影响，流动实验所使用模拟地层水、注入水均为根据水质离子分析报告，采用化学分析纯药品所配置。试验流量依次为0.1mL/min、0.2mL/min、0.3mL/min、0.4mL/min、0.5mL/min、0.6mL/min、0.7mL/min、1.0mL/min、1.5mL/min、2.0mL/min、2.5mL/min、3.0mL/min、4.0mL/min、5.0mL/min，用模拟地层水、注入水做实验流体，在每一种流量下，测定岩心渗透率，然后在最后一点反向测定渗透率大小，再次正向驱替测定同一流量下渗透率，通过对正反向渗透率变化的分析，结合流动前后对岩心SEM，评价微粒运移对储层动态损害程度。

实验结果（图6–17）表明随着驱替流速的增加，岩心渗透率增加，正向驱替流速达到5mL/min时，渗透率为49.37mD；立即反向以5mL/min反向驱替，并测稳定后渗透率为39.76mD；再次以5mL/min正向驱替，测得稳定后渗透率为51.95mD。

由于室内试验采用的岩心较短，第一次正向驱替过程中随着驱替流速的增加，岩心内较小颗粒发生微粒运移，且被注入流体所携带并流出岩心，疏通了岩心内部流动通道，造成渗透率增加。立即反向驱替所造成的流动环境突变，使得孔隙中流体携带的微粒，有更大的概率相互接触、蓄积，在孔喉处形成桥堵，在达到动态稳定后，所测渗透率下降。在第二次正向驱替过程中，此前形成的桥堵被冲破，更多微粒随注入流体被携带出岩心，造成孔隙空间进一步增加，所测渗透率为最大。结合定点 SEM 环扫，如图 6–18 所示，可观察到微粒被流体冲出所造成的孔喉变大。

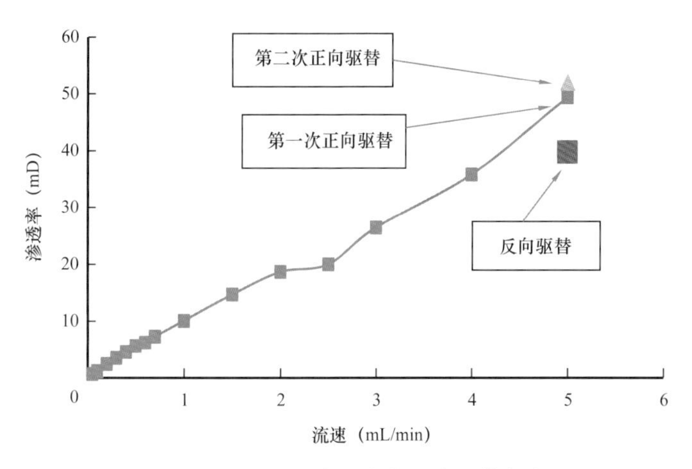


图 6–17　流一段岩心微粒运移驱替实验

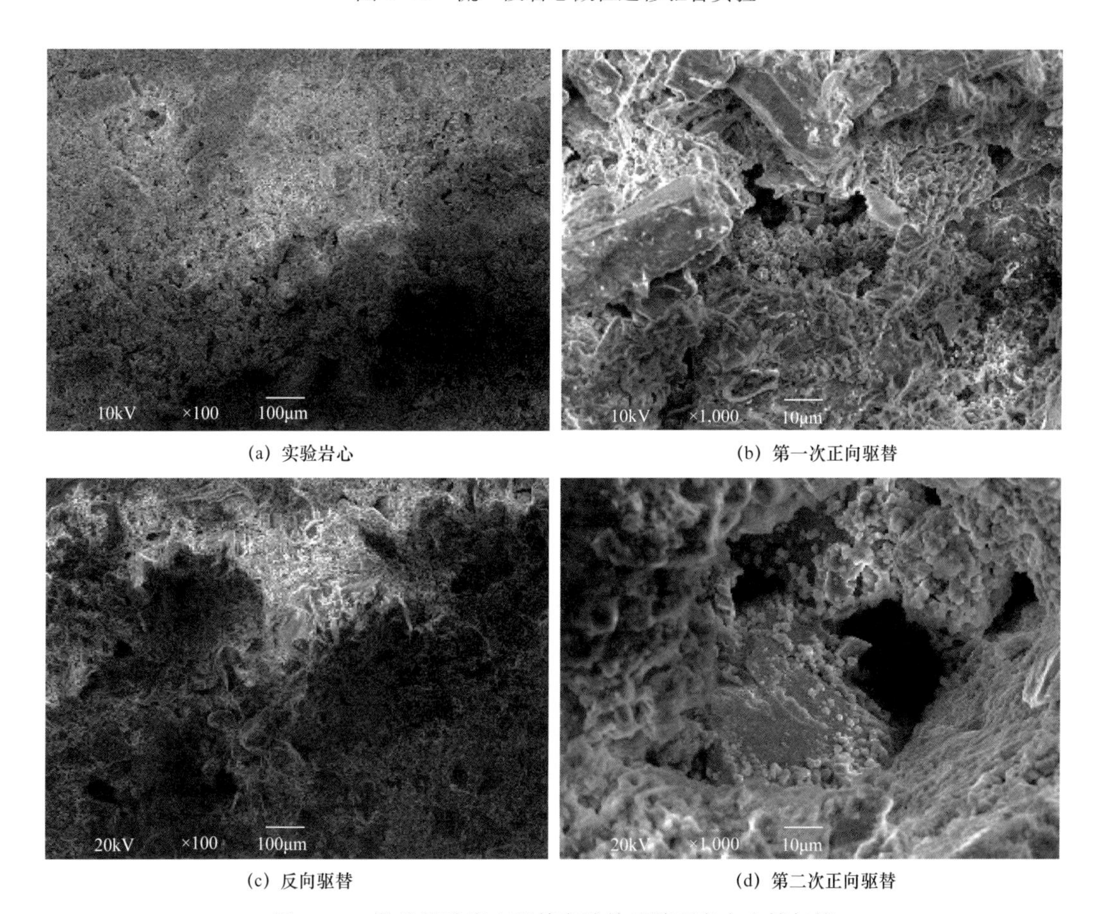


（a）实验岩心　（b）第一次正向驱替

（c）反向驱替　（d）第二次正向驱替

图 6–18　微粒运移岩心驱替实验前后端面定点电镜扫描

根据式（6–1），计算得出临界流速为 0.2mL/min。前期五敏评价实验，得出 $L_1II_{上}$油层组取样岩心存在无—极强速敏，且本次实验所取 $L_1IV_{上}$C 油层组岩心存在一定程度微粒运移损害，综合推断流一段存在一定程度的微粒运移伤害。

$$D_v = \frac{|K_n - K_i|}{K_i} \times 100\% \tag{6-1}$$

式中 $D_v$——不同流速下对应的岩样渗透率变化率；

$K_n$——岩样渗透率（实验中不同流速下所对应的），mD；

$K_i$——初始渗透率，mD。

## （七）有机质沉积动态伤害评价

实验方法：

（1）从涠洲 11–A 油田和涠洲 11–B 油田 3 口井获取 5 个取样原油，将原油脱水后，加热过 200 目筛网，过滤去除杂质。

（2）将岩心抽真空、建立束缚水并充分饱和原油。首先，以一定驱替速率在 135℃下驱替原油 10PV，测量岩心渗透率；然后，将温度下降到 100℃并保持 4h 后，驱替原油 10PV 测量岩心渗透率；再恢复到 135℃并保持 4h 后，驱替原油 10PV，测试恢复温度后的渗透率；最后在此温度下反向驱替有机清洗剂，保持 1h 后，再次驱替原油 5PV 测原油渗透率。

（3）流动试验前后对岩心端面进行润湿角进行观测。

并且为了避免实验误差，采用人造岩心进行了两组平行实验。

五个取样原油实验结果（图 6–19 至图 6–25，表 6–28）表明：（1）由温度变化造成的有机质沉积伤害程度相当；（2）该伤害对物性较好储层的伤害程度较弱，对物性较差储层造成的伤害程度较高；（3）有机清洗剂能有效解除该伤害。

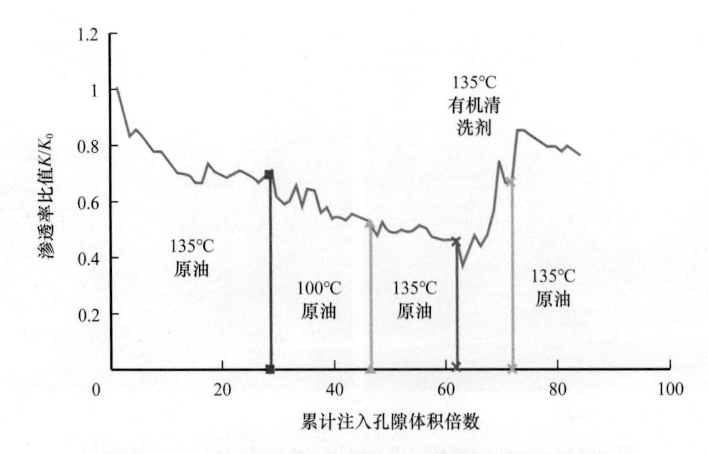


图 6–19　WZ11–A–2 井岩心 A7 井原油有机质沉积

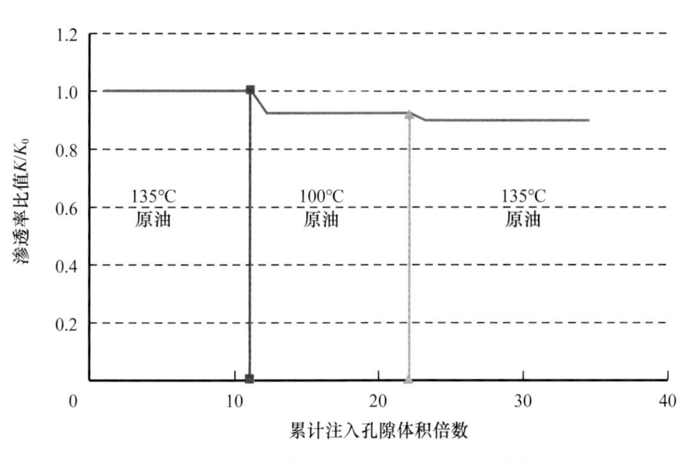


图 6-20　3 号岩心 A3 井原油有机质沉积

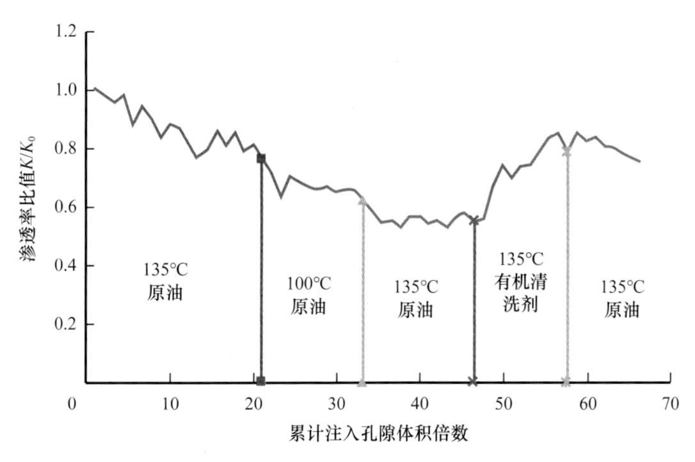


图 6-21　WZ11-A-2 井取样岩心 A8S1 井原油有机质沉积

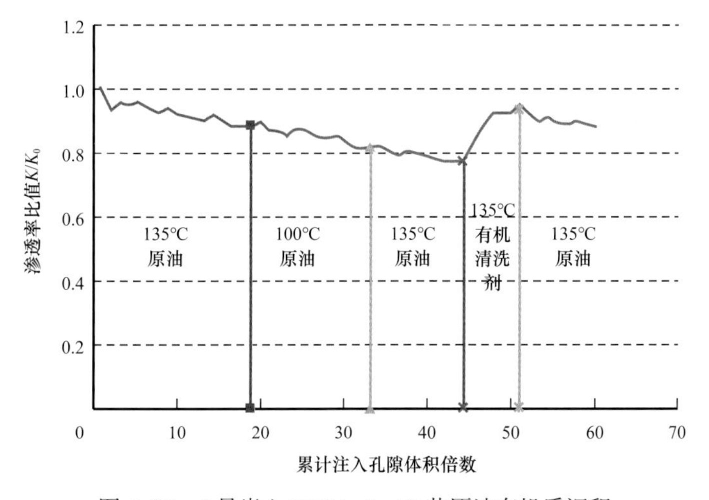


图 6-22　4 号岩心 WZ11-A-A3 井原油有机质沉积

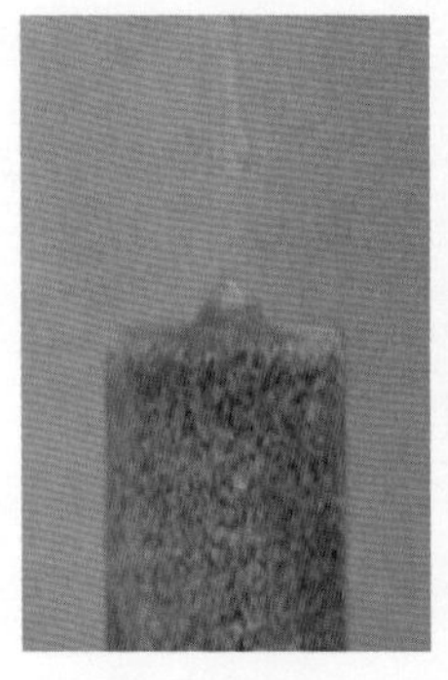

图 6-23　WZ11-A-A3 井原油有机质沉积岩心端面润湿性变化

图 6-24　WZ11-A-A7 井原油有机质沉积岩心端面润湿性变化

图 6-25　WZ11-A-A8S1 井原油有机质沉积岩心端面润湿性变化

**表 6-28　涠洲 11-A 油田有机质沉积伤害实验**

| 编号 | 岩心渗透率损伤情况 | | | | |
|---|---|---|---|---|---|
| | 原油 | 135℃ | 100℃ | 135℃ | 清洗后 135℃ |
| WZ11-A-2 | A3 | 100% ↓ 69% | 61% ↓ 54% | 47% ↓ 46% | 85% ↓ 76% |
| WZ11-A-2 | A7 | 100% ↓ 70% | 65% ↓ 64% | 56% ↓ 53% | 92% ↓ 88% |
| WZ11-A-2 | A8S1 | 100% ↓ 77% | 72% ↓ 63% | 59% ↓ 55% | |
| 3 | A3 | 100% | 92% | 90% | |
| 4 | A3 | 100% ↓ 88% | 89% ↓ 82% | 80% ↓ 77% | 92% ↓ 88% |

## （八）原油乳化动态伤害评价

由于原油自带的环烷酸、脂肪酸等天然表面活性剂及入井液中也会添加的某些表面活性剂，当入井液进入地层后与原油接触，或生产中渗流由初期单相流变成两相流时，油和水在剪切力以及与岩石润湿性之间的差异作用下可能会形成乳化水滴，增加油流黏度，从而降低油气的有效流动能力，这种现象即为原油乳化。

乳化液的形成主要与近井筒高压力降落和含水有密切的关系。在近井筒高压力降落和含水较高时，由于产液速度高，从而油水受高速剪切，导致乳化。乳化油滴损害主要形式是吸附和液锁（即贾敏效应），这种乳化液在多孔介质中产生的贾敏效应会堵塞油层，特别注意的是贾敏效应具有加和性，加剧地层伤害，这也是流沙港组低效井大都为见水后产量出现大幅下降的重要原因。

首先评价各因素对形成乳化原油稳定性的影响，然后根据实验结果评价见水油井的储层中是否存在乳化原油形成趋势，最后配制稳定乳化原油评价其对储层造成伤害程度。

1. 各因素对形成稳定乳化原油的影响评价

针对流沙港组典型低效井，分别从温度、含水率、pH 值、入井液乳化剂及高岭石、无机垢（碳酸盐、硫酸盐）等因素对油水乳化液稳定性影响进行实验评价。

1）实验方法

根据目标井井况，考虑温度、含水、pH 值、运移微粒、结垢对乳化原油稳定性影响，评价单因素对乳化原油稳定性的影响，实验采用温度 135℃ /90℃，含水率 25%，水相 pH 值为 7，不添加钻井液乳化剂、高岭石、碳酸钙（硫酸钡）。其中单因素变量设计如下：温度为 50℃、70℃、90℃、135℃；含水率为 10%、15%、20%、30%、50%；水相 pH 值为 5、9；钻井液乳化剂添加量为 0.1%、0.5%、1%、2%、4%；高岭石添加量为 0.05%（质量分数）、0.1%（质量分数），按黏土抽提标准制取粒径小于 6μm 的微粒；无机垢（碳酸钙、硫酸钡）添加量为 0.05%（质量分数）、0.1%（质量分数）、0.2%（质量分数），采用化学分析纯药剂制取硫酸钡、碳酸钙。前人研究均已验证剪切速率和搅拌时间的增加，将会增加乳化原油稳定性，所以在试验中原油乳化过程采用定剪切速率 3000r/min，搅拌 15min。搅拌完成后，置于对应温度的恒温水 / 油浴锅中，每隔一定时间观察并记录油水分层情况。

2）温度对乳化原油稳定性影响

实验结果如图 6–26 所示，原油中天然乳化剂（沥青质、胶质）含量较少，温度变化对 WZ11–A–A3 井、WZ11–A–A8S1 井、WZ11–B–B2 井乳化原油稳定性无影响（5min 完全分层），但 WZ11–A–A7 井乳化原油在低温下稳定性将显著提升（低温下 100min 完全分层）。因此，WZ11–A–A7 井在生产作业中，温度下降可能引起原油乳化伤害。

3）含水率对乳化原油稳定性影响

实验结果如图 6–27 所示，同样由于原油中天然乳化机含量较少，含水率对乳化趋势的影响也较小。虽然含水率完全脱水时间较长（2～45min 完全分层），但均在 5min 内出现油水分层现象，所以含水对其乳化稳定性影响较小。

4）pH 值对乳化原油稳定性影响

实验结果如图 6–28 所示，水相 pH 值将会影响油水界面处天然乳化剂的分布，与中性条件相比，较低 pH 值条件下，有利于乳化原油的形成；而较高 pH 值条件下，原油中的酸性组分将与碱反应生成极具界面活性的脂肪酸皂，从而降低油水界面张力，同样有利于乳化原油的形成[2, 3]。

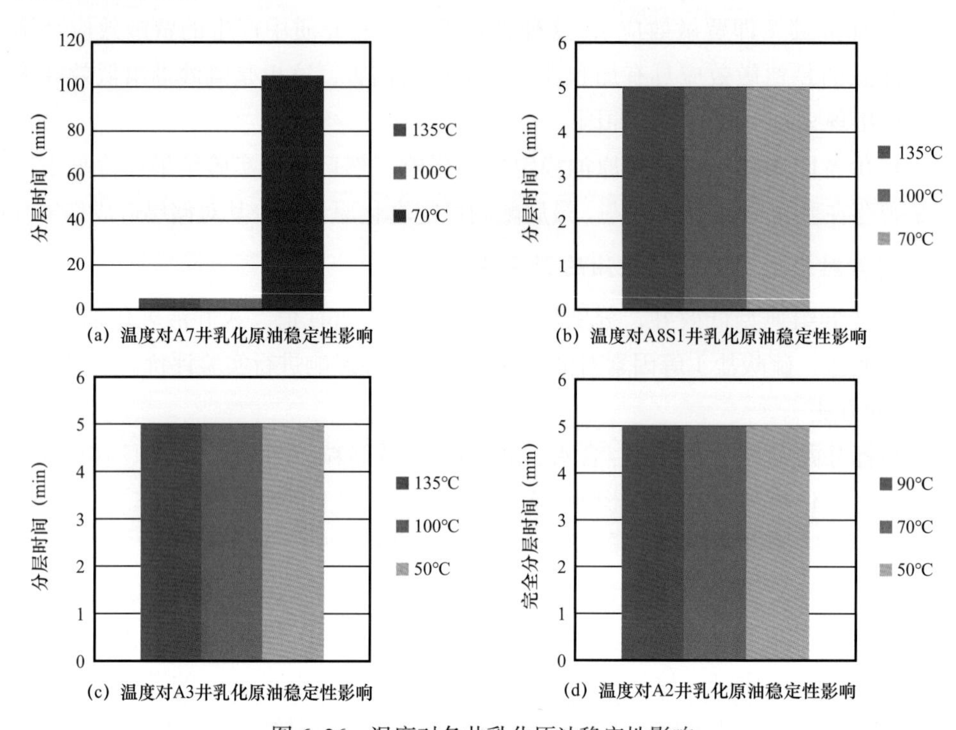


图 6-26　温度对各井乳化原油稳定性影响

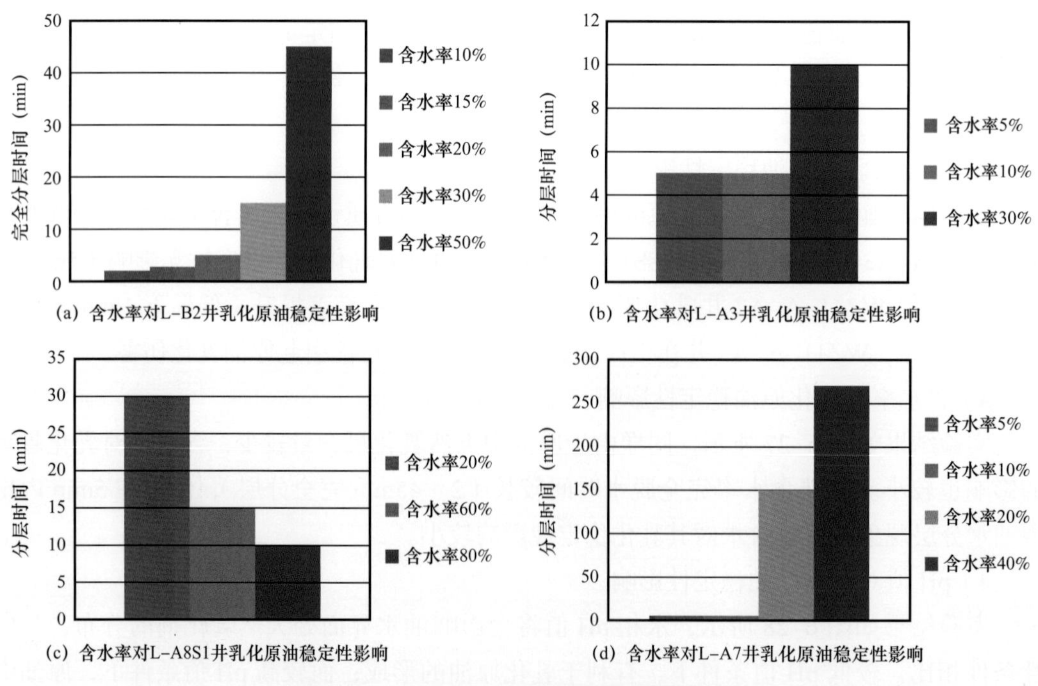


图 6-27　含水率对各井乳化原油稳定性影响

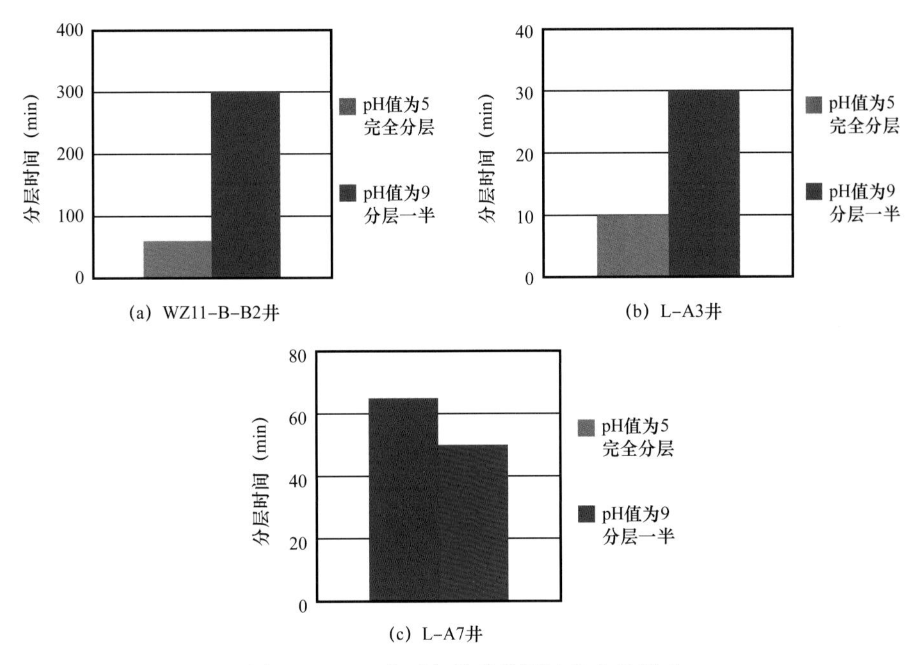


(a) WZ11-B-B2井 (b) L-A3井

(c) L-A7井

图 6-28 pH 值对各井乳化原油稳定性影响

（1）在弱碱性条件下，WZ11-B-B2 井分离一半水相所需时间为 300min；WZ11-A-A3 井完全油水分离所需时间为 30min，均较中性条件下的 5min 油水完全分离，得到了较大的提高。表明，WZ11-B-B2 井、WZ11-A-A3 井在弱碱性条件下，形成稳定乳化原油的趋势较高。

（2）在弱酸性条件下，WZ11-A-A7 井完全油水分离所需时间为 60min，较中性条件所需的 5min，有较大的提高。表明，A7 井在酸性条件下，形成稳定乳化原油的趋势较高。

在弱碱 / 弱酸条件下，除 A8S1 井原油未得到乳化原油，其余单井所得到乳化原油的稳定性均较中性条件下有所提高。因此，必须对入井流体的 pH 值进行控制或者添加适宜的防乳他破乳剂，尽可能避免造成近井地带乳化原油伤害。

5）入井液乳化剂对乳化原油稳定性影响

实验结果如图 6-29 所示，在添加不同浓度乳化剂配制乳化原油实验中，WZ11-B-B2 井在各浓度下得到的乳化原油，均在 15min 内完全油水分离；WZ11-A-A3 井、WZ11-A-A7 井在低浓度（0.1%）下，均未得到原油乳化液，且在较高浓度（0.5%～1%）下得到的乳化原油，均在 10～20min 内完全油水分离；WZ11-A-A8S1 井未得到乳化原油。因此，钻井液乳化剂对各单井原油形成乳化原油的趋势较小。

6）高岭石、碳酸钙、硫酸钡对乳化原油稳定性影响

固相微粒通过其在油水界面处的吸附和在液珠间的分散，阻碍水滴的聚并，增加乳化原油稳定性。实验结果如图 6-30 所示，在添加不同质量浓度高岭石配制乳化原油的实验中，WZ11-B-B2 井原油中添加了质量浓度 0.05% 的高岭石后，乳化原油稳定性得到显

著提高[4]；添加不同质量浓度的硫酸钡后，完全分层时间无显著增加，乳化原油稳定性无明显改善。因此，WZ11-B-B2井存在微粒运移情况下，易引起原油乳化伤害。

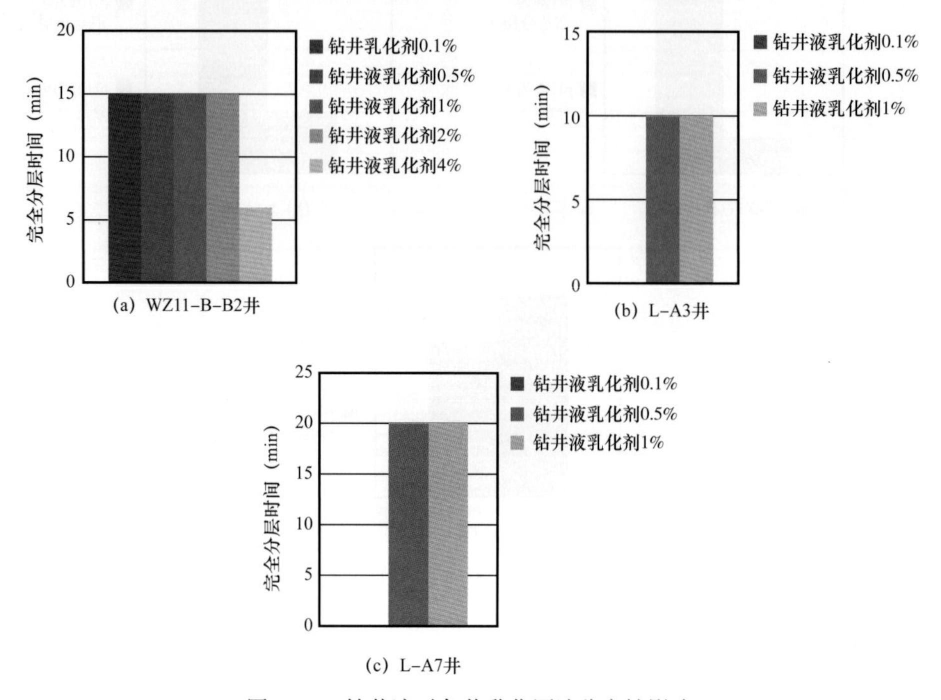


图 6-29 钻井液对各井乳化原油稳定性影响

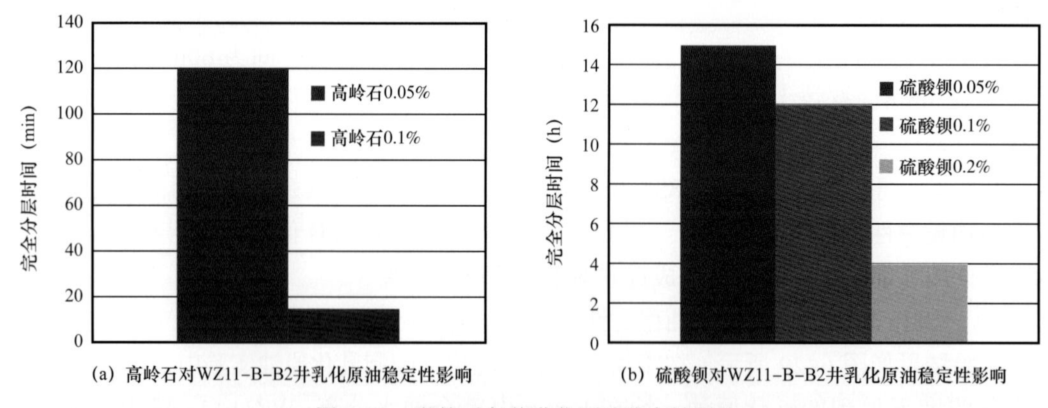


图 6-30 微粒对各井乳化原油稳定性影响

2. 储层中乳化原油形成趋势及伤害程度

实验方法：根据乳化原油稳定性评价实验结果，筛选出有利于乳化原油形成的条件，采用油水同注的方式，进行人造长岩心驱替实验，通过观测流出端流体乳化情况，评价储层中乳化原油形成趋势；并配置稳定乳化液进行岩心驱替，评价乳化原油对储层造成的伤害程度。

乳化原油形成趋势的实验结果见表 6-29，其中采用同注 $BaCl_2$ 和 $K_2SO_4$ 制取硫酸钡结垢人造岩心，采用注入高岭石悬浮液制取含高岭石人造岩心。实验结果表明 WZ11-B-A2 井原油受高岭石微粒、硫酸钡结垢影响下，储层中具有极强的乳化原油形成趋势，且随着驱替压差的增加，形成乳化原油趋势加强；WZ11-A-A3 井在弱碱性条件下储层中有一定的乳化原油形成趋势；WZ11-A-A7 井在低温（70℃）情况下储层中有一定的乳化原油形成趋势。

**表 6-29　WZ11-B-A2 井、WZ11-A-A3 井、A7 井在储层中形成乳化原油趋势**

| 井号 | 驱替压差（MPa） | 温度（℃） | 注入油水比 | 岩心 | 自由水比例 |
|---|---|---|---|---|---|
| WZ11-B-B2 | 5 | 90 | 4：1 | 人造长岩心 | 20%～25% |
| | 5 | 90 | 4：1（pH 值为 9） | 人造长岩心 | <15% |
| | 5 | 90 | 4：1 | 人造长岩心（硫酸钡结垢） | <5% |
| | 5 | 90 | 4：1 | 人造长岩心（高岭石） | <15% |
| | 7 | 90 | 4：1 | 人造长岩心（硫酸钡结垢） | 0 |
| | 7 | 90 | 4：1 | 人造长岩心（高岭石） | <10% |
| WZ11-A-A3 | 5 | 135 | 4：1 | 人造长岩心 | 20%～25% |
| | 5 | 135 | 4：1（pH 值为 9） | 人造长岩心 | <15% |
| WZ11-A-A7 | 5 | 135 | 4：1 | 人造长岩心 | 20%～25% |
| | 5 | 135 | 4：1（pH 值为 5） | 人造长岩心 | <20% |
| | 5 | 70 | 4：1 | 人造长岩心 | <5% |

乳化原油对储层伤害的实验结果如图 6-31 所示。尽管由微粒所配置的 WZ11-B-B2 井含水 25% 的乳化原油黏度 8.2mPa·s 与原油黏度 6.7mPa·s 相差不大，但由硫酸钡所配置的乳化原油引起的贾敏效应及外源微粒对储层造成了较大程度的伤害，累计注入约 15PV 后，渗透率下降了 75%。同样地，直接采用乳化剂配置的 WZ11-A-A3 井、WZ11-A-A7 井含水 25% 的稳定乳化原油的黏度值分别 2.3mPa·s、3.8mPa·s，与其原油的黏度值 1.89mPa·s、3.4mPa·s 相差不大，但岩心驱替实验的确表现出了贾敏效应对多孔介质流动通道的堵塞，岩心渗透率均下降了 40%～50%，如图 6-32 与图 6-33 所示。

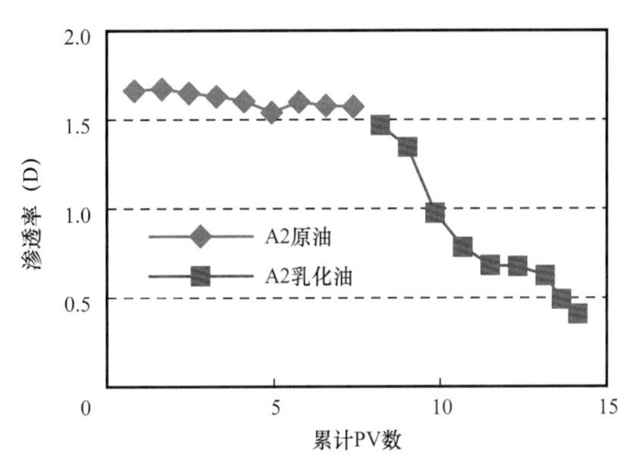


图 6-31　WZ11-B-B2 井乳化原油（硫酸钡配置）伤害岩心驱替实验

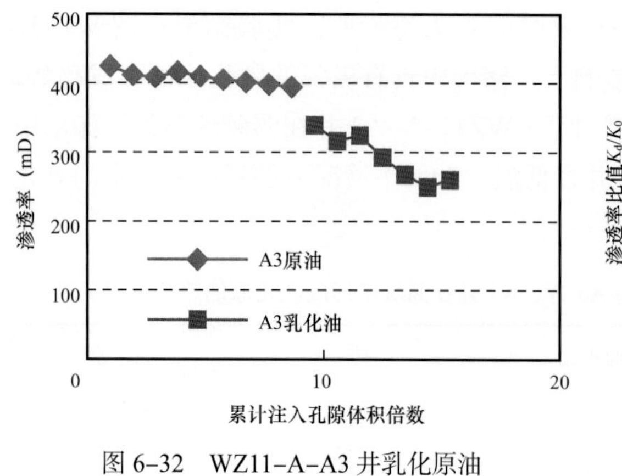


图 6-32　WZ11-A-A3 井乳化原油（乳化剂配置）伤害岩心驱替实验

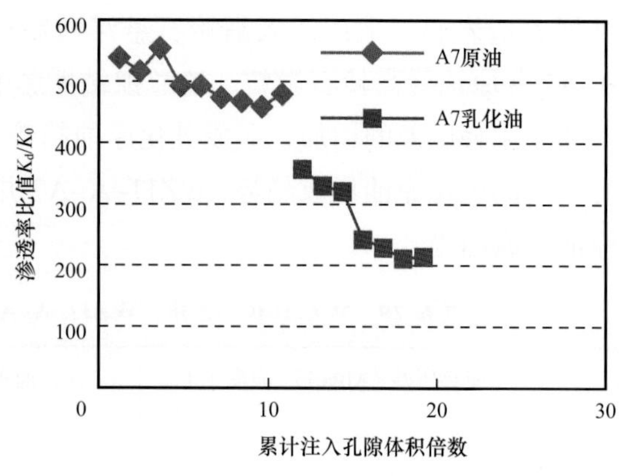


图 6-33　WZ11-A-A7 井乳化原油（乳化剂配置）伤害岩心驱替实验

## 二、储层伤害数值模拟研究

针对室内评价实验明确的目标储层伤害类型，可根据已有的资料和积累的经验，借助一些基本的储层信息，利用已成熟软件和理论模型定性判断待开发油田潜在的部分伤害类型，并定量估算可能的伤害程度，改变以往依赖大量的室内分析和一系列流动试验进行评价，致使措施建议滞后于滚动开发生产实际需要的状况。可通过预测内因，指导控制外因，从而达到保护油层的目的[5]。

### （一）水敏、水锁伤害预测

如果储层保护预防措施不到位，且入井流体与储层中的黏土矿物不配伍，则极易引起膨胀性黏土矿物（如伊 / 蒙混层、绿 / 蒙混层和蒙皂石）的水化膨胀、分散和非膨胀性黏土矿物（如伊利石、高岭石）的分散运移，导致储层渗透率降低，造成水敏伤害。除此，对于低孔低渗透储层，若未采取水锁预防措施，当外来的自由水侵入油层后，将引起近井地带含水饱和度增加，岩石孔隙中油水界面的毛细管阻力增加，进而造成原油通过近井地带储层时的渗流阻力显著增加，即出现贾敏效应。

中块 3 井区涠四段储层黏土矿物以伊 / 蒙混层为主，存在较强的水敏性；储层有效孔隙度分布范围 12.3%～20.9%，平均值为 15.8%，渗透率分布范围 3.6～565.9mD，平均值为 77.3mD，属于低—中孔、特低—中渗透储层，极易发生水锁伤害。油田涠四段多口生产井在修井之后均出现产量急剧下降的现象。如 B7 井，该井于 2008 年对 $W_4$ Ⅰ、$W_4$ Ⅲ 油层组进行下返补射孔，高峰产油量达 103m$^3$/d，后因外输管线压力波动较大关停。2009 年 4 月 7-20 日进行细分层系兼自喷转泵抽修井作业，下入分层泵抽生产管柱，合采涠四段 A，B，D 砂层；作业后该井频繁欠载，不能正常生产。2009 年 4 月 29—5 月 10 日进行压恢测试，产能测试期间启泵生产 12h（生产压差 9.4MPa）井口取样无产出，关井后压力恢复速度很慢。通过分析，诊断为修井中修井液滤失产生水侵伤害，造成修井后油井产量大幅下降。

1. 水敏伤害预测

近年来发展了许多快速预测储层敏感性的方法，如 Elman 神经网络、BP 神经网络、灰色评价方法、多元判别分析法、模糊数学方法、多元回归分析法、单相关系数法，但是各种方法都有其不足之处[6]。

据此，涠洲 12–A 油田中块 3 井区涠四段储层选择了改进型模糊评价法进行水敏预测，结果见表 6–30。该方法采用信息统计法提取影响敏感性的特性指标，根据模糊集合理论将油层敏感性数据分类并构建知识库，通过构建隶属函数及模糊规则匹配实现对油层敏感性的预测，预测效率高、结果准确可靠。

**表 6–30　涠洲 12–A 油田中块 3 井区涠四段储层水敏预测结果**

| 井号 | 2 | B7 | B20 | A18 | A12b | A8 | B33 |
|---|---|---|---|---|---|---|---|
| 孔隙度（%） | 17.3 | 14.3 | 11.7 | 12.5 | 12.9 | 13.8 | 13.7 |
| 渗透率（mD） | 198.7 | 15.3 | 41.1 | 15.8 | 85.4 | 98.7 | 17.8 |
| 蒙皂石含量（%） | 0 | 0 | 0 | 0 | 0 | 0 | 0 |
| 伊利石含量（%） | 42.95 | 25 | 17 | 26 | 27 | 25 | 9 |
| 高岭石含量（%） | 18.58 | 28 | 9 | 21 | 15 | 26 | 33 |
| 绿泥石含量（%） | 16.83 | 1 | 6 | 2 | 7 | 2 | 48 |
| 伊 / 蒙混层含量（%） | 21.65 | 46 | 68 | 51 | 51 | 47 | 10 |
| 泥质含量（%） | 3.0 | 5.2 | 2.5 | 3.0 | 5.8 | 4.7 | 2.5 |
| 地层水矿化度（mg/L） | 11929 | 11929 | 11929 | 11929 | 11929 | 11929 | 11929 |
| 水敏指数 | 0.345 | | | | | | |
| 水敏伤害 | 中等偏弱 | | | | | | |

从预测结果可知，涠洲 12–A 油田中块 3 井区涠四段目标井储层水敏伤害率为 34.5%，伤害程度中等偏弱。为了有效保护储层，入井流体仍应考虑水敏伤害。

2. 水锁伤害预测

判断油气层是否产生水锁损害，常用指标之一就是水锁损害率[7]。采用加拿大学者 D.B.Bennion 提出的水锁指数 $APT_i$ 模型进行水锁伤害预测，预测结果见表 6–31 至表 6–32。

$$APT_i = 0.25\lg K_a + 2.2S_{w_i} \tag{6–2}$$

式中　$APT_i$——水锁指数；

$K_a$——气体渗透率，D；

$S_{Wi}$——原始含水饱和度，%。

**表 6-31　WZ12-A-A7 井涠四段储层水锁伤害预测结果**

| 井号 | 生产油层组 | 井段（m） | | 孔隙度（%） | 渗透率（mD） | 含水饱和度（%） | 储层类型 | 水锁指数 | 伤害程度 |
|---|---|---|---|---|---|---|---|---|---|
| B7 | $W_4$Ⅳ | 3011 | 3011.6 | 13.1 | 3.6 | 49.7 | 低孔超低渗透 | 0.482 | 中等偏强 |
| | | 3012.1 | 3017.5 | 16.5 | 25.7 | 25.2 | 中孔低渗透 | 0.157 | 极强 |
| | | 3020.8 | 3022 | 14.4 | 7.6 | 56.5 | 低孔超低渗透 | 0.713 | 中等偏弱 |
| | $W_4$Ⅴ | 3046.3 | 3047.9 | 16.4 | 24.2 | 36.3 | 中孔低渗透 | 0.395 | 中等偏强 |

**表 6-32　WZ12-A-A18 井涠四段储层水锁伤害预测结果**

| 井号 | 生产油层组 | 井段（m） | | 孔隙度（%） | 渗透率（mD） | 含水饱和度（%） | 储层类型 | 水锁指数 | 伤害程度 |
|---|---|---|---|---|---|---|---|---|---|
| A18 | $W_4$Ⅱ | 3010 | 3025.3 | 17.1 | 83.6 | 37.6 | 中孔低渗透 | 0.558 | 中等偏强 |
| | $W_4$Ⅲ | 3301.2 | 3306.9 | 14.4 | 21.5 | 39.7 | 低孔低渗透 | 0.457 | 中等偏强 |
| | | 3307.4 | 3311.2 | 15.5 | 37.3 | 38.6 | 中孔低渗透 | 0.492 | 中等偏强 |
| | | 3311.2 | 3313.5 | 13.4 | 13 | 44.8 | 低孔低渗透 | 0.514 | 中等偏强 |
| | | 3315.9 | 3320.7 | 13.4 | 13 | 42.7 | 低孔低渗透 | 0.468 | 中等偏强 |
| | | 3321.2 | 3323 | 12.7 | 9.1 | 38.2 | 低孔超低渗透 | 0.330 | 强 |
| | | 3323.5 | 3325 | 12.9 | 10.1 | 38.5 | 低孔低渗透 | 0.348 | 强 |
| | | 3325.7 | 3327 | 14.4 | 21.5 | 35.3 | 低孔低渗透 | 0.360 | 强 |
| | | 3327 | 3330.5 | 12.7 | 9.1 | 35.8 | 低孔超低渗透 | 0.277 | 强 |
| | | 3330.5 | 3332.1 | 12.3 | 7.5 | 30.7 | 低孔超低渗透 | 0.144 | 极强 |

从水锁预测结果来看，涠洲 12-A 油田中块三井区涠四段储层大部分水锁伤害指数 $APT_i$ 都小于 0.8，属于易产生水锁伤害。此预测结果与现场实际情况非常吻合，涠四段储层目标井多次修井后，无法正常启泵生产，通过深穿透补射孔作业，穿透损害带形成导流能力高的通道，油井产量才得以恢复。

### （二）无机结垢伤害模拟预测

油井结垢是影响油田产量的常见因素之一[8, 9]。受开发初期条件所限，涠洲注水油田采用的水源绝大部分为海水，由于注入海水与地层的配伍性较差，油井见水后近井地带、井筒内出现明显的结垢现象，不仅影响了单井产能，且造成了部分区块的常规作业恶化为大修，严重影响了油田的开发经济效益。结垢是系统内热力学的不稳定性与化学不相容性引起的，表现为一种难溶盐在过饱和溶液中的沉淀，其与温度、压力、pH 值以及混合液体离子浓度有关。饱和指数 SI 是过饱和度的一种量度，因此，利用“饱和指数”可衡量溶液中 $BaSO_4$、$SrSO_4$、$CaSO_4$、$CaCO_3$ 沉淀的可能性，饱和指数 SI 表达式如下：

$$SI = \lg \frac{IP}{K_{sp}} \tag{6-3}$$

式中　IP——为实际溶液的离子积；

$K_{sp}$——溶度积平衡常数。

根据饱和指数 SI 大小可衡量产生沉淀可能性大小，SI 值越大，产生垢沉淀的可能性也越大。但不能预测发生结垢的数量。若 SI＜0，溶液未饱和，不结垢；若 SI=0，溶液饱和，平衡状态；若 SI＞0，溶液过饱和，结垢。

1. 硫酸钡 / 硫酸锶结垢预测

1）生产作业过程中硫酸钡 / 硫酸锶结垢产生机理

海上油田注水开发过程中或修井作业过程中，若地层水中含有 $Ba^{2+}$、$Sr^{2+}$，将会与入井液（海水）中的 $SO_4^{2-}$ 形成硫酸钡 / 硫酸锶结垢，将会对油井产量造成显著影响。虽然在注水开发过程中，注入水与地层水的混合将会存在于整个注水波及范围内，然而，硫酸钡 / 硫酸锶结垢对油井产量的影响主要存在于近井地带，原因主要有以下两点。

（1）注水开发过程中，水驱前缘处注入水与地层水混合所产生的 $BaSO_4$，将会被原油携带，随着水驱前缘，向油井方向运移。这将不会造成注水波及范围内，孔隙喉道中 $BaSO_4$ 结垢大量沉积，从而造成渗透率显著下降；硫酸钡结垢，将会大量沉积在渗流边界、砂体连通较差处，造成储层渗透率显著降低。但这些并非主要渗流通道，所以对油井产能影响较小（图 6–34）。

（2）油井近井地带，由于渗流速度的增加，增加了结垢化学反应动力学系数，且钻井、增产措施对储层垂向渗透率的改造，使得近井地带渗流环境变得极为复杂。油井在高渗透水层突进见水后（图 6–35），注入水将会在近井地带与地层水进行剧烈混合，生成大量硫酸钡结垢，对储层造成显著伤害。

注入海水中富含的 $SO_4^{2-}$ 与储层中的 $Ba^{2+}$，$Sr^{2+}$ 不配伍，在近井地带渗流速度增加的情况下，增加了结垢化学反应动力学系数，且钻井、增产措施对储层垂向渗透率的改造，使得近井地带的渗流环境变得极为复杂，在井筒内流速、温度、压力的变化的情况下，见水油井的近井地带、井筒内大量成硫酸钡 / 硫酸锶垢，堵塞了原油在井底的流动通道。

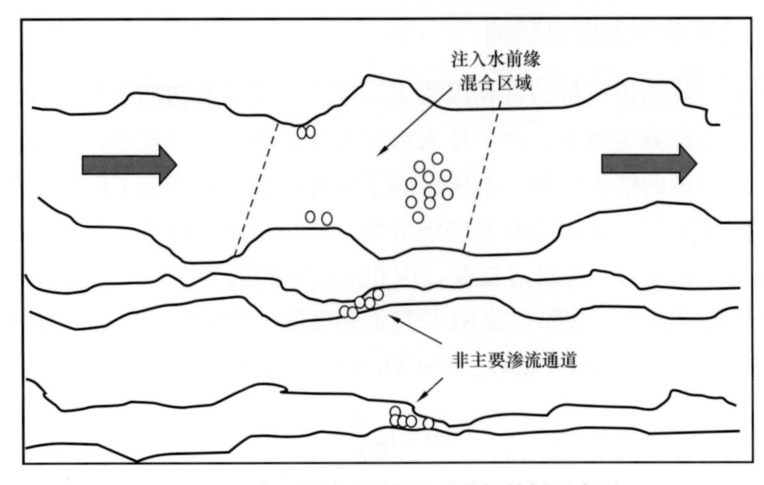


图 6-34 水驱前缘硫酸钡 / 硫酸锶结垢示意图

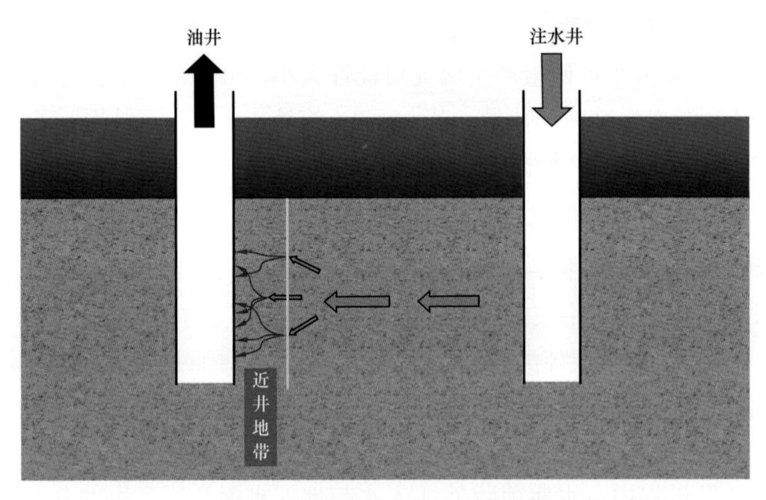


图 6-35 高渗透水层突进后水相在近井地带流动示意图

2）硫酸钡 / 硫酸锶结垢数值模拟及预测

根据涠洲 12-A 油田产出取样水的离子分析结果，并结合目标井产水情况，采用 ScaleChem 软件，对涠洲 12-A 油田 A1 井、A4 井、A5 井、B11 井、B17 井进行结垢趋势预测，录入参数见表 6-33 与表 6-34，预测结果见表 6-35。

**表 6-33 涠洲 12-A 油田目标井储层参数**

| 井号 | 温度（℃） | 压力（MPa） | 产水（$m^3/d$） |
|---|---|---|---|
| A1 | 110 | 23.7 | 320 |
| A4 | 110 | 21.9 | 80 |
| A5 | 114 | 23.7 | 102 |
| B11 | 110 | 24 | 30 |

表 6-34　涠洲 12-A 油田目标井水质分析结果

| 水样 | pH 值 | 离子组成（mg/L） | | | | | | | | | 总矿化度（mg/L） | 水型 |
|---|---|---|---|---|---|---|---|---|---|---|---|---|
| | | $K^++Na^+$ | $Ca^{2+}$ | $Mg^{2+}$ | $Sr^{2+}$ | $Ba^{2+}$ | $HCO_3^-$ | $CO_3^{2-}$ | $SO_4^{2-}$ | $Cl^-$ | | |
| A1 | 7.2 | 6909 | 297 | 216 | 35 | 5 | 561 | 0 | 626 | 11019 | 19628 | $MgCl_2$ |
| A4 | 8.14 | 11604 | 809 | 242 | 21 | 0 | 1391 | 28 | 1008 | 16814 | 31917 | $NaHCO_3$ |
| A5 | 7.44 | 9313 | 521 | 130 | 0 | 0 | 781 | 0 | 263 | 15007 | 26015 | $CaCl_2$ |
| B11 | 7.36 | 10378 | 773 | 125 | 44 | 0 | 712 | 0 | 653 | 16753 | 29435 | $CaCl_2$ |

表 6-35　涠洲 12-A 油田目标井储层条件下成垢离子的饱和指数 SI、结垢指数 ST、结垢量

| 井号 | 温度（℃） | 压力（MPa） | SI | ST | 结垢量（mg/L） | 备注 |
|---|---|---|---|---|---|---|
| A1 | 110 | 23.7 | 1.3347 | 21.6139 | 7.5 | 硫酸钡 / 硫酸锶 |
| | | | 0.5192 | 3.305 | 223.6423 | 碳酸钙 |
| A4 | 110 | 21.9 | 2.4893 | 308.5536 | 844.3536 | 碳酸钙 |
| A5 | 114 | 23.7 | 0.9784 | 9.5155 | 398.5635 | 碳酸钙 |
| B11 | 110 | 24 | 1.8547 | 71.5639 | 383.1917 | 碳酸钙 |

以上预测结果表明，涠洲 12-A 油田具有结碳酸钙垢和硫酸钡锶垢的趋势，由于硫酸钡 / 硫酸锶垢的溶度积系数很小，只要成垢离子在储层及井筒内充分混合将几乎全部成垢，所以井口取样测得的钡锶离子浓度将会很低，造成部分结钡锶垢井未能预测到其结垢趋势。其中碳酸钙垢受温度影响较大，温度越高，结垢趋势越明显。WZ12-A-A5 井修井起管柱时发现 Y-TOOL 上接头以上的一根油管单根至电泵机组之间油管外壁、机组本体、电缆外壳结垢非常严重，厚度达 5～8mm，经分析为碳酸钙垢，如图 6-36 所示。结合现场砂垢样的 X- 衍射进行分析，涠洲 12-A 油田存在严重的硫酸钡 / 硫酸锶垢，如图 6-37 与图 6-38 所示。

图 6-36　WZ12-A-A5 井碳酸盐垢

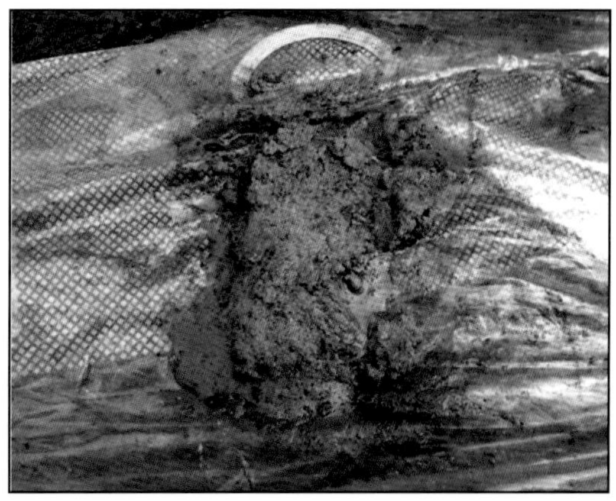

图 6-37　WZ12-A-B11 井硫酸钡垢

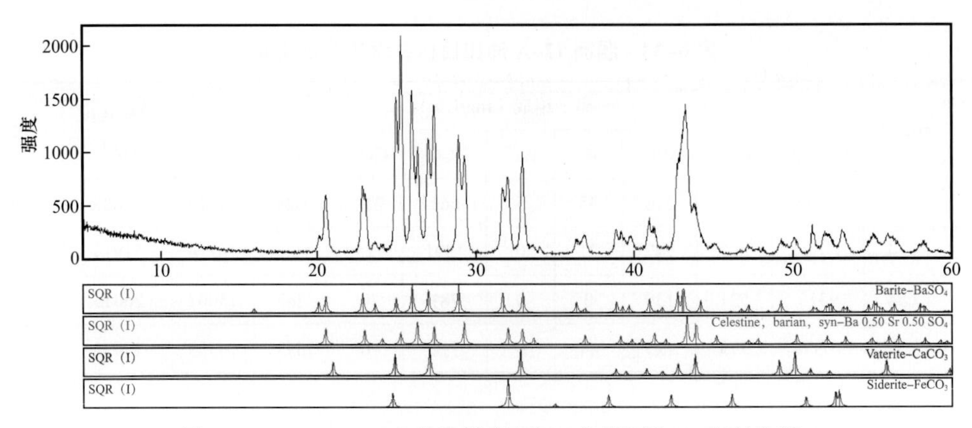


图 6–38 WZ12–A–A3 井取样硫酸钡 / 硫酸锶垢 X– 衍射分析

油井见水后出现的严重硫酸钡结垢现象，不仅对生产中心管造成堵塞影响产能，其在近井地带储层中的沉积也将对储层造成伤害，根据油田水分析资料、储层资料，采用拟稳态硫酸钡垢伤害模型[10–20]，以同样存在硫酸钡结垢伤害的 WZ11–B–A2 井为例，进行结垢储层伤害数值模拟计算。

拟稳态渗流中，考虑硫酸钡沉积及扩散的 $Ba^{2+}$ 质量守恒方程如下：

$$Q\frac{\partial C_{\mathrm{Ba}}f}{\partial R}=2\pi\frac{\partial}{\partial R}\left(RD_{\mathrm{s}}\frac{\partial C_{\mathrm{Ba}}}{\partial R}\right)-2\pi Rh_{\mathrm{s}}K_{\mathrm{a}}C_{\mathrm{Ba}}\mathrm{C}_{\mathrm{SO_4}} \tag{6-4}$$

式中 $R$——距井筒半径，m；

$C_{\mathrm{Ba}}$——$Ba^{2+}$ 离子浓度，gmol/L；

$C_{\mathrm{SO_4}}$——$SO_4^{2-}$ 离子浓度，gmol/L；

$D$——扩散系数，$m^2/s$；

$h$——油层厚度，m；

$K_{\mathrm{a}}$——化学反应速率常数，(gmole/L·s)$^{-1}$；

$f$——产水率，‰。

同样可得出 $SO_4^{2-}$ 质量守恒方程如下：

$$Q\frac{\partial C_{\mathrm{SO_4}}f}{\partial R}=2\pi h\frac{\partial}{\partial R}\left(RD_{\mathrm{s}}\frac{\partial C_{\mathrm{SO_4}}}{\partial R}\right)-2\pi Rh_{\mathrm{s}}K_{\mathrm{a}}C_{\mathrm{Ba}}C_{\mathrm{SO_4}} \tag{6-5}$$

$BaSO_4$ 结垢增长速率等于 $Ba^2/SO_4^{2-}$ 消耗速率，有如下方程：

$$\varphi\frac{\partial\sigma_{\mathrm{BaSO_4}}}{\partial t}=K_{\mathrm{a}}C_{\mathrm{Ba}}C_{\mathrm{SO_4}} \tag{6-6}$$

式中 $\sigma$——硫酸钡固相沉积浓度，gmol/L。

近井地带水相渗流速度，有如下方程：

$$u=\frac{Qf}{2\pi Rh_{\mathrm{s}}} \tag{6-7}$$

式中　$u$——水相流速，m/s。

多孔介质中有效扩散系数、化学反应速率常数与水相流速成正比，有如下方程：

$$D=\alpha_{\mathrm{D}}u \tag{6-8}$$

$$K_{\mathrm{a}}=\lambda U \tag{6-9}$$

引入无量纲半径、时间和浓度简化计算模型：

$$\begin{cases} \rho=\dfrac{R}{R_{\mathrm{c}}} \\ C=\dfrac{C_{\mathrm{Ba}}}{C_{\mathrm{Ba}}^{0}} \\ Y_{\alpha}=\dfrac{C_{\mathrm{SO_4}}}{C_{\mathrm{Ba}}^{0}} \\ \sigma=\dfrac{\sigma_{\mathrm{BaSO_4}}}{C_{\mathrm{Ba}}^{0}} \\ \alpha=\dfrac{C_{\mathrm{Ba}}^{0}}{C_{\mathrm{SO_4}}^{0}} \\ T=\dfrac{Qt}{\pi R_{\mathrm{C}}^{2}h\varphi} \end{cases} \tag{6-10}$$

式中　$\rho$——无量纲距离；

$C$——无量纲 $Ba^{2+}$ 浓度；

$Y_{\alpha}$——无量纲 $SO_4^{2-}$；

$\sigma$——无量纲 $BaSO_4$ 沉积量；

$\alpha$——初始 $Ba^{2+}$ 浓度与 $SO_4^{2-}$ 浓度比值；

$T$——无量纲时间。

$$\begin{cases} \dfrac{\partial C}{\partial \rho}=\dfrac{\alpha_D}{R_{\mathrm{c}}}\dfrac{\partial}{\partial \rho}\left(s\dfrac{\partial C}{\partial \rho}\right)-R_{\mathrm{c}}\lambda C_{\mathrm{Ba}}^{0}CY_{\alpha} \\ \dfrac{\partial Y_{\alpha}}{\partial \rho}=\dfrac{\alpha_D}{R_{\mathrm{c}}}\dfrac{\partial}{\partial \rho}\left(s\dfrac{\partial Y_{\alpha}}{\partial \rho}\right)-R_{\mathrm{c}}\lambda C_{\mathrm{Ba}}^{0}CY_{\alpha} \end{cases} \tag{6-11}$$

$$\rho=\frac{r_{\mathrm{w}}}{R_{\mathrm{c}}}:\frac{\partial C}{\partial \rho}=\frac{\partial Y_{\alpha}}{\partial \rho}=0 \tag{6-12}$$

$$\begin{cases} \rho=1:C=1 \\ Y_{\alpha}=\dfrac{1}{\alpha} \end{cases} \tag{6-13}$$

式（6–11）为无量纲化后的离子守恒方程，联合内外边界条件式（6–12）、式（6–13）计算结果如图 6–39 至图 6–44 所示。

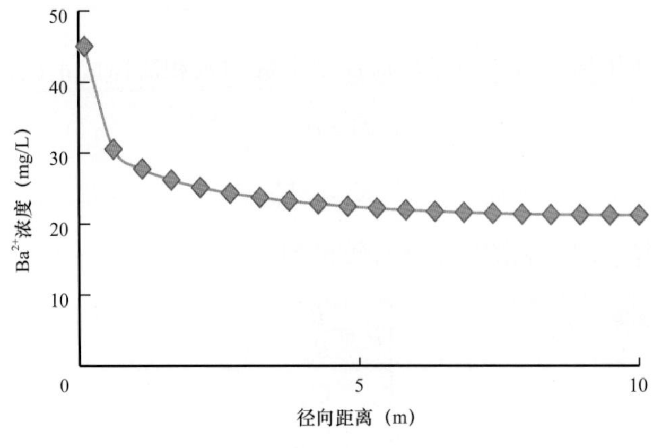


图 6-39　$Ba^{2+}$ 在径向上的变化

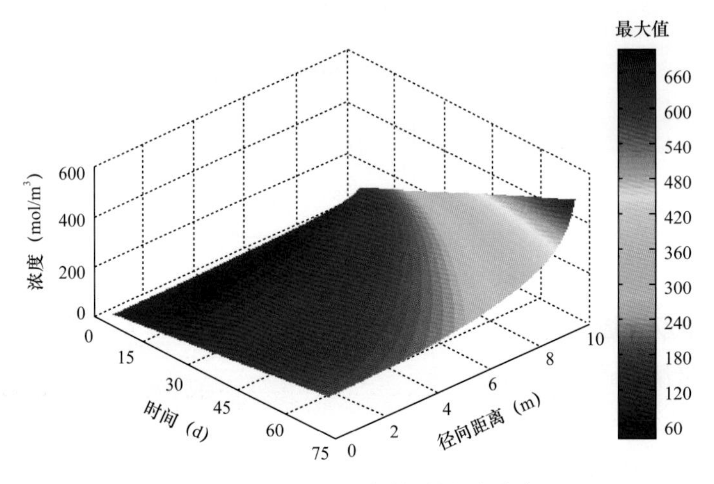


图 6-40　$BaSO_4$ 沉积随时间沿径向分布图

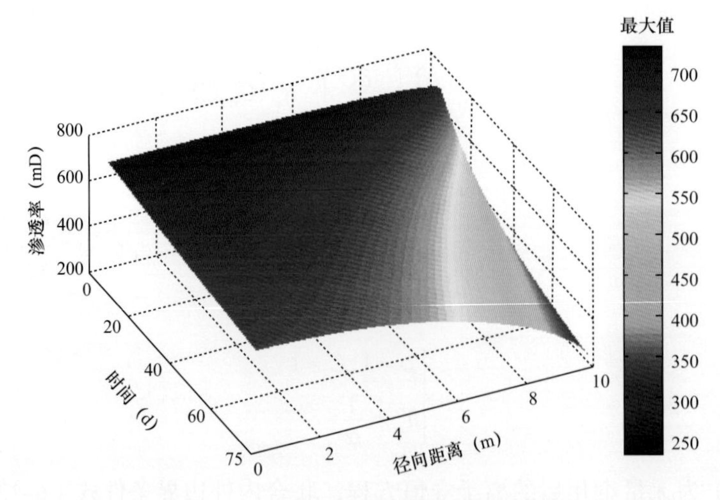


图 6-41　近井地带渗透率沿径向分布图

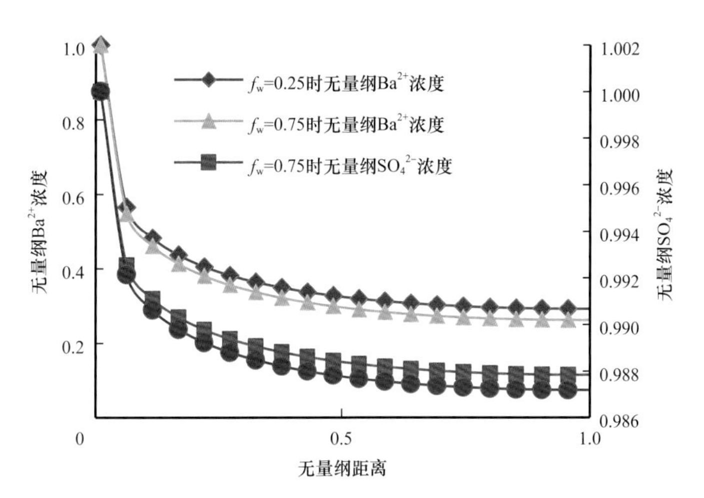


图 6-42 $\lambda$=1937.8 时的 $Ba^{2+}$ 和 $SO_4^{2-}$ 无量纲浓度曲线

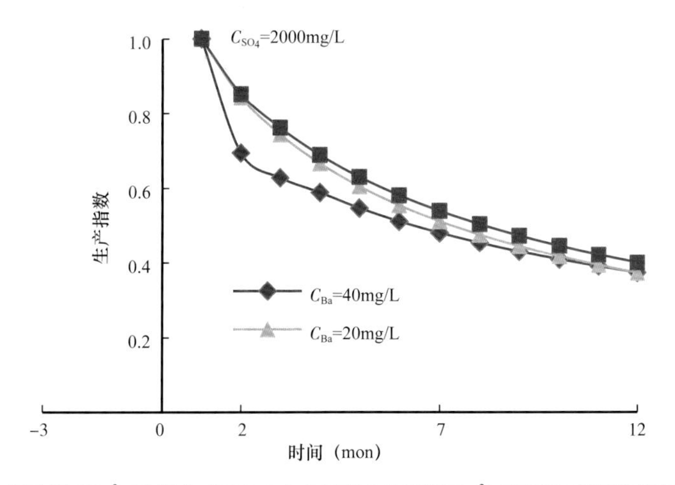


图 6-43 无量纲 $SO_4^{2-}$ 浓度为 2000μL/L 时不同无量纲 $Ba^{2+}$ 浓度生产指数随时间的变化

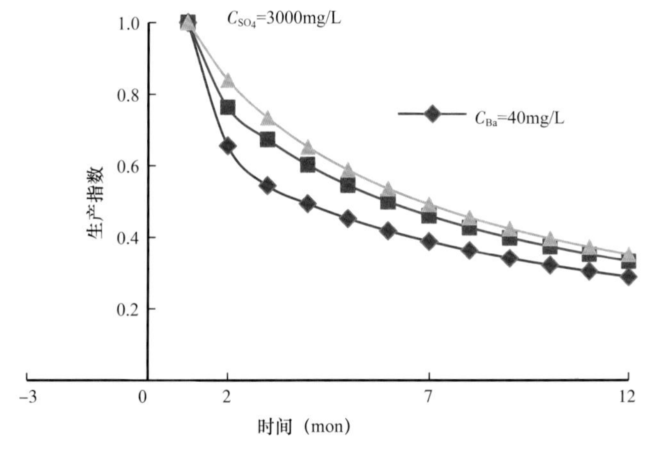


图 6-44 无量纲 $SO_4^{2-}$ 浓度为 3000μL/L 时不同 $Ba^{2+}$ 浓度下生产指数随时间的变化

模拟预测结果表明，WZ11–B–A2 井见水后，其近井地带会出现明显的硫酸钡垢沉积，且随着累计产出的增加而不断加重。从模拟边界 10m 处至井筒 $r_w$=0.1m 处，随着硫酸钡结垢的不断生成，流体中的 $Ba^{2+}$ 浓度迅速下降。$Ba^{2+}$ 浓度初始为 45mg/L，在距井筒 5m 处下降为 22mg/L；在靠近模拟边界处硫酸钡大量沉积，且随着时间的增加而增加；渗透率下降程度严重区域也在模拟边界处，距井筒 10m 处的初始渗透率从 700mD 降至 75 天后的 400mD。模拟计算采用的拟稳态模型，在实际情况下随着油井的生产进行，硫酸钡将会被流体所携带而发生运移，硫酸钡沉积分布将会较模拟结果更靠近井筒，对近井地带储层造成的堵塞将更为严重。

3）碳酸盐结垢预测

涠洲 11–A 油田 2 井区存在井下管柱碳酸盐结垢问题，致使部分自喷生产的见水油井停喷，起出的生产管柱上结垢明显。根据 2 井区各见水油井的采出水离子分析结果（表 6–36），目标单井温度、压力、产水情况（表 6–37），采用 ScaleChem 软件对其结垢程度及趋势进行了模拟预测，结果见表 6–38。

**表 6–36　涠洲 11–A 油田 2 井区目标井水样离子分析**

| 井号 | 油层组 | 阳离子浓度（mg/L） | | | 阴离子浓度（mg/L） | | | | | pH 值 | 水型 |
|---|---|---|---|---|---|---|---|---|---|---|---|
| | | $K^+$，$Na^+$ | $Ca^{2+}$ | $Mg^{2+}$ | $Cl^-$ | $SO_4^{2-}$ | $HCO^{3-}$ | $CO_3^{2-}$ | $OH^-$ | | |
| A7 | $L_3$Ⅲ | 370 | 25 | 6 | 529 | 16 | 159 | 0 | 0 | 7.66 | $NaHCO_3$ |
| A3 | $L_3$Ⅲ | 6042 | 277 | 43 | 9728 | 2 | 352 | 0 | 0 | 7.51 | $CaCl_2$ |
| A8S1 | $L_3$Ⅲ | 6518 | 337 | 18 | 10358 | 7 | 580 | 0 | 0 | 7.76 | $CaCl_2$ |
| A10（注） | | 10811 | 409 | 1347 | 19127 | 2848 | 149 | 0 | 0 | | $MgCl_2$ |

**表 6–37　涠洲 11–A 油田 2 井区目标井储层参数**

| 井号 | 温度（℃） | 压力（MPa） | 产水（$m^3$/d） |
|---|---|---|---|
| A3 | 135 | 35.91 | 30 |
| A7 | 135 | 36.92 | 15 |
| A8S1 | 135 | 36 | 88 |

**表 6–38　涠洲 11–A 油田 2 井区储层条件下成垢离子的饱和度指数 SI、饱和水平 SL、结垢量**

| 井号 | 温度（℃） | 压力（MPa） | SI | SL | 结垢量（mg/L） |
|---|---|---|---|---|---|
| A3 | 135 | 35.91 | 28.7295 | 1.4583 | 166.7 |
| A7 | 135 | 36.92 | 7.5792 | 0.8796 | 6.2 |
| A8S1 | 135 | 36 | 42.0834 | 1.6241 | 226.1 |

由以上模拟结果可知，WZ11-A-A7 井饱和度指数最低，碳酸钙结垢程度最弱，其次是 WZ11-A-A3 井，WZ11-A-A8S1 井结垢程度最严重。经分析，碳酸钙结垢的主要原因为产出水结垢。流三段的地层水在储层温度、压力下已经到达碳酸钙的过饱和，在近井地带由于压力的降低、流速的增加，会形成一定量的碳酸钙结垢；其次海水与地层水以各种比例混合后均会生成碳酸钙结垢；另外修井过程中压井液（海水）的漏失，也会对近井地带造成碳酸钙结垢伤害。

### （三）有机质沉积伤害模拟预测

在正常油藏条件下，胶质、沥青质、原油以一种比较稳定的胶体分散体系形式存在，其中的分散相是以沥青质为核心、以附着于其上的胶质为溶剂化层而构成的胶束，而分散介质则主要为原油和部分胶质。油井生产作业过程中，热力学条件或胶质、沥青质溶解度发生变化，均会打破胶质、沥青质的稳定分散体系。当吸附在沥青质表面的胶质被溶解后，带电的极性沥青质分子就会通过静电作用聚集形成絮凝体，由于絮凝体带有正电荷和极性，易吸附在带负电的岩石矿物表面，导致其在储层孔喉、表面的沉积，改变岩石润湿性或堵塞孔喉，导致产油量下降[21-23]。

国内外建立的沥青质沉积对储层伤害的模拟，从简单预测沥青质沉积点、沉积量的标度方程，发展到考虑沥青质沉积对孔渗的影响，对岩石表面润湿性的改变，沥青质和极性分子的相互作用，毛细管力和重力影响，多孔介质中油、气、固三相流动的模拟。然而，模型计算所需参数较多，现有条件并不能获得所有参数，所以采用了在稠油热采及化学驱模拟方面有着领先技术的 CMG 软件，其 GEM 模块的模拟能力已超出常规的黑油及平衡常数组分模拟器，具有模拟沥青质沉积及堵塞的能力。在输入已有参数值后，将参考其默认值，对目标单井有机质沉积进行模拟。

1. 模型建立及模拟

以涠洲 11-B 油田 A2 井为例，简要介绍模型的建立及参数的录入。

（1）Builder 油藏描述部分（Reservoir Description Section）。通过输入确定 $x$，$j$，$k$ 方向的网格数量，从而确定正交角点网格的划分情况。在属性定义窗口，明确层厚及每层的各向渗透率等参数。

（2）组分性质部分（Component Properties Section）。利用快速沥青质沉积模拟（Quick asphaltene model setup）向导创建功能，导入模拟沥青质沉积模拟的引导模块，将组分性质（默认值），以及各组分的含量录入，并根据目标单井实际情况，对具体参数做出相应的修改（表 6-39）。

（3）岩石—流体数据部分（Rock-Fluid Section）。完成对岩石性质参数的确定（表 6-40），以及对油水、油气两相相对渗透率曲线的导入（表 6-41、表 6-42）。

表 6–39　A2 井模拟组分相关参数

| | $C_{1+}$，$N_2$ | $C_2$ | $C_3$ | $C_4$ | $C_5$ | $C_6$ | $C_7$—$C_8$ | $C_9$—$C_{13}$ | $C_{14}$—$C_{20}$ | $C_{21}$—$C_{29}$ | $C_{30+}$ | asphalt-ene |
|---|---|---|---|---|---|---|---|---|---|---|---|---|
| 临界压力（atm） | 45.39 | 48.20 | 41.90 | 36.90 | 33.36 | 32.46 | 33.34 | 24.26 | 16.93 | 12.21 | 7.38 | 7.38 |
| 临界温度（K） | 190.5 | 305.4 | 369.8 | 418.3 | 464.5 | 507.5 | 561.1 | 641.0 | 739.7 | 826.6 | 979 | 979.01 |
| 离心因子 | 0.008 | 0.098 | 0.152 | 0.186 | 0.238 | 0.275 | 0.311 | 0.497 | 0.750 | 1.013 | 1.42 | 1.423 |
| 摩尔质量（g/gmol） | 16.05 | 30.07 | 44.10 | 58.12 | 72.15 | 86.00 | 96.57 | 143.0 | 227.6 | 337.6 | 580 | 580.00 |
| 临界体积［$m^3$/（kg·mol）］ | 0.099 | 0.148 | 0.203 | 0.258 | 0.305 | 0.344 | 0.367 | 0.549 | 0.851 | 1.18 | 1.94 | 1.94 |
| 相对密度 | 0.300 | 0.356 | 0.507 | 0.576 | 0.628 | 0.690 | 0.765 | 0.799 | 0.847 | 0.887 | 0.964 | 0.964 |
| 平均沸点 $T_b$（°F） | −259 | −127. | −43.70 | 23.11 | 88.85 | 147.3 | 211.9 | 358.1 | 551.2 | 732.8 | 1056 | 1056.5 |
| 等张比容 | 76.98 | 108.0 | 150.3 | 186.6 | 227.9 | 250.1 | 275.7 | 404.5 | 608.0 | 825.5 | 11212 | 1121.90 |
| 状态方程 $\Omega_a$ 参数 | 0.46 | 0.46 | 0.46 | 0.46 | 0.46 | 0.46 | 0.46 | 0.46 | 0.46 | 0.46 | 0.46 | 0.46 |
| 状态方程 $\Omega_b$ 参数 | 0.078 | 0.078 | 0.078 | 0.078 | 0.078 | 0.078 | 0.078 | 0.078 | 0.078 | 0.078 | 0.078 | 0.078 |
| 各组分初始含量（%） | 0.031 | 0.045 | 0.056 | 0.066 | 0.050 | 0.040 | 7.19 | 35.17 | 33.76 | 20.5 | 1.34 | 1.75 |

表 6–40　A2 井主要岩石性质参数

| | |
|---|---|
| 岩石压缩系数（$Pa^{-1}$） | 0.345 |
| 计算岩石压缩系数的参考温度（℃） | 25 |
| 岩石热容［（kg·m）/（kg·K）］ | 106.73 |
| 岩石流体导热系数［W/（m·K）］ | 3.46 |
| 储层温度（℃） | 90 |
| 储层压力（MPa） | 18 |

**表 6-41　涠洲 11-B 油—水相对渗透率实验数据**

| 序号 | 水饱和度 $S_w$（%） | 油相相对渗透率 $K_{ro}$ | 水相相对渗透率 $K_{rw}$ | 含水率 $f$ |
|---|---|---|---|---|
| 1 | 45.2 | 1.00 | 0 | 0 |
| 2 | 46.2 | 0.233 | 0.00353 | 0.0800 |
| 3 | 50.6 | 0.182 | 0.0206 | 0.394 |
| 4 | 54.1 | 0.132 | 0.0355 | 0.606 |
| 5 | 57.0 | 0.104 | 0.0516 | 0.740 |
| 6 | 59.8 | 0.0687 | 0.0622 | 0.839 |
| 7 | 63.0 | 0.0478 | 0.0907 | 0.916 |
| 8 | 68.0 | 0.0208 | 0.123 | 0.971 |
| 9 | 73.0 | 0.00654 | 0.147 | 0.992 |
| 10 | 88.1 | 0 | 0.173 | 1.00 |

**表 6-42　涠洲 11-B 气—水相对渗透率实验数据**

| 水饱和度 $S_w$（%） | 气相相对渗透率 $K_{rg}$ | 水相相对渗透率 $K_{rw}$ |
|---|---|---|
| 40.5 | 0.3967 | 0 |
| 45.3 | 0.3204 | 0 |
| 52.9 | 0.1053 | 0 |
| 57.6 | 0.0558 | 0.0011 |
| 64.6 | 0.0031 | 0.0195 |
| 69.9 | 0 | 0.0311 |

（4）井和动态数据部分（Well & Recurrent Section）。确定注采井距、油井产量、生产时间及射孔段等（表 6-43）。

**表 6-43　A2 井主要参数**

| 油井井底压力最大值（MPa） | 15 | 油井地面采油率最大限制值（$m^3/d$） | 350 |
|---|---|---|---|

（5）运行模拟器（Running the Simulator）。将建立的地质生产情况数据，在 Laucher 界面拖拽到 GEM 模拟计算模块进行计算。

（6）最后将计算结果在“Results 3D/graph”中导入计算结果，进行模拟情况的 3D 显示。Results 是 CMG 的一套后处理应用模块，用来可视化输出数值模拟结果，通过

Results，用户可以有效地分析从 CMG 模拟计算出的结果，进行二维和三维的图形显示，展示多种模拟计算结果曲线。

2. 模拟结果及分析

录入 A2 井相关资料后，模拟开井生产 4 个月的结果如图所示。如图 6-45 所示为 A2 井有机质沉积产量随时间变化曲线，如图 6-46 所示为沥青质沉积分布模拟，网格颜色的变化代表沥青质沉积量的多少，其中红色网格代表单位网格内沥青质沉积量为 6.9lb（磅）。

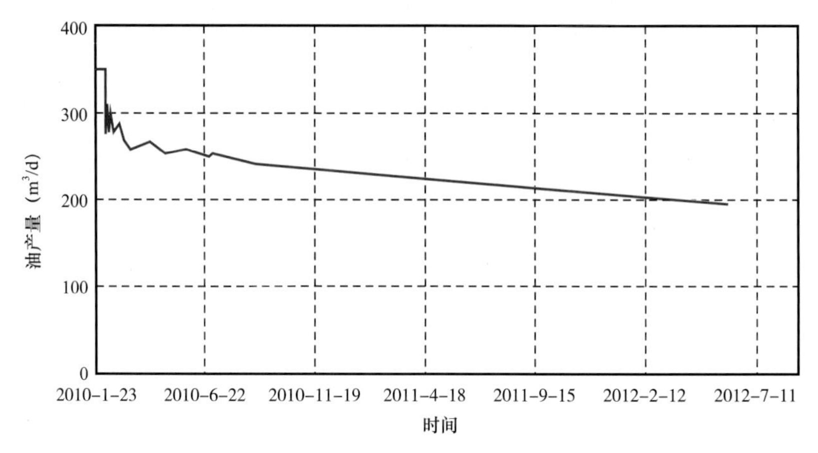


图 6-45　A2 井有机质沉积产量拟合曲线

根据模拟结果可得，沥青质沉积主要伤害位置为垂深 2647～2651m 的 $L_1$I 油层组。模拟结果为红色的网格，大小为 0.25m × 0.25m × 6.09m，体积为 0.38m$^3$，孔隙度为 0.2。红色所代表的最大沉积量为 6.9lb（磅），即为 3.13kg，沥青质的密度取 1g/cm$^3$，红色网格的沥青质沉积量为 0.00313m$^3$，因此孔隙体积的最大下降量为 4.1%。如图 6-47 所示为模拟生产 4 个月后孔隙度随半径分布情况，得出主要伤害半径为 0.5m 左右。

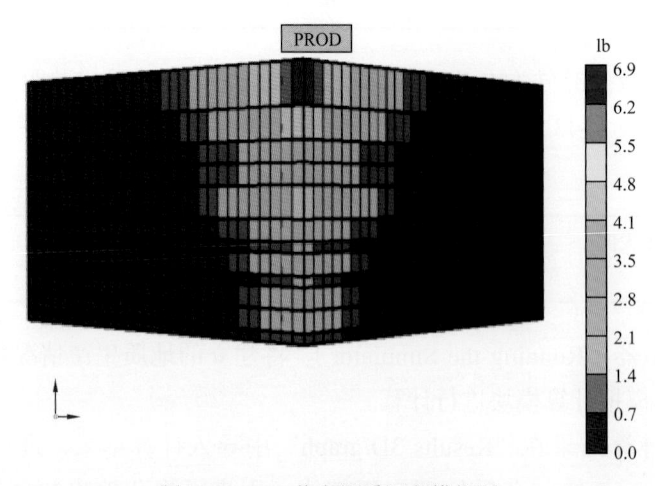


图 6-46　A2 井有机质沉积模拟图

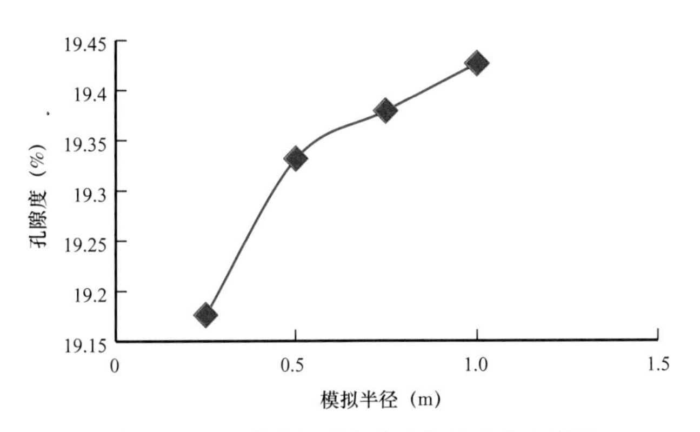


图 6–47　A2 井有机质伤害后孔隙度分布情况

# 第三节　低效井成因神经网络诊断理论与方法

低产低效油井的形成，往往是多种因素共同作用的结果。然而各影响因素间的关联机理并不清楚，无法直接得出各影响因素对于低产低效成因所占权重。以往对低产低效原因的分析通常只针对单因素进行定性的认识，无法明确主控因素，治理措施无法做到有的放矢。在地质油藏资料再认识的基础上，结合单井井史以及储层伤害评价实验结果、数值模拟结果，综合考虑各低产低效因素，提出了基于 BP 神经网络的低产低效原因诊断技术。

## 一、BP 神经网络原理

人工神经网络[24]（Artificial Neural Networks，ANN）是一种类似于人类神经系统的信息处理技术，是由大量计算单元构成的非线性系统。这种网络依靠复杂的系统，通过调整内部大量节点之间相互连接的关系，从而达到处理信息的目的。其可以视为一种功能强大、应用广泛的机器学习算法，广泛应用于分类、聚类、拟合、预测、压缩等工作。神经网络中最常用的为 BP 神经网络，它是一种以误差反向传播为基础的前向网络，具有极强的非线性映射能力，由于其对信息的处理具有自学习、自组织、推理等特点，可实现输入与输出的任意非线性映射。

BP 神经网络对于处理事物间关联机理尚未明确的复杂问题有着良好的适用性，并且取得了较好的应用效果，已在石油工业领域已进行了大量的应用，如产量预测、抽油机故障诊断、管线腐蚀预测、测井曲线中岩性响应、孔渗预测等[25–28]。

## 二、基于 BP 神经网络的低效井主控因素筛选基本流程

BP 神经网络建立起的复杂非线性映射关系，能得到输入层与隐含层、隐含层与输出层的关系，再通过对各层间权值的拟合[29, 30]，便可得到输入与输出的权值关系，即明确

各输入对输出的影响程度。基于前文对目标单井低产低效原因的分析结果，将目标区块所有油井作为输入样本，原因类别作为输入参数维数，油井产能特征作为样本的唯一输入，训练出满足精度的 BP 神经网络。通过对各层间权值的拟合，可得到输入与输出的权值关系，即各低产低效原因对油井产能的敏感程度，由此可得出目标区块低产低效井主控因素，最后将单井输入参数与权值相乘，得到单井低产低效原因评分矩阵，根据得分情况判断原因主控因素及其余因素影响程度，诊断流程如图 6–48 所示。

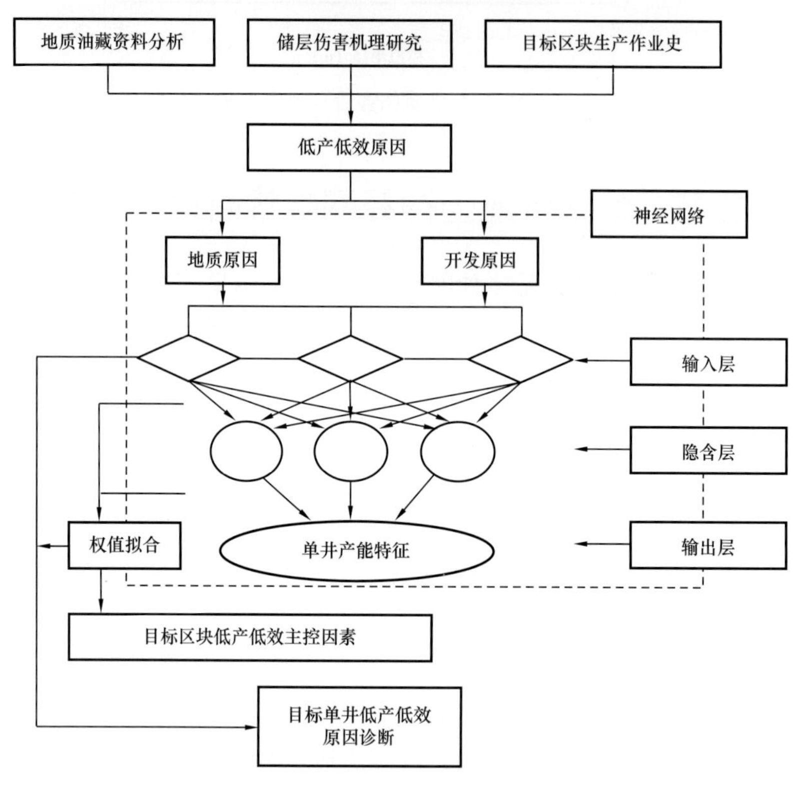


图 6–48　基于神经网络的低产低效主控因素诊断框图

## 三、低效井神经网络诊断方法

以涠洲 A 油田注采井网完善、资料较齐的主力油组 $L_3III_B$ 油层组进行低产低效原因诊断方法论述。

### （一）BP 神经网络参数取值

选取各类可能造成低效井的原因作为输入，油井产能特征作为输出。为了将不同参数去量纲化，缩小数值差别，且使得网络快速收敛，对输入、输出参数进行了归一化处理。将不同样本中的同一影响因素构成矩阵 $\boldsymbol{x}=[x_1, x_2, x_3, \cdots, x_i]$，采用式（6–14）归一化后为 $\boldsymbol{x}=[X_1, X_2, X_3, \cdots, X_i]$，归一化后各参数取值范围为［1，10］。

$$X_i = 9 \times \frac{x_i - x_{min}}{x_{max} - x_{min}} + 1 \quad (6\text{-}14)$$

式中 $x_i$——样本值；

$x_{min}$——集合中最小值；

$x_{max}$——集合中最大值；

$X_i$——归一化后样本值。

## （二）BP神经网络建立及训练

### 1. 网络结构参数确定

1）网络层数

BP网络可以包含一到多个隐含层。理论上已证明，单个隐含层的网络可以通过适当增加神经元节点的个数实现任意非线性映射。因此采用了单隐含层，即由输入层、隐含层、输出层构成的经典三层BP神经网络。

2）网络节点

根据输入、输出参数的维数确定输入节点数为6，输出节点数为1。

较多的隐含层节点数可以提高性能，但可能导致训练时间过长。隐含层节点数的选取一般按经验进行，一般设为输入节点数的75%。根据本次模拟实际情况，取隐含层节点数为6。

3）传递函数

定义隐含层和输出层的传递函数为严格递增，且能较好平衡线性与非线性之间行为的Sigmoid函数。

4）训练方法

标准的最速下降法在实际应用中往往有收敛速度慢、陷入局部最优等缺陷。为了避免其不足，采用了动量BP法，如式（6–15），通过在权值更新阶段加入动量因子$\alpha$=0.3（$0<\alpha<1$），使得权值的更新具有一定惯性，且具有了一定的抗震荡能力和加快收敛的能力。

$$\Delta\omega(n) = -\eta(1-\alpha)\nabla e(n) + \alpha\Delta\omega(n-1) \quad (6\text{-}15)$$

5）初始权值确定

初始权值过大或过小将会对网络性能造成影响，根据经验在（$-2.4F$，$2.4F$）区间取值，其中$F$为权值输入端链接的神经元个数，本次模拟采用初始权值为0.3。

6）训练步长、误差

选定网络训练最大步长为10000，误差达到$1\times10^{-5}$即为满足精度的训练结果。

### 2. 网络训练

建立三层BP神经网络，录入各参数进行网络训练。训练完成后网络对输入值的拟合结果达到了预期精度（表 6–44），充分建立了输入与输出的复杂映射关系。

**表 6–44　BP 神经网络录入参数及训练结果**

| 井号 | 物性 | 能量补充系数 | 注入水突进 | 有机质沉积 | 无机结垢 | 非均质性 | 输出 | 训练结果 |
|---|---|---|---|---|---|---|---|---|
| A2 | 1.6564 | 1 | 1 | 5 | 1 | 1 | 10 | 9.9499 |
| A3 | 1 | 10 | 4 | 3 | 7 | 10 | 1 | 1.0343 |
| A6 | 10 | 1.2906 | 1 | 7 | 1 | 1 | 8.4020 | 8.4004 |
| A7 | 5.2027 | 5.9531 | 1 | 10 | 5 | 3 | 2.5849 | 2.5839 |
| A8S1 | 7.1603 | 1 | 10 | 1 | 10 | 7 | 1.9502 | 1.9496 |

## （三）低产低效原因诊断

完成训练后的 BP 神经网络仅能得到输入层与隐含层、隐含层与输出层的权值，并不能直接反应输入与输出的权值，需要进一步对取得的权值进行处理。进而，定义了显著相关系数、相关指数和绝对影响系数，如式（6–16）至式（6–18），得到输入与输出的权值关系。

$$r_{ij}=\sum_{k=1}^{p}w_{ik}\left(1-e^{-x}\right)/\left(1+e^{-x}\right)x=w_{jk} \tag{6–16}$$

$$R_{ij}=\left|\left(1-e^{-y}\right)/\left(1+e^{-y}\right)\right|y=r_{ij} \tag{6–17}$$

$$S_{ij}=R_{ij}/\sum_{i=1}^{m}R_{ij} \tag{6–18}$$

式中　$i$——神经网络输入单元，$i$=1，2，…，$m$；

$j$——神经网络输出单元，$j$=1，2，…，$n$；

$k$——神经网络隐含单元，$i$=1，2，…，$p$；

$w_{ik}$——输入层神经元 $i$ 和隐含层神经元 $k$ 之间的权重系数；

$w_{jk}$——输入层神经元 $j$ 和隐含层神经元 $k$ 之间的权重系数。

训练完成的 BP 神经网络输入层各节点与隐含层的权值见表 6–45，隐含层与输出层的权值见表 6–46。

据式（6–16）至式（6–18）计算输入层各因子与输出的权值关系，得出各因素对油井产量敏感性权值，结果见表 6–47。由计算结果可知，目标区块储层注入水突进、无机结垢、有机质沉积等储层伤害对产量影响较大，储层物性差异对产量影响程度最低。

由于确定输入参数时，已经确保所有输入参数取值的一致性，即输入参数越大，对油井低产低效的影响程度越大。所以将各因素权值与对应的单井输入参数相乘，得到低产低效评分矩阵，见表 6–48。对比目标井各输入参数得分情况，得分较高项即为低产低效主要原因。

**表 6–45　输入层各节点与隐含层的权值**

| 权值 | $k$=1 | $k$=2 | $k$=3 | $k$=4 | $k$=5 | $k$=6 |
|---|---|---|---|---|---|---|
| $w_{1k}$ | −0.6578 | 0.6464 | −0.4906 | 0.4548 | −0.7716 | −0.3716 |
| $w_{2k}$ | −0.4336 | −0.2958 | −0.6922 | 0.2453 | −0.0329 | −0.7983 |
| $w_{3k}$ | −0.2626 | −1.4064 | −0.9561 | 0.3403 | −0.7547 | −0.7667 |
| $w_{4k}$ | −0.2373 | −1.1433 | 0.3093 | 0.6763 | 0.1288 | 0.025 |
| $w_{5k}$ | −0.5208 | 0.8976 | 0.7586 | −0.7103 | −0.8495 | −0.7967 |
| $w_{6k}$ | 0.4424 | 0.4535 | 0.1234 | −0.8015 | 0.2301 | 0.4933 |

**表 6–46　隐含层与输出层的权值**

| $w_1$ | $w_2$ | $w_3$ | $w_4$ | $w_5$ | $w_6$ |
|---|---|---|---|---|---|
| 0.0547 | −0.7267 | 0.4418 | 2.8063 | −3.262 | 1.3349 |

**表 6–47　各因素对油井产量敏感性权值**

| 因素 | 物性 | 能量补充系数 | 注入水突进 | 有机质沉积 | 无机结垢 | 非均质性 |
|---|---|---|---|---|---|---|
| 权值 | 0.0313 | 0.1007 | 0.2516 | 0.2031 | 0.2482 | 0.1651 |

**表 6–48　低产低效评分矩阵**

| 井号 | 物性 | 能量补充系数 | 注入水突进 | 有机质沉积 | 无机结垢 | 非均质性 |
|---|---|---|---|---|---|---|
| A2 | 0.051845 | 0.1007 | 0.2516 | 1.0155 | 0.2482 | 0.1651 |
| A3 | 0.0313 | 1.0064 | 1.007 | 0.6093 | 1.7374 | 1.651 |
| A6 | 0.313 | 0.129963 | 0.2516 | 1.4217 | 0.2482 | 0.1651 |
| A7 | 0.162845 | 0.599477 | 0.2516 | 2.031 | 1.241 | 0.4953 |
| A8S1 | 0.224117 | 0.1007 | 2.516 | 0.2031 | 2.482 | 1.1557 |

由 BP 神经网络诊断结果可得出如下诊断结论：

（1）A3 井低产低效主要原因为无机结垢（1.7374），其次为非均质性（1.651），再次为注入水突进（1.007）；

（2）A7 井低产低效主要原因为无机结垢（2.031），其次为有机质沉积（1.241），再次为能量补充系数（0.599477）；

（3）A8S1 井低产低效主要原因为注入水突进（2.516），其次为无机结垢（2.482），再次为非均质性（1.1557）。

## 第四节　低效井增产工艺研究及应用

在对目标区储层伤害数值模拟研究、伤害机理实验研究以及基于 BP 神经网络理论的低产低效原因诊断研究的基础上，以有效解除目标储层伤害为目标，筛选具有针对性强、可操作性强的有效治理工艺，实现低产低效井产能的释放。

低效井治理工艺从大方向可分为物理法和化学法两类，同时还需考虑海上平台施工条件的特殊性以及海上作业的高成本，各类工艺及技术优缺点见表 6–49。考虑到涠西南油田群低效井存在诸如钻完井伤害、弱凝胶修井液堵塞、结垢、水锁、重质组分沉积以及自身物性差、能量供给不足等原因，有针对性地提出了复合解堵工艺技术、除防垢工艺技术、清防蜡工艺技术及深穿透补孔工艺技术四项低效井治理手段并进行了现场应用，取得了良好的经济、社会效益。

**表 6–49　低效井治理工艺特点**

<table>
<tr><th colspan="3">解堵方法</th><th>优点</th><th>缺点</th></tr>
<tr><td rowspan="6">物理法</td><td colspan="2">超声波</td><td rowspan="4">（1）工艺简单、施工方便、见效快，无伤害；<br>（2）适用于酸敏、水敏等储层；<br>（3）可解除酸化压裂造成的近井地带堵塞；<br>（4）可复合使用</td><td rowspan="4">（1）本身的处理深度和范围有限：超声波（小于 7cm）＜水力振荡＜低频电脉冲（0.5～1.5m），且海上平台提供的功率有限，会进一步降低处理半径；<br>（2）需下入专用管柱和设备；<br>（3）对管柱和地层都有一定破坏，不合适疏松的海上储层；<br>（4）难以准确将设备下至海上丛式井的油层位置</td></tr>
<tr><td colspan="2">电脉冲</td></tr>
<tr><td colspan="2">水力振荡</td></tr>
<tr><td colspan="2">高压水射流</td></tr>
<tr><td rowspan="2">压裂</td><td>水力压裂</td><td>（1）储层显示较好但物性较差，需压裂沟通储层；<br>（2）储层近井地带存在伤害</td><td>（1）海上油井储层普遍较疏松，不满足压裂施工的地质条件；<br>（2）大型增压设备在平台上作业风险较大</td></tr>
<tr><td>高能气体压裂和冲击波解堵</td><td>（1）适用于脆性岩层和泥质含量较低储层；<br>（2）不存在压裂液的二次伤害；<br>（3）适合不能水力压裂的储层</td><td>（1）高能气体压裂不使用支撑剂，压后裂缝闭可能闭合较多；<br>（2）大型增压设备在平台上作业风险较大</td></tr>
<tr><td rowspan="5">化学法</td><td colspan="2">酸化解堵</td><td rowspan="5">（1）化学解堵技术较为成熟，且施工工艺较为简单，可避免物理技术所造成的诸多伤害；<br>（2）可复合使用</td><td rowspan="5">（1）除酸化外的化学解堵方法，对复合伤害储层改造效果不显著；<br>（2）生物酶仅适用于 80℃以下储层且施工后的关井时间较长，对于地层能量较低的油井无效</td></tr>
<tr><td colspan="2">表面活性剂</td></tr>
<tr><td colspan="2">生物酶</td></tr>
<tr><td colspan="2">有机溶剂</td></tr>
<tr><td colspan="2">氧化剂</td></tr>
<tr><td rowspan="2">其他</td><td colspan="2">物理化学复合解堵</td><td>能充分利用化学解堵剂溶解物理振动后脱落的堵塞物</td><td>（1）无法避免物理法对防砂筛管及地层结构的不利影响；<br>（2）使用方法比化学法复杂</td></tr>
<tr><td colspan="2">微生物解堵</td><td>解堵效率较高，安全无污染</td><td>使用条件相对比较苛刻，理论研究和掌握程度还不够充分</td></tr>
</table>

## 一、复合解堵工艺技术研究及应用

### （一）油基钻井液伤害解堵液体系研究与应用

涠西南油田群属于易水化垮塌地层，采用水基钻井液钻井虽能够满足海洋局的环保要求，但是钻井过程中仍然存在井壁垮塌的风险，因此进入储层段多采用油基钻井液钻进。在形成滤饼之前以及漏失动态平衡建立后，钻井液会对储层造成伤害。涠二段、涠三段储层物性好，属于高孔隙度高渗透储层，钻进过程中会产生钻井液的大量漏失。后期射孔完井虽然能够解除部分伤害，但对于超出射孔范围的伤害却得不到根治，影响油井投产。因此，有必要开展针对油基钻井液伤害的解堵工艺技术研究。

解堵剂 PF–HCF 是在通用油基钻井液滤饼清除剂的基础上改进溶剂、防乳破乳剂的成分，并调整溶剂、防乳破乳剂的比例而制得，比通用油基钻井液滤饼清除剂解除有机堵塞的能力更强。

WZ11–A–XX1 井钻开涠洲组储层时采用的钻井液体系是封堵性油基钻井液（PDF–MOM），其中的沥青防塌树脂和乳化沥青及氧化沥青等吸附能力强，形成的钻井液滤饼较厚，不易清洗，并且储层物性越好，进入的量越大，堵塞越严重。投产后产能测试的表皮系数为 58.7，表明储层近井地带伤害严重。

WZ11–B–XX1 井于 2011 年 12 月实施油基钻井液伤害解堵作业，施工曲线如图 6–49 所示。解堵前测试产油 73$m^3$/d，含水率 2.4%；解堵后测试产油 283$m^3$/d，含水率 5%，折算产液指数约 128$m^3$/（d·MPa）。解堵前后单井计量曲线如图 6–50 所示。

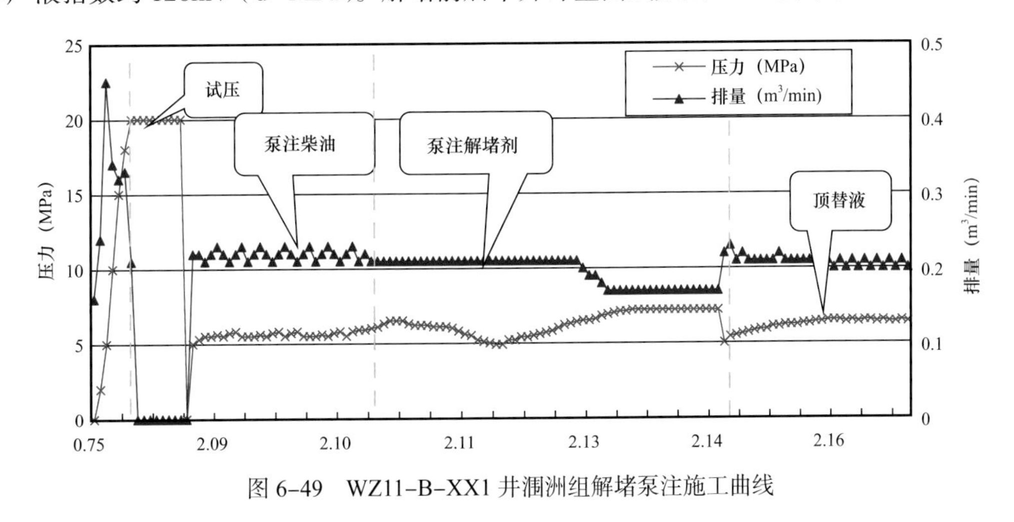


图 6–49　WZ11–B–XX1 井涠洲组解堵泵注施工曲线

涠西南油田群类似井还有 WZ12–A–XXA 井，储层段钻开液统一采用封堵性油基钻井液（PDF–MOM），钻开储层段（涠二段）后投产达不到配产。分析储层伤害原因与 WZ11–B–XX1 井类似，主要为油基钻井液封堵储层造成堵塞，后期 WZ12–A–XXA 井解堵可以采用相同的解堵剂（PF–HCF）。

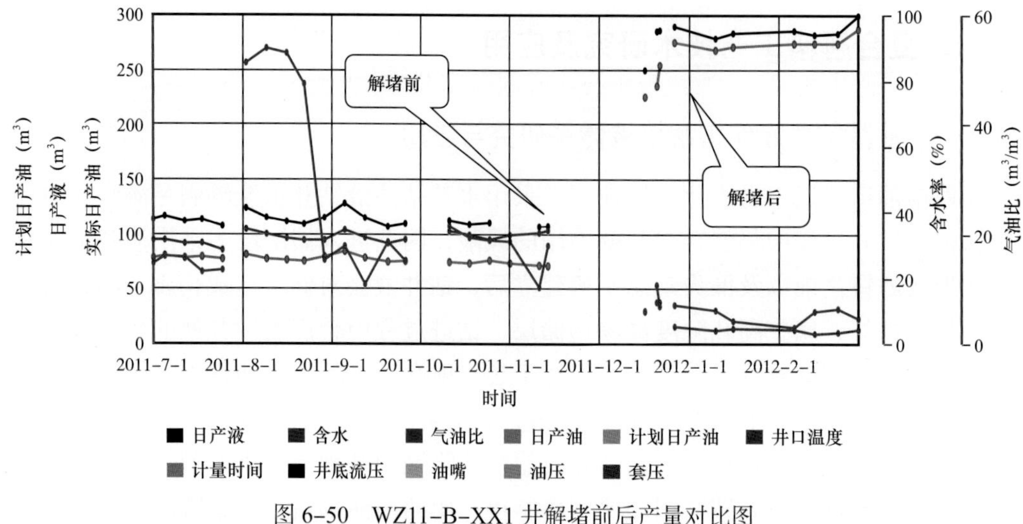


图 6-50　WZ11-B-XX1 井解堵前后产量对比图

## （二）非酸性解堵液体系的研究与应用

涠洲 1A 油田流沙港组属于异常高压地层，原始地层压力系数 1.4 以上。钻井过程中为了保证井筒安全，避免井涌、井喷事故发生，通常采用重晶石对钻井液进行加重，而重晶石属于难溶物，一旦进入储层便很难溶解；同时，完井液与地层水配伍欠佳，易产生沉淀；储层中的黏土矿物遇到与之配伍性差的流体时，也会造成黏土矿物膨胀、运移等；注入水（海水）中硫酸根的含量高，与地层矿物中的钡、锶等元素结合后，易结垢。

通过分析认为涠洲 11-A 油田 XX3 井、XX5 井、XX6 井、XX7 井、XS1 井等五口井储层伤害的主要原因就是钻完井过程中高密度的工作液长时间浸泡储层，造成储层的严重伤害。

WZ11-A-XX3 井钻井时采用重晶石加重的油基钻井液体系，虽然射孔完井解除了部分堵塞，而且投产初期产量较高，但是一直呈下降趋势且下降很快。经低效原因诊断，得出 WZ11-A-XX3 井产量下降原因为油井见水后的碳酸盐无机结垢；同时，射孔液滤液与地层水配伍性较差，易产生沉淀。结合非酸性解堵液体系的研究成果，采用能够对无机盐进行螯合的复合解堵体系，解除近井地带储层伤害。

WZ11-A-XX3 井于 2013 年进行储层伤害解除作业。解堵后地层压力得到了有效恢复，解堵后产液指数由 $9.87m^3/(MPa \cdot d)$ 提高到 $62.19m^3/(MPa \cdot d)$，日产液从 $25m^3$ 提高到 $210m^3$，累计可实现增油 $2.46 \times 10^4 m^3$。

参考 WZ11-A-XX3 井解堵成果，该工作液体系已在具有类似储层伤害原因的 WZ11-A-XS1 井、WZ11-A-XX2 井、WZ11-A-XX5 井中应用，并且取得了较好的增油效果，其中，WZ11-A-XS1 井措施前日产油 $12.4m^3$，措施后日产油 $74.2m^3$，为涠洲 11-A 油田 2 井区类似井的治理积累了宝贵的经验。

## （三）弱凝胶修井液（PRD）解堵液体系的研究与应用

弱凝胶修井液（PRD）最初是作为钻井液在钻井过程中使用。鉴于其具有极好的封堵效果，后期引入到修井过程中，尤其是应用到高孔隙度、高渗透储层的修井中。但PRD的自降解能力较差，加之降解后仍然存在大量的高分子聚合物颗粒堵塞地层，导致部分油井使用PRD修井后油井产量长期得不到恢复（图6–51）。同时，动管柱修井作业中，破胶剂无法跟PRD充分接触，导致破胶效果较差，油井复产难。

图6–51 PRD在储层地层岩石中的分布情况

目前，常用的PRD破胶剂以强氧化剂为主，好处是破胶彻底、效果好。但是，强氧化剂存在高温下自燃的风险，而海上平台空间狭小，涠西南油田群又处于低纬度区，常年气温较高，一旦发生强氧化剂自燃，后果不堪设想。因此，有必要重新考虑PRD破胶剂研制。

有机弱酸解堵液通过复配将常规酸液与破胶液联合起来，充分发挥二者优势，酸化的同时能够很好地将PRD进行破胶，且降解后的PRD为小分子聚合物，复产后可以被带出地层，不会对储层造成二次伤害。

WZ11–B–XX15井2013年检泵作业时以PRD作为压井液（泵入PRD约15$m^3$），注入后并未进行破胶，导致修井结束后油井一直无产出。该井于2014年3月进行现场试验，分层对上、下两层解堵，各层的泵注曲线如图6–52与图6–53所示。

WZ11–B–XX15井解堵之前产液量为51.34$m^3/d$，产油量28.9$m^3/d$，含水率43.71%；解堵后产液量为120$m^3/d$，产油量82.7$m^3/d$，含水率31.5%，解堵效果良好，增产效果显著。

PRD作为修井液在涠西南油田群的应用次数逐年增多，且大部分应用于动管柱作业（常规检泵、射孔），修井后复产时间较长，对产量影响较大。利用有机弱酸解除PRD堵塞工艺技术可以确保后期采用PRD作为修井液的井快速复产。

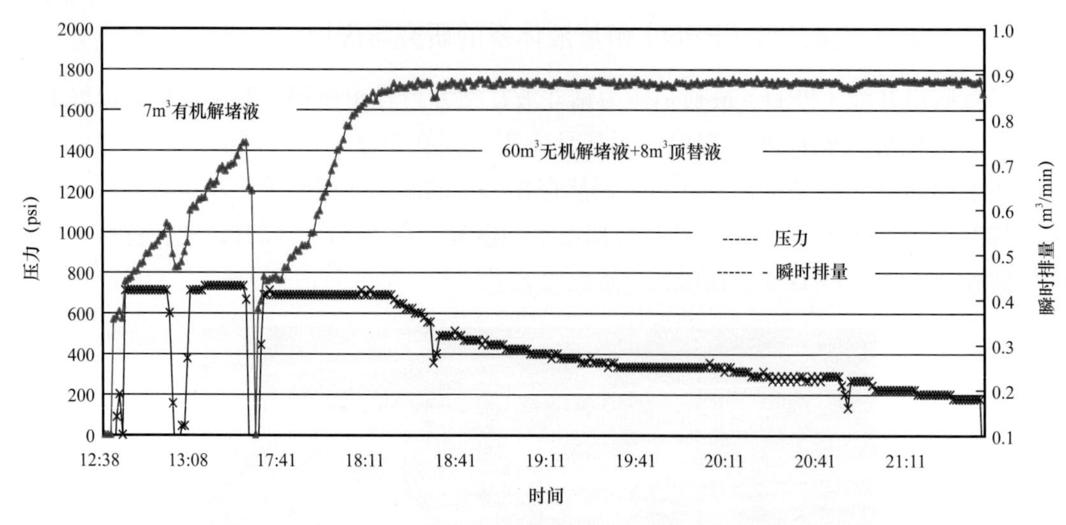


图 6-52　WZ11-B-XX15 井 $L_1$ Ⅱ$_上$+$L_1$ Ⅱ$_下$油层组解堵泵注曲线图

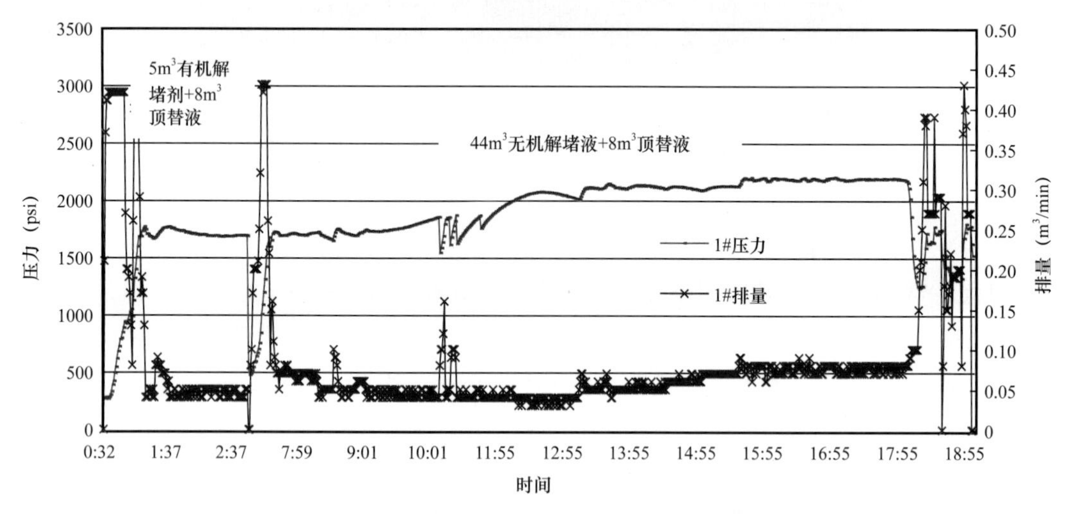


图 6-53　WZ11-B-A15 井 $L_1$ Ⅱ$_下$+$L_1$ Ⅳ$_上$B 油层组解堵泵注曲线图

## （四）水侵伤害解堵液体系的研究与应用

涠洲 12-A 油田中块三井区涠四段储层存在强水敏、水锁伤害潜质，外来流体的侵入极易造成储层伤害，修井作业中漏失的修井液将对单井产能造成严重影响，油田多口生产涠四段的油井在修井之后均出现产量急剧下降的现象。为此构建了一套解堵液体系，采用优化后的黏土稳定剂、降低界面张力的表面活性剂、降压助排剂，配合螯合性能优异的有机酸体系，解除已出现水侵伤害油井的堵塞；并构建一套防水侵伤害的修井液体系，防治后续修井作业可能对储层造成的水侵伤害。

WZ12-A-XX20 井涠四段储层于 2009 年修井后，产油 81m³/d，含水 2%，测得表皮系数 42.8；2013 年大修关停后产油量下降到 20m³/d，产液指数由 12m³/（MPa·d）下降到 1.5m³/（MPa·d）；2015 年 12 月采用“有机解堵液 + 放水锁降压助排液 + 无机解堵液”进行复合解堵，泵注曲线如图 6–54 所示，解堵后产油 654m³/d，不含水，解堵后生产计量曲线如图 6–55 所示，油藏预测 B20 井可实现累增油 $15 \times 10^4$m³。同样存在水侵伤害的 WZ6–B–X1S1 井，在采用该体系解堵后，也取得了日增油 99m³ 的解堵效果。

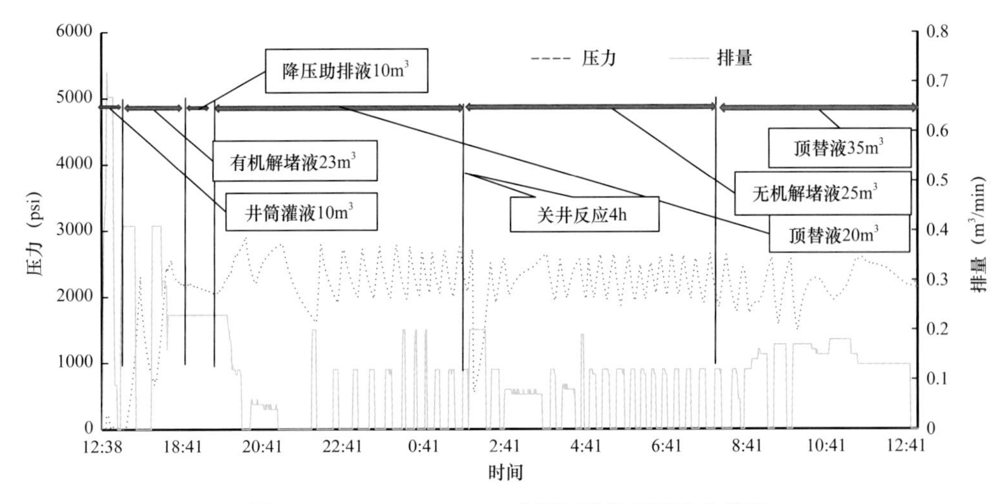


图 6–54　WZ12–A–XX20 井洄四段解堵泵注曲线图

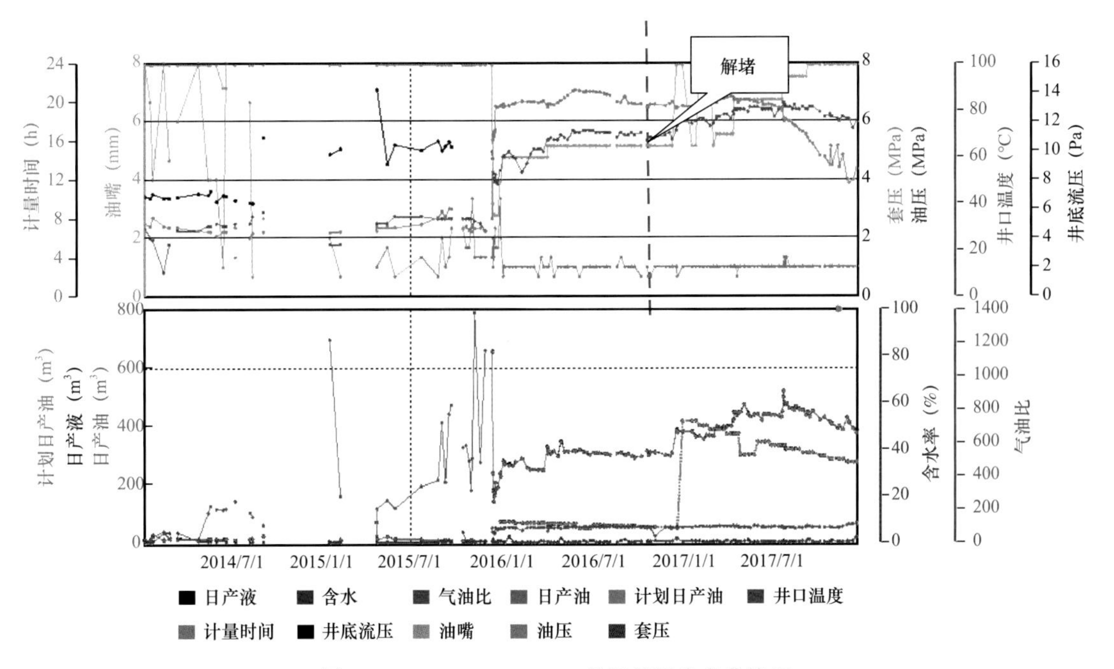


图 6–55　WZ12–A–XX20 井解堵后生产曲线图

该工艺的现场成功作业，不仅取得了巨大的经济效益，还为该区块的类似低效井治理、挖潜增油提供了强有力的技术支持，解决了以往由于水侵伤害导致的修井难题。

## 二、除防垢工艺技术研究及应用

涠西南油田群属于油井结垢的重灾区，结垢类型属于极难溶物——硫酸钡。涠洲12–A油田、涠洲11–A油田、涠洲11–B油田均属于注水开发油田，由于注入水与地层水不配伍再加之地层水自身的析出，导致油田结垢问题突出，严重影响油田的正常生产。涠西南油田群结垢以涠洲12–A油田为典型代表，其北、中块注水区问题表现尤其突出。地层一旦结垢极易导致地层堵塞，孔喉缩小，影响原油流动；井筒结垢使油管流道变小甚至堵死；井下电泵机组结垢易造成电泵过载、卡死；随生产带出油井的垢又增加了下游处理费用，同时对整个生产、处理流程上的设备也会造成损害。

南海西部油田首次从国外引入化学除垢技术和挤注缓释防垢技术，此技术除防结合，前者具有相对良好的溶垢性能，后者通过防垢剂在地层吸附和缓慢释出，达到从近井地带开始长期防垢的目的，2013年将该项技术进行现场试验。

2013年11月21日对WZ12–A–X1井进行除垢现场试验，施工程序按照表6–50进行。

**表6–50 防垢工序加量表**

| 步骤 | 内容 | 排量（$m^3/min$） | 体积（$m^3$） | 药剂 | 备注 |
|---|---|---|---|---|---|
| 1 | 前置液 | 0.3～0.8 | 6 | $6m^3$ 2%KCl（淡水） | 清洗 |
| 2 | 主剂 | | 12.8 | $8m^3$ 除垢及B–1原液+$12m^3$KCl（淡水） | 除垢 |
| 3 | 顶替液 | | 11 | 柴油 | 顶替 |
| 4 | 关井24h | | | | |
| 5 | 启动电潜泵返排并取样 | | | | |

在挤注初期挤注速度跟试注时相差不大，随着挤注量的增加，泵压逐渐升高，排量逐渐在降低。在挤注结束前泵压增加至8.27MPa，注入量降低至60L/min。起泵后，每30min取一次溶垢水样。取样后立即分析$Ba^{2+}$，$Sr^{2+}$，$Ca^{2+}$，$Mg^{2+}$，$SO_4^{2-}$浓度和pH值，避免发生二次沉淀，水样分析结果如图6–56所示。从除垢前后离子浓度变化曲线可见，除垢剂返出明显，结垢离子浓度显著上升，除垢效果明显，根据曲线积分面积，对离子浓度估算，溶解硫酸盐结垢约90kg。

2014年8月10日再次对WZ12–A–XX1井进行防垢剂挤注试验。施工程序按照表6–51进行。施工过程压力和流量平稳，防垢剂注入性较好，注入过程和操作步骤严格按照设计进行作业，总注入时间为11h，注入曲线如图6–57所示。

注入防垢剂过程中压力和流量稳定，注入性良好，未出现储层伤害现象。返出离子中，结垢$Ba^{2+}$浓度由防垢前的0，逐渐上升至4.97mg/L，表明除垢剂SA3070具有一定的防垢效果。

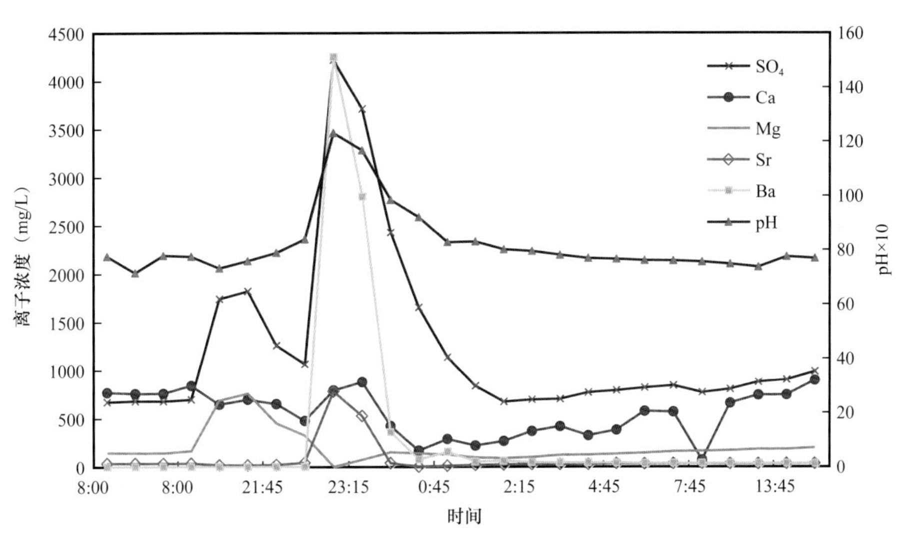


图 6–56　WZ12–A–XX1 井除垢前后结垢离子浓度变化曲线

**表 6–51　WZ12–A–XX1 井防垢工序加量表**

| 步骤 | 内容 | 排量（$m^3/min$） | 体积（$m^3$） | 药剂 |
|---|---|---|---|---|
| 1 | 前置液 | 0.3～0.8 | 18 | 16.2$m^3$ 2% KCl（淡水）+1.8$m^3$ SA1810 原液 |
| 2 | 隔离液（前置液不能和主剂在井筒接触） | | 5 | 2% KCl（淡水） |
| 3 | 主剂 | | 50 | 10%SA3070，过滤海水稀释（非油田注入水） |
| 4 | 后置液 | | 112 | 0.1%SA3070，过滤海水稀释（非油田注入水） |
| 5 | 关井 12h | | | |
| 6 | 启动电潜泵返排并取样 | | | |

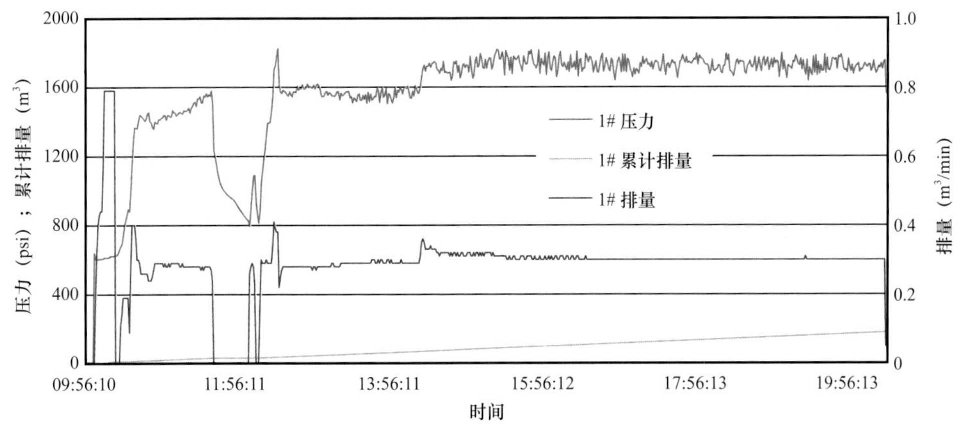


图 6–57　WZ12–A–XX1 井防垢施工注入曲线图

## 三、清防蜡工艺技术研究及应用

石油开采过程中，随着温度和压力的降低以及轻质组分的不断溢出，原油溶蜡能力降低，蜡开始结晶、析出、聚集，并不断沉积、堵塞油流通道，直接影响生产。

涠西南油田群部分井生产中后期出现了不同程度的结蜡现象，严重影响了油井的正常生产，需要采取经济、高效的清蜡措施保证油井的正常生产。热载体循环清蜡是应用最为广泛的一项清蜡措施，通过热载体将热量带入井筒中，提高井筒温度，超过蜡的熔点后使蜡融化达到清蜡目的。南海西部油田大部分为电潜泵井，热洗时仅能够通过油套环形空间注入热载体（海水），反循环洗井，边抽边洗，热载体连同产出的井液通过电潜泵一起从油管排出，这种方法能够清除油管内沉积的石蜡，但缺点是：

（1）热洗效率低，能耗大；

（2）热载体用量大；

（3）对敏感性储层还可能造成储层伤害。

针对涠西南油田群存在的热洗过程中效率低、能耗大、易造成储层伤害等缺点，需要对现有的热洗清蜡工艺进行优化，开发出能够防止地层伤害，经济、高效的热洗清蜡工艺，从而实现经济、高效的清蜡作业，保证油气井的正常生产。

防伤害热洗清蜡工艺通过设计防伤害热洗清蜡工具，优化生产管柱结构和地面热洗流程，形成了热洗效率高、不伤害储层、能耗小、成本低、不影响油井正常生产的防伤害热洗清蜡工艺，首次于 WZ11-B-XX17h 井进行现场试验。

WZ11-B-XX17h 井在进行了修井及清洗沉积在管壁上石蜡作业，之后持续注入浓度为 200mg/L 的 BHFL-01 进行防蜡作业，如图 6-58 所示。

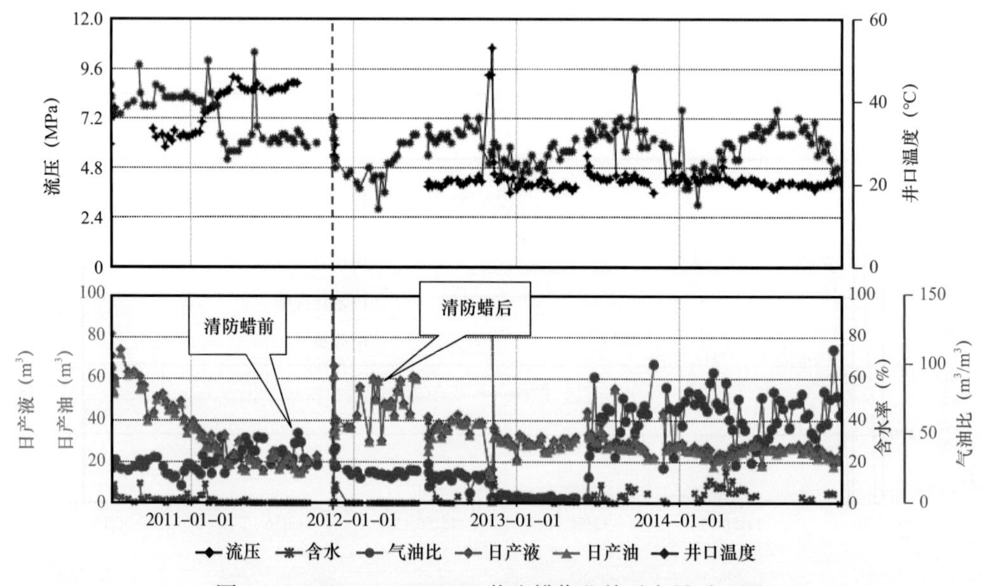


图 6-58 WZ11-B-XX17h 井防蜡作业前后产量对比图

防蜡作业前XX17h井产液为20m$^3$/d，基本不含水；化学防蜡作业后，产液增加至40m$^3$/d，基本不含水；采用化学防蜡措施后，每天挽回的产量损失为20m$^3$/d。由此计算，采用化学防蜡措施，XX17h井每年可挽回约7000m$^3$原油的产能损失。

涠洲6-A/6-B油田属于“稠油油藏”（相比涠西南其他油田），原油为高凝油，凝固点达到34～42℃，一旦躺井或者台风关停易造成井筒内温度下降至凝固点以下，造成原油中重质组分析出，堵塞近井地带以及井筒。躺井或关停油井后，采用防伤害热洗清蜡工艺，及时循环清洗出油管内的蜡，可有效解决管内温度降低导致原油在管内凝固的问题，可以在涠洲6-A/6-B油田以及后期开发的“稠油油藏”中进行应用。

## 四、深穿透补孔工艺技术研究及应用

射孔是利用高能炸药爆炸形成射流束射穿油气井的套管、水泥环和部分地层，建立油气层和井筒之间的油气流通道的工艺。射孔是完井工艺的重要组成部分，它对油气井的完井方式、产能、寿命和开发生产成本等都有重大的影响。

目前，南海西部海域有少数油井在完井时未完全射开储层，后期需要补射孔将储层完全打开；另一方面有些油井（如WZ12-A-XX18井、WZ12-A-XX19Sc井）生产一段时间后由于近井地带伤害导致产能下降，需要在原射孔层位进行深穿透补射孔，达到解除近井地带伤害、恢复产能的目的。

射孔方式分为两类：一是电缆输送射孔，电缆射孔是指下入完井管柱之前，用电缆下入套管射孔枪，利用油气层顶部的套管短节进行射孔深度定位，电雷管引爆射孔枪，在井筒液柱压力高于地层压力的条件下射开生产油气层；二是油管输送射孔（TCP），TCP是用油管输送射孔枪到射孔层位进行射孔，采用油管加压延时引爆、环空加压引爆、电雷管引爆和钢丝作业震击引爆等引爆方式。TCP具有输送能力强，能满足高孔密、多相位、深穿透的射孔要求，能设计负压值、减轻射孔对储层的伤害等优点。因此，南海西部海域多采用TCP进行生产后期的补射孔作业。

在钻开油气层和固井过程中，会对储层造成不同程度的伤害，严重伤害的地层要求射孔能够穿过伤害带，另一方面尽可能提高穿深可以降低压裂酸化的破裂压力且提高压裂酸化的增产效果。目前整个南海西部油田所用的深穿透射孔方式基本上都是常规聚能式深穿透射孔。通过增大枪身、加大弹药用量、改变孔密和相位等方式，从而实现深穿透，穿透深度由射孔弹结构类型和弹药量决定。深穿透型大药量的射孔弹，其穿透深度长，穿透深度一般在146～813mm，弹药量增加穿透深度随之增加。该射孔方式能够有效提高射孔穿深和孔道的泄流面积以及增加射孔孔道孔容，有利于孔道造缝和解堵，提高压实带的渗透率，最终提高产能。

WZ12-A-XX18井是涠洲12-A油田中块的一口采油井，2013年11月对该井进行深穿透补射孔解堵作业，射孔解堵前该井无产出，射孔解堵后产液38.86m$^3$/d，产油15m$^3$/d，含水61.4%，产气256m$^3$/d，相比射孔前产油量大幅上升，如图6-59所示。

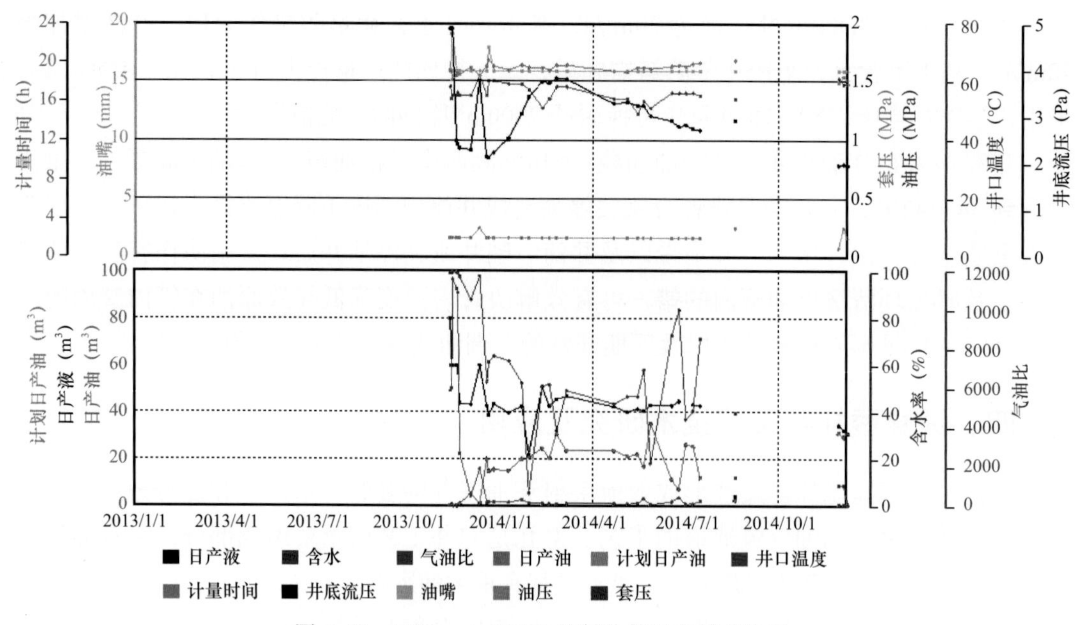

图 6-59　WZ12-A-XX18 井射孔前后产量对比图

“十二五”期间，涠洲 12-A 油田总共实施补孔作业 8 井次。其中，工艺措施成功率达到 100%；措施后产油量上升达到 4 井次。截至 2014 年度，补孔作业累计增油达到 $6.48\times10^4m^3$。深穿透补射孔技术是一门建立油气层和井筒之间的油气流通道的工艺技术，能够很好地弥补化学方法的不足，该技术的成功运用可帮助油井有效解除地层伤害、迅速恢复产能。近年来，随着该技术的不断发展和日趋成熟，其在南海西部油田得到了广泛运用，为油田实现正常生产、保持稳产和增产发挥了较大作用，给公司创造了较大经济价值，该项技术在油田开发中后期生产中值得推广。

## 参考文献


[1]谢玉洪，苏崇华．疏松砂岩储层伤害机理及应用［M］．北京：石油工业出版社，2008.

[2]杨小莉，陆婉珍．有关原油乳状液稳定性的研究［J］．油田化学．1998，15（1）：87-96.

[3]徐志成．原油乳状液油—水界面上活性物的结构和活性［J］．石油学报（石油加工），2003，19（5）：1-6.

[4]李文艳．固体颗粒对原油乳状液稳定性影响［D］．华东理工大学，2010.

[5]张绍槐，罗平亚．保护储集层技术［M］．北京：石油工业出版社，1993.

[6]李玉青．对储层敏感性伤害的认识与应用［J］．钻采工艺，2013，36（3）：121-123.

[7]范文永，舒勇，李礼，等．低渗透油气层水锁损害机理及低损害钻井液技术研究［J］．钻井液与完井液，2008，25（4）：16.

[8]樊世忠，窦红梅．保护油气层技术发展趋势［J］．石油勘探与开发，2001，28（1）：78-84.

[9]汪伟英，周克厚．有机垢对地层损害机理研究［J］．油气地质与采收率，2002，9（6）：67-69.

[10] Rocha A A, Frydman M, Fontoura S A B, et al. Numerical modeling of salt precipitation during produced water reinjection [C] //International Symposium on Oilfield Scale, 2001, SPE 68336.

[11] Mojdeh D, Pope G. Effect of Dispersion on Transport and Precipitation of Barium and Sulfate in Oil Reservoirs [C] //International Symposium on Oilfield Chemistry, 2003, SPE 80253.

[12] Mackay E J. Oilfield Scale : A New Integrated Approach to Tackle an Old Foe [J]. Presented as an SPE Distinguished Lecture during the, 2007, 2008, SPE 80252.

[13] Mackay E J. Modelling of in-situ scale deposition : the impact of reservoir and well geometries and kinetic reaction rates [C] //SPE 4th International Symposium on Oil field Scale, Aberdeen, Scotland. 2002: 30-31, SPE 74683.

[14] Bedrikovetsky P G, Jr R P, Gladstone P M, et al. Barium sulphate oilfield scaling : mathematical and laboratory modelling [C] //SPE International Symposium on Oilfield Scale, 2004.

[15] Woods A W, Harker G. Barium sulphate precipitation in porous rock through dispersive mixing [C] // International Symposium on Oilfield Scale, 2003, SPE 80401.

[16] Araque-Martinez A, Lake L. A simplified approach to geochemical modeling and its effect on well impairment [C] //SPE Annual Technical Conference and Exhibition, 1999, SPE 56678.

[17] Wat R M S, Sorbie K S, Todd A C, et al. Kinetics of $BaSO_4$ crystal growth and effect in formation damage [C] //SPE Formation Damage Control Symposium, 1992, SPE 23814.

[18] Aliaga D A, Wu G, Sharma M, et al. Barium and calcium sulfate precipitation and migration inside sandpacks [J]. SPE Formation Evaluation, 1992, 7 (1): 79-86.

[19] Todd A C, Yuan M D. Barium and strontium sulfate solid-solution scale formation at elevated temperatures [J]. SPE Production Engineering, 1992, 7 (1): 85-92.

[20] Mackay E J, Sorbie K S. Brine mixing in waterflooded reservoirs and the implications for scale prevention [C]. International Symposium on Oilfield Scale, 2000.

[21] Koots J A, Speight J G. Relation of petroleum resins to asphaltenes [J]. Fuel, 1975, 54 (3): 179-184.

[22] Al-Kafeef S F, Al-Medhadi F, Al-Shammari A D. A simplified method to predict and prevent asphaltene deposition in oilwell tubings : field case [J]. SPE Production & Facilities, 2005, 20 (02): 126-132.

[23] Leontaritis K J, Amaefule J O, Charles R E. A systematic approach for the prevention and treatment of formation damage caused by asphaltene deposition [J]. SPE Production & Facilities, 1994, 9 (03): 157-164.

[24] 施彦,韩力群,廉小亲.神经网络设计方法与实例分析[M].北京:北京邮电大学出版社,2009: 130-156.

[25] 周彩兰,刘敏.BP神经网络在石油产量预测中的应用[J].武汉理工大学学报,2009,31(3): 125-129.

[26]徐芃，徐士进，尹宏伟.有杆抽油系统故障诊断的人工神经网络方法[J].石油学报,2006,27(2):74–76.

[27]喻西崇，赵金洲.利用BP神经网络预测注水管道的腐蚀速率[J].石油机械，2003，31(1)：14–16.

[28]黄述旺，窦齐丰，彭仕宓，等.BP神经网络在储层物性参数预测中的应用[J].西北大学学报，2002，24(5)：35–36.

[29]陈志强，郭子瑞，窦克忠，等.基于BP神经网络的污泥水解液合成PHA的多参数敏感性分析[J].环境科学学报，2013，33(12)：47–49.

[30]武强，王志强，赵增敏，等.油气田区承压含水层地下水污染机理及其脆弱性评价[J].水利学报，2006，37(7)：851–857.

# 第七章　开发前景

涠西南凹陷复杂断块油田开发技术体系对该区域及类似复杂断块油田具有较好的开发指导意义，通过立体滚动勘探开发，实现扩边增储，盘活难动用储量，使油田内部或周边的储量潜力得到充分挖掘，形成油田新的产量接替；通过老井区井网加密、优化注水、深部调驱等技术，提高油田动用程度，提高油田采收率，实现减缓产量递减。

## 一、滚动开发——降风险、提效益，促进油田可持续发展

海上油田由于开发生产成本高，采用“高速开采”的开发策略可以尽快地收回投入而提高经济效益，但初期的高采油速度使得油田稳产难度加大。立体滚动勘探开发是一项效果较为显著的“增储上产”的技术手段。立体滚动勘探开发使得现有设施得到充分共享利用，一方面通过滚动勘探取得储量突破，做大在生产油田，让油田可持续发展；另一方面努力盘活难动用储量，使油田内部或周边的储量潜力得到充分挖掘，形成油田新的产量接替。涠西南油田群在古近系含油层系（涠洲组及流砂港组）中，断块油藏是最主要的类型，其特点断裂期次多、类型复杂，储量规模小、储层分布复杂，而这些油藏特性往往导致油藏认识程度低，储量规模及资源潜力落实难，提高产能难度大。因此，在油田开发整个过程中，坚持滚动勘探开发一体化策略，深入技术研究至关重要。

### （一）油田周边寻找潜力

在滚动勘探目标搜索与评价理念的指导下，对区域已发现油藏分布特征进行综合研究，确定油藏发育的有利层位与成藏主控因素，采用区域油组精细对比、连片精细地震解释技术对关键层位进行追踪解释，描述岩性砂体的“储层甜点”，在已开发油田周边落实了多个潜力目标。基于区域潜力进行整体部署，优选评价，分步实施。首先优选含油性已证实的涠洲 12-A 油田南块涠洲组砂体优先钻探落实其低渗透层产能；其次逐步落实南块流沙岗组资源潜力，以规避后续开发投资风险；再对相邻区块涠洲 6-3A 区进行钻探落实优质储量，带动整体开发调整。

应用成果：涠洲 6-3A 断鼻构造与涠洲 12-A 油田南块岩性体目标（图 7-1），采取整体部署、优选评价、分批实施的策略取得较好的效果。

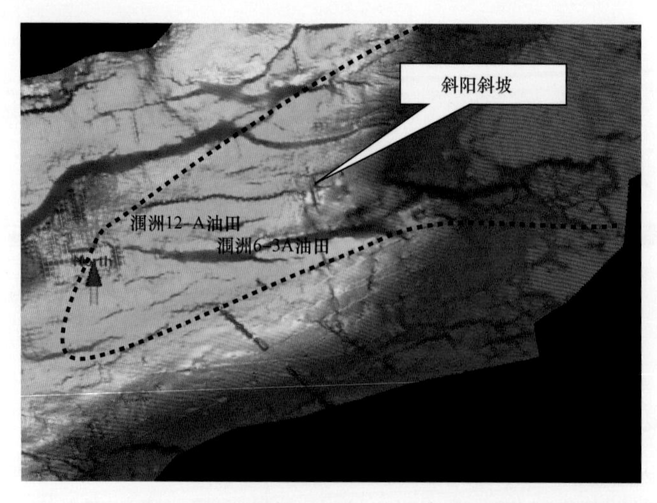


图 7-1　涠洲 6-3A 构造与涠洲 12-A 南块目标位置示意图

2013—2014 年先后实施 3 口开发评价井均钻探成功，新增探明地质储量 $1200.00\times10^4m^3$，三级地质储量 $1800.00\times10^4m^3$，同时释放了低渗透层产能（水平井日稳定产量 $90m^3$），推动了涠洲 12-A 油田二期（南块涠洲组和涠洲 6-3A）整体开发调整的进行，涠洲 12-A 油田二期开发方案预计累计产油 $330.00\times10^4m^3$，有效弥补了油田的递减，完成了产量的滚动接替（图 7-2）。

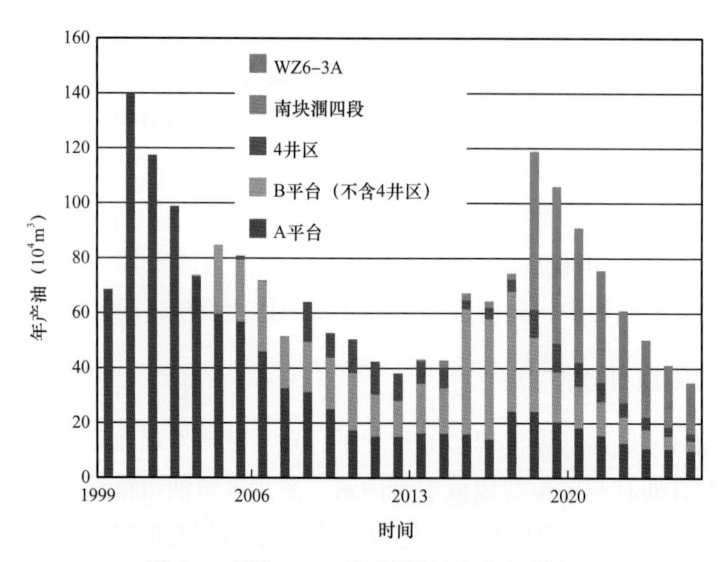


图 7-2　涠洲 12-A 油田历年产量与规划图

## （二）油田内部挖掘潜力

在对已发现油藏分布特征进行综合研究的基础上，结合储层精细描述对单砂体进行刻画，确定油藏发育的潜力区域，在已开发油田内部落实潜力目标，依托已有设施进行评价开发，让油田内部的储量潜力得以充分挖掘，油田产量得到经济快速接替。

1. 动储量精细分析指导储层评价

以单井生产动态资料为基础，采用物质平衡法、TOPAZE 生产数据分析法和油藏数值模拟法等多种油藏工程方法对单井动储量进行分析，以动储量为指导，开展储层精细描述，通过地质油藏研究分析，论证老井区扩边潜力。

2. 基于地质模式分析储层预测

基于陆相碎屑岩沉积的地质认识，进而进行沉积微相的平面分布研究，分析油田内部砂体展布的潜力，同时针对整个区块油层厚度、砂体厚度与地震属性进行相关性分析，采用多属性拟合进行砂体厚度及油层厚度平面预测分析，选择与砂体厚度相关性较好的最大振幅、弧长和平均地震能量三属性进行交会分析，运用地震属性与井上的砂体厚度和油层厚度交会分析对属性进行优选，指导沉积相的平面分布，然后在相控的指导下进行储层砂体厚度与油层厚度预测，寻找砂体展布潜力。

涠洲 12-A 油田通过油田内部再认识，部署一口调整兼探井，成功钻遇三套油层，新增探明储量 $271\times10^4m^3$，新增三口调整井，预测累计增油 $81.7\times10^4m^3$。储量扩边成功的同时有效推动了滚动调整挖潜。

## 二、井网加密——提高动用程度，实现产量接替

井网加密技术的关键在于对剩余油的精细、准确、定量化的刻画，紧紧围绕剩余油分布研究为中心，从地质、油藏两方面，应用精细数值模拟技术、流场定量表征技术、生产测井拟合技术、流线模拟技术等多种技术手段大大提高了剩余油分布研究精度，定量清晰描绘了剩余油分布，降低了挖潜风险，并取得了较好的增油效果。

涠西南油田群为复杂断块油田，储层非均质性强，储层连通性差异大，由于海上油田开发初期井距较大（500～1000m），单井控制储量较大［（70～100）$\times10^4m^3$］。由于初期井网较稀与陆相沉积环境下的强非均质性以及断层的影响，在井间、构造高部位以及断层边部等井网未控制区域残留的较多剩余油，需要进行井间加密，增大平面及纵向波及效率，提高剩余油动用程度。

涠洲油田群在“十二五”期间已实施调整井 36 口，加密后井距调整为 300～500m，单井控制储量调整为（30～60）$\times10^4m^3$，截至 2015 年底已累计增油 $154.3\times10^4m^3$，预计累计增油 $426.9\times10^4m^3$，提高采收率 2.2%，有效弥补了产量递减，对产量的接替起到了重要作用。

## 三、优化注水技术——提高水驱程度，提高注水油田的采收率

涠西南油田群断块发育、储层复杂、天然能量不足，大部分油田需要注水开发。但由于储层非均质性强，注水开发过程中面临水驱不均衡、水驱波及效率较低等问题，为了实现注水油田的有效开发，充分提高水驱程度，提高注水油田的采收率，因此，开展

了系列优化注水技术研究与实践，主要有不稳定注水、增压注水和分层优化注水等，该技术在涠西南油田群注水油田中应用并取得显著效果。

### （一）不稳定注水

不稳定注水是通过周期性地改变注水量和注入压力，在油层中形成不稳定的压力状态，引起不同渗透率层间液体的相互交换。对于实施不稳定注水的注水井来说，注水周期高渗透层吸水量大而压力上升快，低渗透层吸水量小而压力上升慢，当注入量足够大时，高渗透层与低渗透层最终会达到相同压力水平；在停注周期或减注周期，高渗透层泄压速度快，低渗透层泄压速度慢，由此，高渗透层与低渗透层之间的压差便会驱出低渗透层中的原油，从而提高水驱油采收率。

涠洲 12–A 油田中块、北块等多个区块都进行过不稳定注水，并取得了显著效果。如涠洲 12–A 油田中块 3 井区 B21SA 井位于构造高部位，2009 年 1 月投产，两口注水井 A7 井、A10 井以两种注水强度（A7 井日注水量 300$m^3$、A10 井日注水量 550$m^3$）轮换对其注水（图 7–3）。2011 年 9 月，由 A7 井更换为 A10 井注水，注水量也由 250$m^3$/d 调整为 550$m^3$/d 时，B21Sa 井含水率由 50% 逐渐下降至 10% 左右（图 7–4、图 7–5），日增油约 50$m^3$，预测累计增油 $3.51\times10^4m^3$，实施不稳定注水取得了显著的效果。

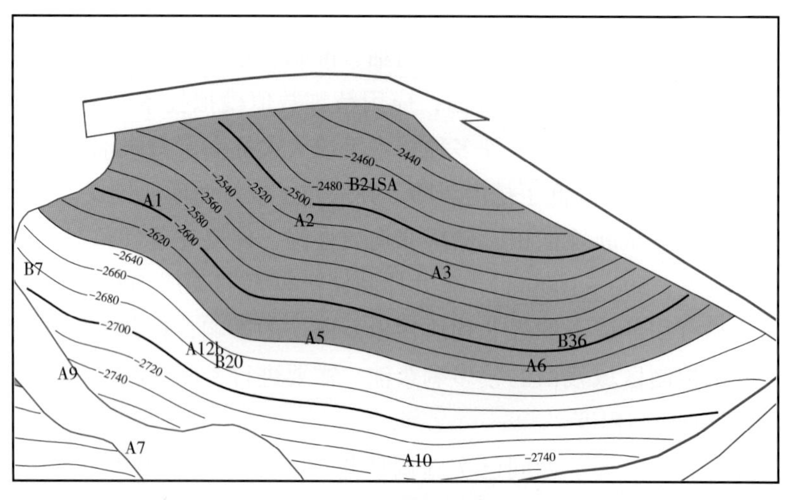


图 7–3　B5 井区位置图

### （二）增压注水

由于地层堵塞、渗透率下降或者地层压力回升，在原注水压力下不能满足配注要求，或为了启动低渗透层段的注入，可进行增压注水。增压注水是提高砂岩面注入压力，从而增加注水井吸水量的工艺措施。通过增压注水可提高注水压差，使微小孔隙产生流动，从而增加注水量，提高注入水的波及范围，最终达到较好的水驱油效果。

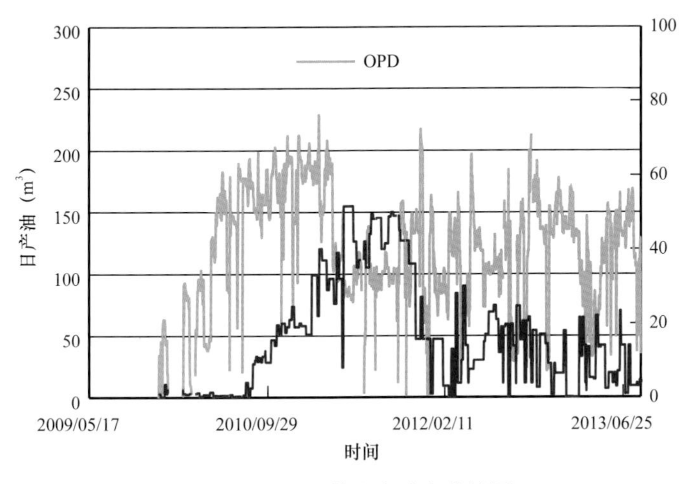


图 7-4　B21Sa 井生产动态曲线图

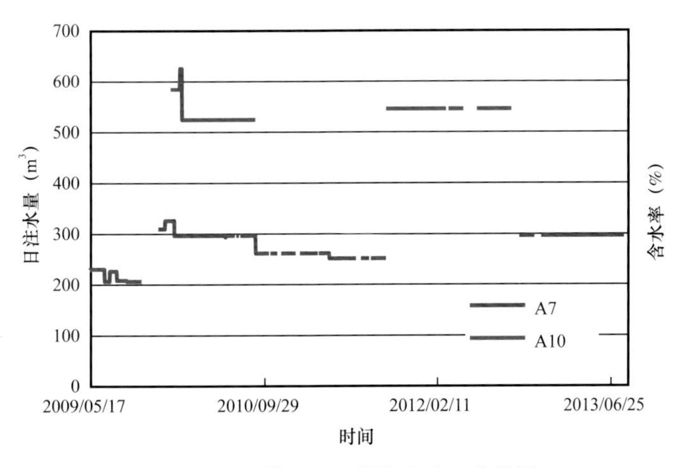


图 7-5　A7 井、A10 井注水动态曲线图

为满足配注要求或启动低渗透层段的注入，增压注水在涠洲注水油田开发初期应用比较广泛，并取得了较好的开发效果。如涠洲 12-A 油田北块 5 井区主力采油井 B9 井和 B10 井 2003 年 12 月投产，初期日产油 500m$^3$，注水井 B15 井为其注水补充能量，注水初期该井最大注水量仅为 150m$^3$/d，瞬时注采比仅为 0.17，导致地层亏空严重，压力下降快，B9 井、B10 井生产气油比持续升高，开发效果变差。为了实现注水保压开发，2004 年 10 月对 B15 井实施了增压注水，注水量提高至 1100m$^3$/d，增压注水后，B9 井、B10 井生产气油比迅速下降（图 7-6），生产效果变好，预测累计增油 $10.50\times10^4$m$^3$。增压注水保证了注水油田的有效开发，提高了开发效果。

### （三）分层注水

海上注水油田开发早期由于高速开采的需求，一般是笼统合注合采。但由于储层非均质性的影响，物性好的储层吸水量大，采出程度高，物性差的储层吸水量小，采出程度低，注入水容易沿高渗透层突进，在注水井和采油井之间形成水流高速通道，造成注入水的无效循环，导致注水驱油效率低。分层注水，单层开采能有效解决老油田长期多层合采引起的层间干扰和储量动用不均衡等问题。

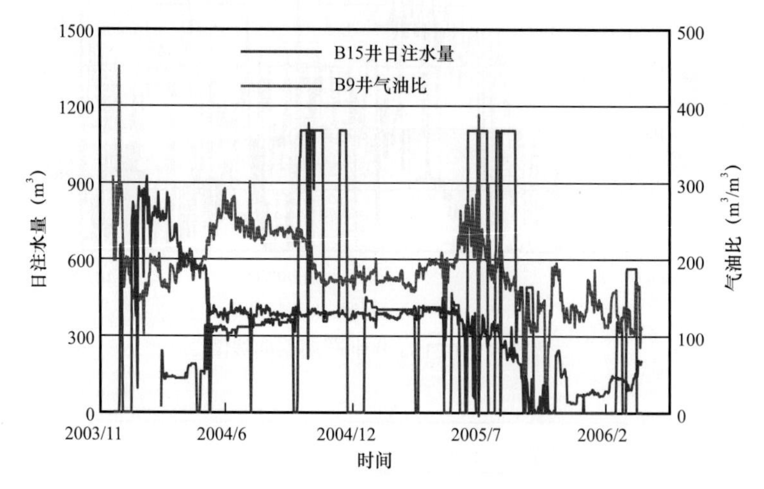


图 7-6　B9、B10 井生产汽油比与 B15 井注水响应图

涠洲 12-A 油田中块涠三段纵向上分为 5 个油组 8 个砂体，初期多层合采、合注，而各油组含油砂体内部及砂体之间储层物性差异较大，储层非均质性严重，因此开采过程中层间干扰大，水沿高渗透带突进快，而采油井一旦见水，就层间驱油不均衡，驱油效率降低。根据剩余油分布研究，结合产出剖面测井、吸水剖面测井资料，根据各砂体潜力及实际生产情况，实施分层注水。中块涠三段分层注水后，含水率由细分前 70% 降至 46.5%，产油量较细分前增加了 200m³/d（图 7-7），累计增油 $43\times10^4$m³，提高采收率 4.4%。细分层系效果显著，即增加了产量又减少了故障井修井时间，提高了油井生产时率。

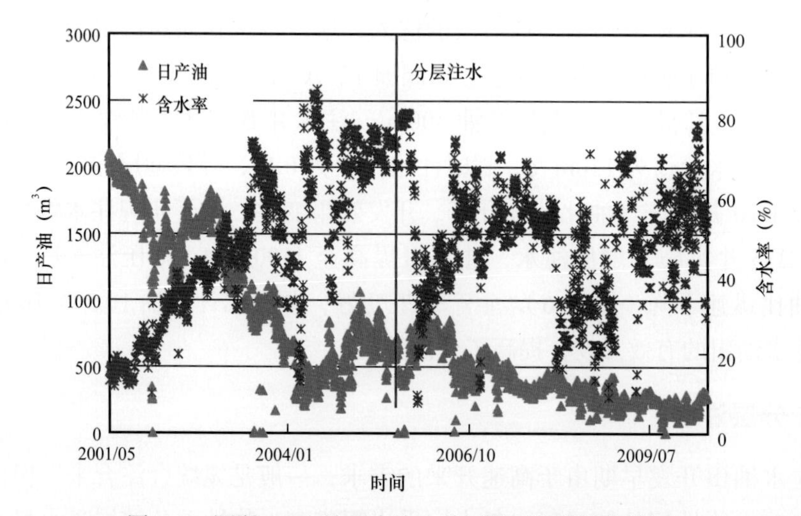


图 7-7　涠洲 12-A 油田中块 3 井区涠三段采油曲线图

## 四、深部调驱——改善波及路径，深挖潜力

深部调驱技术是以深部调剖为主，在“调”的基础上又结合了“驱”的效果，并具有提高波及系数和驱油效率的双重作用，向地层中注入具有相当封堵作用的可动的化学剂，对地层进行深部处理。一方面，封堵地层中注水窜流的高渗透条带和大孔道，实现注入水在油层深部转向，提高注入水波及体积；同时，注入的调驱剂在后续注水作用下，可向地层深部运移驱油，可以同时起到剖面调整和驱替的双重作用。因此，深部调驱技术发挥了调、驱的协同作用，既能有效改善油层深部非均质性，扩大注水波及体积，又能提高驱油效果，从而达到提高采收率的目的。

涠西南油田群断块发育、储层复杂、天然能量不足，大部分油田依靠注水开发。但由于储层内部非均质性严重，使得注入水主要沿着高渗透层突进，导致注水利用率低，为提高油藏开发效果，提高注入水的波及系数，对注水井进行调驱，从源头调整高渗透层的渗透率，使注入水能均匀推进，因此，开展深部调驱对注水油田开发中后期提高采收率研究意义重大。2007 年开展了以涠洲 12–A 油田 B5 井区试验井组的调驱可行性研究，通过对地质油藏特征和生产动态进行详细分析，同时结合平台施工和海水配制的条件、调驱工艺和海上安全环保等要求研究出了适用于涠洲 12–A 油田北块逐级深部调驱技术的纳微米深部调驱剂的合成技术和配方，并选择典型井组 B5 井区进行深部调驱试验。

B5 井区共有 3 口井——一注（B5 井）两采（B2 井、B3 井），平面及纵向储层非均质性强，调驱前，B2 井含水 39%，B3 井含水 97%（图 7–8、图 7–9）。2009 年 2 月对 B5 井区进行调驱先导试验，累计共注入聚合物微球原液 71.6t，调驱后 B2 井日增油 $11m^3$，累增油 $0.14\times10^4m^3$，B3 井日增油 $8m^3$，累增油 $0.06\times10^4m^3$，两口井合计累增油 $0.20\times10^4m^3$，总投入 550 万元，投入产出比为 1∶1.25，深部调驱达到了预期效果，为涠西南复杂断块注水油藏开发中后期调整挖潜提供了成功的借鉴和指导。

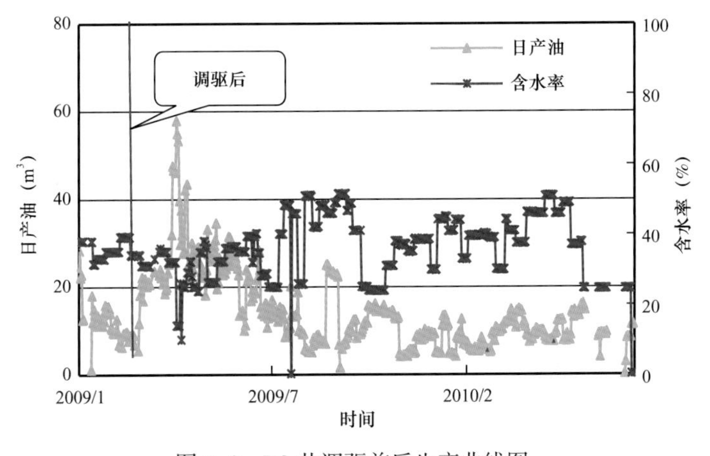


图 7–8 B2 井调驱前后生产曲线图

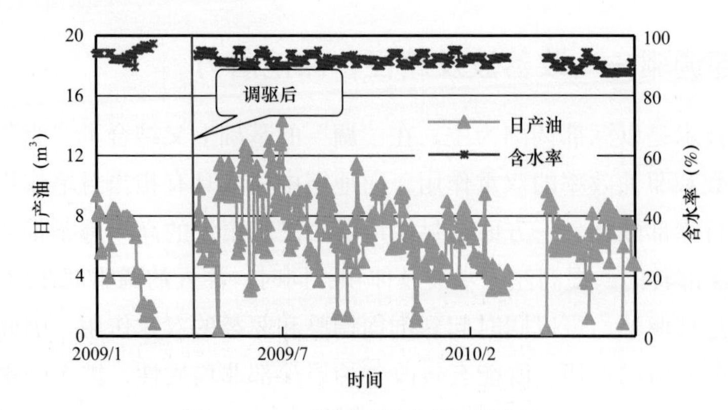


图 7-9　B3 井调驱前后生产曲线图